Prévoir l'imprévisible

UNE INTRODUCTION À LA BIOSTATISTIQUE

Membre de L'ASSOCIATION NATIONALE DES ÉDITEURS DE LIVRES

Presses de l'Université du Québec
Le Delta I, 2875, boulevard Laurier, bureau 450, Québec (Québec) G1V 2M2
Téléphone : 418 657-4399 – Télécopieur : 418 657-2096
Courriel : puq@puq.ca – Internet : www.puq.ca

Diffusion/Distribution :

Canada : Prologue inc., 1650, boulevard Lionel-Bertrand, Boisbriand (Québec) J7H 1N7
Tél. : 450 434-0306/1 800 363-2864

France : Sodis, 128, av. du Maréchal de Lattre de Tassigny, 77403 Lagny, France
Tél. : 01 60 07 82 99

Afrique : Action pédagogique pour l'éducation et la formation, Angle des rues Jilali Taj Eddine et El Ghadfa, Maârif 20100, Casablanca, Maroc – Tél. : 212 (0) 22-23-12-22

Belgique : Patrimoine SPRL, avenue Milcamps 119, 1030 Bruxelles, Belgique – Tél. : 02 7366847

Suisse : Servidis SA, Chemin des Chalets, 1279 Chavannes-de-Bogis, Suisse – Tél. : 022 960.95.32

Prévoir l'imprévisible

UNE INTRODUCTION À LA BIOSTATISTIQUE

RALUCA BALAN
GILLES LAMOTHE

Traduit par Didier Alexandre Bilodeau

Presses de l'Université du Québec

Catalogage avant publication de Bibliothèque et Archives nationales du Québec et Bibliothèque et Archives Canada

Balan, Raluca M.

Prévoir l'imprévisible : une introduction à la biostatistique

Traduction de : Expect the Unexpected : A First Course in Biostatistics

Comprend des réf. bibliogr.

ISBN 978-2-7605-3489-6

1. Biométrie - Manuels d'enseignement supérieur. 2. Sciences naturelles - Méthodes statistiques. 3. Probabilités. 4. Statistiques. I. Lamothe, Gilles, 1971- . II. Titre.

QH323.5.B3414 2012 570.1'5195 C2012-940887-5

Les Presses de l'Université du Québec reconnaissent l'aide financière du gouvernement du Canada par l'entremise du Fonds du livre du Canada et du Conseil des Arts du Canada pour leurs activités d'édition.

Elles remercient également la Société de développement des entreprises culturelles (SODEC) pour son soutien financier.

Mise en pages : Gilles Lamothe
Couverture : Michèle Blondeau
Traduction : Didier Alexandre Bilodeau

Traduction de *Expect the Unexpected : A First Course in Biostatistics*, 2011, World Scientific Publishing, ISBN 978-981-4291-32-3.

Dépôt légal – 3e trimestre 2012
Bibliothèque et Archives nationales du Québec / Bibliothèque et Archives Canada
Imprimé au Canada

Préface

Des chercheurs ont essayé pendant plusieurs années de découvrir le sens des derniers mots de Hamlet : « *Tout le reste est silence ?* » dans la pièce de théâtre de Shakespeare. Dans un film de 2007 du même titre, dans la ville de Bucharest en 1911, un acteur âgé de 19 ans décide de devenir un réalisateur de film (un rêve utopique à l'époque), après qu'il réalise que le cinéma peut sauvegarder la magie des performances de théâtre pour l'éternité. Ce livre fut créé du désir de trouver une réponse à la même question, à laquelle nous faisons face à la fin de chaque semestre lorsque nous terminons d'enseigner un cours. Serait-il possible de sauvegarder, pour des générations futures d'étudiants, certaines parties de l'atmosphère vibrante de la salle de classe et de leur partager cette expérience incroyable ?

Ce manuscrit fut développé par les auteurs des notes de cours pour le cours MAT 2779 « Introduction à la biostatistique » (et le cours équivalent MAT 2778 « Probabilités et statistique pour les sciences naturelles »), qui furent enseignés à l'Université d'Ottawa depuis 2003 jusqu'à présent. Pendant ces années, ces notes ont constamment évoluées et ont été enrichies avec plus d'exemples, un processus qui continuera sans doute au cours des années à venir. Cependant, la plupart des exemples qui sont inclus dans ce livre sont nouveaux et n'ont pas été utilisés en salle de classe avant maintenant.

Sauf si une source d'information spécifique est mentionnée, tous les exemples du livre utilisent des données hypothétiques. Les exemples sont habituellement basés sur une situation de la vie quotidienne, qui est connectée d'une façon très simple aux sciences naturelles. Des données générées par des logiciels sont évitées, et les résultats de simulations ne sont pas discutés.

Le but de ce livre est d'introduire et d'explorer l'utilité de diverses méthodes statistiques et probabilistiques, par l'entremise d'exemples simples et non-techniques, permettant au lecteur de comprendre rapidement les nouveaux concepts et de les appliquer à des situations plus complexes plus tard. Quelques exemples utilisés dans le livre attirent l'attention sur divers problèmes du monde d'aujourd'hui, liés à des problèmes environnementaux, au changement climatique, à la perte de biodiversité et à leur impact sur la faune et la population humaine.

Le livre est divisé en deux parties. La partie I introduit les concepts fondamentaux et les règles de la théorie des probabilités, tandis que la partie II se concentre sur les statistiques. Cet ordre réflète la philosophie des auteurs que la théorie des probabilités se situe au fondement de la statistique et qu'il est important de comprendre le sens du hasard avant d'effectuer toute analyse de données. Ceci explique pourquoi le sujet des statistiques descriptives est discuté seulement dans la partie II, et non au début tel qu'il semble être la pratique commune lors de l'enseignement de la statistique.

Dans une adresse par Raymond Pearl à la Société Statistique Américaine en 1914, intitulée «Le Service et l'Importance des Statistiques à la Biologie», il mentionna trois contributions importantes des méthodes statistiques à la biologie : (i) pour décrire un groupe d'individus en termes des attributs et des qualités du groupe ; (ii) pour mesurer la précision d'une estimation avec un haut niveau de confiance ; (iii) pour mesurer le degré d'association entre les variations d'une série de caractères ou d'événements (voir [46]). Ces trois méthodes fondamentales sont discutées en longueur dans ce manuel.

La biostatistique représente un sujet interdisciplinaire qui se situe à l'intersection de la biologie et de la statistique, et qui consiste de l'étude des méthodes quantitatives ou statistiques appliquées à la biologie. Ce sujet a une histoire récente, ses origines datant de Francis Galton, un cousin de Charles Darwin, qui était intéressé par le problème d'hérédité. Il utilisa des techniques quantitatives (telles qu'ajuster une droite pour décrire l'association entre deux variables) pour répondre à des questions biologiques.

Le domaine de la biostatistique (aussi connue sous le nom de biométrie) est né à la fin du 19e siècle et au début du 20e siècle, surtout en raison des travaux de Karl Pearson (le fondateur du premier département de statistique au monde à l'Université Collège de Londres) et de Ronald Fisher (un pionier dans le domaine des plans expérimentaux). Les deux ont développé des méthodes statistiques pour répondre aux questions des sciences biologiques. En effet, les travaux de Gregor Mendel sont restés inaperçus pour plusieurs années par les biologistes, puisqu'ils n'étaient pas habitués de penser en termes quantitatifs ou statistiques. Ce fut Pearson et ses pairs qui ont redécouvert les travaux de Mendel et les lois de l'hérédité.

Le but de ce livre est de présenter aux étudiants de la biologie le raisonnement et la modélisation statistique, qui sont très importants au fondement de la biologie moderne.

Cette œuvre fut traduite de l'anglais au français par Didier Alexandre Bilodeau. Nous sommes fiers d'avoir eu l'opportunité de travailler avec Didier. Nous voulons le remercier pour la très grande qualité de son travail.

Ottawa, le 13 février 2012.

Tout au long de cet ouvrage, les chiffres entre crochets font référence à la bibliographie.

Table des matières

PARTIE 1
Probabilité

Chapitre 1

Introduction aux probabilités

La théorie des probabilités fut développée au 17e siècle à partir de l'étude des jeux de chance par des mathématiciens français comme Blaise Pascal et Pierre de Fermat. Ce n'est qu'au début du 20e siècle que les gens réalisent que cette théorie a des liens profonds avec la statistique et qu'elle peut être utilisée pour expliquer la variabilité observée dans certains jeux. L'hypothèse sous-entendue veut que les mêmes règles inconnues qui gouvernent les jeux de chance peuvent être utilisées pour expliquer la nature de cette variabilité. Ces règles sont liées à la notion sous-entendue du hasard. Dans ce chapitre, nous expliquerons cette notion et nous examinerons plusieurs méthodes pour assigner des probabilités à des événements.

1.1 Interpréter les probabilités

Nous sommes confrontés quotidiennement aux déclarations concernant les probabilités associées à divers événements. Par exemple, durant leur bulletin météo, les chaînes de nouvelles annoncent la probabilité qu'un certain événement (tel que la pluie) se produira. Avant la date de l'élection, les résultats possibles sont annoncés sous forme de pourcentages qui représentent les chances de gagner de chaque candidat. Certains événements peuvent être perçus comme étant plus probables que d'autres en raison d'un manque d'information : puisque les accidents d'avions sont plus souvent inclus dans les nouvelles que les accidents de voiture, on pourrait avoir tendance à penser que les automobiles sont un mode de transport plus sécuritaire que les avions.

C'est un fait notoire que des événements qui sont peu probables de se réaliser sont associés à de petites probabilités et que ceux qui sont plus probables de se réaliser sont associés à de grandes probabilités. Cependant, lorsqu'il s'agit d'événements aléatoires, il est important de se rendre compte que le fait qu'un événement soit peu probable n'empêche pas qu'il se réalise. Une panne d'électricité, comme celle qui s'est produite le 14 août 2003 et qui a laissé 55 millions de gens en Ontario et dans le nord-est des États-Unis sans électricité, était considérée comme un événement peu probable, mais elle s'est tout de même produite.

En général, les probabilités sont seulement associées aux événements qui découlent de situations dont on ne peut pas prédire les résultats finaux avec certitude. Par exemple, les résultats d'une opération varient d'un patient à l'autre, et un médecin ne peut pas garantir que l'opération sera une réussite pour tous les patients. Les résultats de telles situations sont gouvernés par le hasard.

Définition 1.1. Nous disons qu'une **expérience aléatoire** est une expérience dont le résultat est déterminé par le hasard et qui ne peut pas être prédit avec certitude. L'ensemble S de tous les résultats possibles d'une expérience aléatoire est dit l'**ensemble fondamental** ou l'**espace échantionnal**. Un **événement** est un sous-ensemble de S.

Un exemple classique d'une expérience aléatoire est le jeu de pile ou face. Dans ce cas, il n'y a que deux résultats possibles : la pièce de monnaie tombe sur le côté pile ou face. Une opération médicale peut aussi être vue comme étant une expérience aléatoire avec plusieurs résultats possibles : le patient peut avoir une guérison complète, il peut souffrir d'effets secondaires, il peut avoir besoin d'une deuxième chirurgie ou il peut aussi mourir.

Définition 1.2. La **probabilité** d'un événement est un nombre entre 0 et 1 (ou un pourcentage) qui représente la chance que cet événement se réalisera.

Par exemple, un chirurgien dentaire estime que la probabilité qu'un patient se remette complètement après l'extraction d'une dent de sagesse est de 99,9%.

Il existe trois méthodes pour attribuer des probabilités aux événements :

1. La méthode personnelle

Lorsque l'on fait appel à cette méthode, la probabilité représente l'avis d'une personne concernant son appréciation personnelle face à la réalisation de l'événement. Cette méthode est subjective, parce qu'elle dépend de la pertinence de l'information à laquelle cette personne a accès et de sa capacité d'évaluer la situation. C'est la méthode que nous utilisons dans la vie quotidienne lorsque nous faisons face à des situations auxquelles nous sommes confrontés très rarement.

Par exemple, une étudiante qui soupçonne avoir au moins une offre d'emploi après une série d'entrevues pour un stage d'été a une idée de la probabilité d'obtenir cet emploi. Sans carte, un groupe de touristes peut facilement se perdre dans le parc Algonquin et déterminer différentes probabilités qu'un certain chemin les mènera à leur terrain de camping.

Le problème avec la méthode personnelle est qu'elle n'a pas de fondement scientifique et, par conséquent, qu'elle n'est pas précise. Ce n'est donc pas la méthode qui sera utilisée dans ce manuel. Nous la mentionnons à cause de ses vastes applications.

2. La méthode de la fréquence relative

Pour utiliser cette méthode, l'expérience aléatoire doit être répétée à plusieurs reprises. Si dans une séries de n répétitions de l'expérience, l'événement A se réalise f fois, la probabilité de A est définie comme suit :

$$P(A) = \frac{f}{n}.$$

Exemple 1.1. Dans l'étude [11] concernant les blessures associées avec l'utilisation de pistolets Tasers (armes utilisant un courant électrique), parmi les 1 000 cas examinés, 997 personnes ont subi des blessures légères et 3 personnes ont subi des blessures graves et ont dû être hospitalisées. La probabilité qu'une personne subira des blessures graves après avoir été atteinte par un Taser est donc $3/1\,000 = 0{,}003$.

Exemple 1.2. Un neurologue a remarqué que, parmi les 565 cas d'enfants souffrant d'épilepsie qui ont reçu une faible dose d'un médicament antiépileptique, 32 ont déclaré des effets secondaires. Il conclut donc que la probabilité que ce médicament occasionnera des effets secondaires chez les enfants, même lorsqu'une faible dose est administrée, est $32/565=0{,}057$.

La méthode de la fréquence relative est plus précise que la méthode personnelle, mais elle requiert de l'information antérieure relative aux fréquences associées aux résultats de l'expérience aléatoire. Plus le nombre d'épreuves n est grand, plus la probabilité que l'événement A se réalise sera exacte.

3. La méthode classique

Cette méthode est utilisée lorsque l'expérience aléatoire a un nombre limité de résultats équiprobables. Nous notons par n le nombre d'éléments dans S. Un événement A peut être considéré comme un sous-ensemble de S qui contient $n(A)$ éléments. La probabilité de l'événement A est défini comme suit :

$$P(A) = \frac{n(A)}{n(S)}$$

Exemple 1.3. Un refuge pour animaux reçoit une portée de 5 chatons, dont 3 mâles et 2 femelles. Un des chatons est choisi au hasard pour l'adoption. Puisque les 5 chatons ont tous la même chance d'être sélectionnés, et que 2 d'entre eux sont des femelles, la probabilité que le chaton choisi soit une femelle est 2/5=0,4.

La méthode classique est très précise et peut être utilisée dans diverses situations, telles que les exemples basés sur l'étude de la génétique qui seront examinés dans le prochain chapitre.

Saviez-vous que ? *Louis Pasteur est né en France en 1822 et a été élevé pendant une période où la société française subissait une modernisation importante. Malgré cela, les traitements médicaux durant la première moitié du 19e siècle relevaient encore de pratiques médiévales. À l'âge de 32 ans, à titre de jeune chimiste et nouveau doyen de la faculté des sciences à Lille, Pasteur était sur le point de changer cela pour toujours. En combinant des observations de patients à l'utilisation de méthodes expérimentales, au cours de deux décennies, il a développé la théorie du microbe causant la maladie, qui a lentement été acceptée par la génération de médecins plus jeunes. Ses expériences marquent le début de la microbiologie, l'étude scientifique des formes de vie microscopiques. Un incident intéressant s'est produit lors des ses expériences avec le microbe du choléra. Lors d'une des rares fois que Pasteur était en vacances, ses deux assistants, Pierre Roux et Charles Chamberland, ont décidé de prendre des vacances aussi, laissant les cultures de choléra sans surveillance. Lorsque Pasteur est revenu et a trouvé les cultures stériles, il a eu un éclair d'inspiration. En inoculant les cultures stériles à un échantillon de poules, il a découvert que ces poules étaient devenues immunisées au microbe du choléra. Pasteur a donc proposé que les cultures stériles ont agi comme vaccin et il a développé la théorie de l'immunisation. Pour convaincre la population générale de la validité de* *sa théorie, il a effectué une démonstration publique le 5 mai 1881, durant laquelle vingt-cinq moutons et cinq vaches ont été inoculés avec le virus de l'anthrax. On pourrait argumenter que cette découverte importante a été le résultat d'un concours de circonstances. Cependant, comme Pasteur a dit en 1854, « dans le domaine de l'observation, le hasard ne favorise que les esprits préparés ». En raison de son travail acharné, Pasteur était préparé pour saisir l'opportunité qui lui a été offerte par le hasard. D'autres histoires intéressantes concernant les découvertes scientifiques faites par hasard se trouvent dans [8].*

Chapitre 2

La génétique élémentaire et les probabilités

Dans ce chapitre, nous explorons les liens entre les théories élémentaires de la génétique et deux domaines importants des mathématiques : la probabilité et l'analyse combinatoire. La théorie des probabilités nous permet de calculer les chances associées avec l'hérédité de certains gènes et l'analyse combinatoire nous fournit les outils qui sont nécessaires pour évaluer le nombre de combinaisons possibles de ces divers gènes.

2.1 Dendrogrammes et carrés de Punnett

Initié par un rapport de recherche écrit par Gregor Mendel en 1865, la génétique est un domaine où les probabilités jouent un rôle important. Mendel a été le premier à reconnaître l'importance d'une approche statistique dans l'étude de l'hérédité de certains traits. Sa méthode quantitative qui consistait à compter un grand nombre de plantes de pois avec des traits spécifiques au cours de plusieurs générations a fourni les fondements pour développer la loi de la ségrégation, sans laquelle les théories modernes de la génétique ne pourraient exister. Dans cette section, nous révisons les lois de Mendel et leurs liens avec celles des probabilités, telles qu'elles sont expliquées dans [27].

Exemple 2.1 (L'exemple de Mendel). Mendel a commencé avec des lignées de race pure de pois, c'est-à-dire des lignées fécondées entre elles pour plusieurs générations. Il a croisé des lignées de race pure à graines jaunes avec des lignées à graines vertes. Les plantes de pois résultant du croisement (appelée la génération F_1) aurait pu être un mélange de vert et jaune, mais toutes les plantes de cette première génération étaient jaunes. Mendel a ensuite planté les graines des plantes de la génération F_1 et il a croisé ces plantes entre elles produisant la génération F_2. À sa grande surprise, certaines des graines de la génération F_2 étaient jaunes, mais d'autres vertes. Le rapport vert/jaune était approximativement 1/3 : il a 2 001 graines vertes et 6 022 graines jaunes dans F_2. Les autres traits que Mendel a étudiés ont démontré le même motif. En observant la couleur des fleurs, il a obtenu 224 plantes à fleurs blanches et 705 plantes à fleurs mauves dans la génération F_2.

Mendel a formulé les lois suivantes :

(i) Les plantes contiennent des facteurs qui déterminent l'hérédité de chaque trait (par exemple, la couleur des graines).

(ii) Chaque plante contient une paire de facteurs héréditaires pour chaque trait. Un de ces facteurs est dérivé de chacun de ses parents.

(iii) Lorsqu'une plante a deux différents facteurs, un des facteurs est *dominant* (ses effets sont visibles) et l'autre est *récessif* (ses effets ne sont pas observés).

Aujourd'hui, nous reconnaissons que les deux facteurs de Mendel sont en effet des formes d'un seul gène qui détermine le trait. Ces facteurs sont connus sous le nom d'*allèle*. Lorsque les deux facteurs sont identiques, on dit qu'un individu est *homozygote*. Lorsque les deux facteurs sont différents, l'individu est *hétérozygote*.

L'ensemble de la composition génétique d'un individu s'appelle le *génotype*. Les traits exprimés chez un individu se nomment le *phénotype*.

Une percée importante de la découverte de Mendel (qui est plus tard devenue un fondement solide pour expliquer la théorie de l'évolution par sélection naturelle de Darwin) peut être résumée comme suit : *Un organisme peut contenir un potentiel génétique qu'il ne démontre pas !*

Exemple 2.1 (suite). L'explication de Mendel quant à ses résultats est la suivante : la couleur des graines jaunes est un trait dominant et la couleur verte est un trait récessif. Les graines jaunes de lignée pure contiennent deux facteurs Y (YY) et les graines vertes de lignée pure contiennent deux facteurs y (yy). Ces plantes sont homozygotes. Puisque les plantes originales portent chacun un facteur qui gouverne la couleur des graines, toutes les plantes de la génération F_1 sont Yy, c'est-à-dire qu'elles sont hétérozygotes. Chaque plante F_1 produit deux sortes de gamètes : une moitié contient Y et l'autre y. (≪La loi de la ségrégation≫ veut que deux gènes se ségrèguent pour que chaque gamète n'en contienne qu'un.) Ces gamètes se combinent au hasard pour produire une des 4 combinaisons : YY, Yy, yY ou yy. Parmi ces 4 combinaisons, 1 combinaison produit des graines vertes (yy), et 3 combinaisons produisent des graines jaunes (YY, Yy, yY). Ceci explique le rapport observé de 1/3 (vert/jaune).

Cette expérience peut être illustrée en utilisant un *carré de Punnett* (voir la figure 2.1) ou un *dendogramme* (voir la figure 2.2).

	Gamète mâle	
Gamète femelle	$\frac{1}{2}Y$	$\frac{1}{2}y$
$\frac{1}{2}Y$	$\frac{1}{4}YY$ (jaune)	$\frac{1}{4}Yy$ (jaune)
$\frac{1}{2}y$	$\frac{1}{4}yY$ (jaune)	$\frac{1}{4}yy$ (vert)

FIGURE 2.1 Carré de Punnett pour l'expérience de Mendel

Gamète femelle	Gamète mâle	Génotype	Phénotype	Probabilité
Y	Y	YY	jaune	1/4
	y	Yy	jaune	1/4
y	Y	yY	jaune	1/4
	y	yy	vert	1/4

FIGURE 2.2 Dendrogramme pour l'expérience de Mendel

Notons que ce diagramme correspond à l'opération de tirer à pile ou face deux fois consécutives au hasard. Dans ce cas, il y a 4 résultats équiprobables : FF, FP, PF, PP, où F = face et P = pile. Dans le même ordre d'idées, nous pouvons utiliser le même diagramme pour déterminer le sexe des enfants dans une famille avec 2 enfants : les 4 résultats sont MM, MF, FM, FF, où M = mâle et F = femelle.

En général, plusieurs exemples simples en génétique, portant sur des résultats équiprobables, peuvent être représentés en utilisant la méthode du dendrogramme. L'idée est simple : il faut commencer avec une « racine » commune et ensuite dessiner une branche du diagramme pour chaque résultat possible.

Exemple 2.2. Cet exemple examine la génétique du système sanguin A-B-O. Les gens du groupe sanguin A ont seulement l'antigène A dans leurs cellules sanguines et ont des anticorps sériques contre les cellules sanguines du groupe B. L'opposé est vrai pour le groupe B. Les gens du groupe AB ont les deux antigènes, A et B, dans leurs cellules. Les gens du groupe sanguin O ont aucun antigène. Le groupe sanguin d'une personne est déterminé par trois allèles d'un gène noté I (ceci est un exemple d'un gène avec des allèles multiples). L'allèle I^A détermine les antigènes du groupe A, I^B détermine les antigènes du groupe B et i détermine aucun antigène. I^A et I^B sont dominants sur i, mais I^A et I^B sont codominants :
(a) une personne du groupe A peut avoir le génotype $I^A I^A$ ou $I^A i$,
(b) une personne du groupe B peut avoir le génotype $I^B I^B$ ou $I^B i$,
(c) une personne du groupe O a le génotype ii,
(d) une personne du groupe AB a le génotype $I^A I^B$.

Une femme est du groupe A et est hétérozygote, donc son génotype est $I^A i$. Un homme est du groupe AB, donc son génotype est $I^A I^B$. Pour déterminer le génotype de leur enfant, nous croisons $I^A i \times I^A I^B$. Nous utilisons un carré de Punnett (voir la figure 2.3) pour illustrer les génotypes possibles de leur enfant et les probabilités qui leur sont associées. Les phénotypes sont entre parenthèses.

Gamète femelle	Gamète mâle $\frac{1}{2}I^A$	Gamète mâle $\frac{1}{2}I^B$
$\frac{1}{2}I^A$	$\frac{1}{4}I^A I^A$ (groupe A)	$\frac{1}{4}I^A I^B$ (groupe AB)
$\frac{1}{2}i$	$\frac{1}{4}I^A i$ (groupe A)	$\frac{1}{4}I^B i$ (groupe B)

FIGURE 2.3 Carré de Punnett pour $I^A i \times I^A I^B$

L'enfant peut être du groupe A avec une probabilité de 1/2, du groupe B avec une probabilité de 1/4 et du groupe AB avec une probabilité de 1/4. Notons que dans ce cas, l'enfant ne peut pas être du groupe sanguin O, donc la probabilité qu'il appartienne au groupe O est 0. Pour cette raison, les groupes sanguins peuvent être utilisés dans certains cas de disputes de paternité. On peut aboutir à la même conclusion en utilisant un dendrogramme (voir la figure 2.4).

Gamète femelle	Gamète mâle	Génotype	Phénotype	Probabilité
I^A	I^A	I^AI^A	groupe A	1/4
	I^B	I^AI^B	groupe AB	1/4
i	I^A	I^Ai	groupe A	1/4
	I^B	I^Bi	groupe B	1/4

FIGURE 2.4 Dendrogramme pour $I^Ai \times I^AI^B$

Parfois, deux gènes ou plus sont examinés en même temps. Mendel a effectué de telles expériences en considérant deux traits ensemble (par exemple, la couleur et la forme des graines) et il a observé que les deux allèles des deux gènes s'assortissaient indépendamment lorsque les gamètes sont formées. Ce processus est nommé la «loi de l'assortiment indépendant».

Exemple 2.3. Chez les humains, la couleur des cheveux est déterminée par un gène pour lequel l'allèle pour les cheveux noirs (D) est dominant sur l'allèle pour les cheveux roux (d). La couleur des yeux est déterminée par un gène pour lequel l'allèle pour les yeux bruns (B) est dominant sur l'allèle pour les yeux bleus (b). Une femme a les cheveux roux et les yeux bleus, donc son génotype est $ddbb$. Un homme a les cheveux noirs et les yeux bruns, mais il est hétérozygote pour les deux gènes. Son génotype est donc $DdBb$.

Gamète femelle	Gamète mâle			
	$\frac{1}{4}DB$	$\frac{1}{4}Db$	$\frac{1}{4}dB$	$\frac{1}{4}db$
db	$\frac{1}{4}dD\ bB$ (cheveux noirs, yeux bruns)	$\frac{1}{4}dD\ bb$ (cheveux noirs, yeux bleus)	$\frac{1}{4}dd\ bB$ (cheveux roux, yeux bruns)	$\frac{1}{4}dd\ bb$ (cheveux roux, yeux bleus)

FIGURE 2.5 Carré de Punnett pour $ddbb \times DdBb$

Pour calculer la probabilité que leur enfant ait les cheveux roux et les yeux bleus, nous utilisons un carré de Punnett (voir la figure 2.5) qui illustre tous les génotypes et phénotypes possibles de l'enfant.

Les 4 génotypes possibles de l'enfant sont : $dDbB$, $dDbb$, $ddbB$ et $ddbb$. Ils sont tous aussi probables les uns que les autres. Seulement un de ces génotypes correspond aux cheveux roux avec les yeux bleus ($ddbb$). Donc, la probabilité que l'enfant démontre ce phénotype est de 1/4. Ceci peut être illustré à l'aide d'un dendrogramme (voir la figure 2.6).

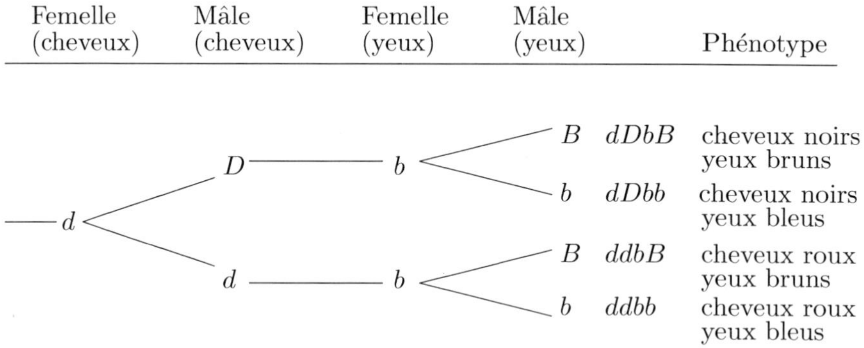

FIGURE 2.6 Dendrogramme pour $ddbb \times DdBb$

2.2 Méthodes de calcul

Dans la section 1.1, nous avons vu que si les résultats d'une expérience sont équiprobables, la probabilité d'un événement A est calculée par la formule :

$$P(A) = \frac{n(A)}{n(S)}$$

où $n(A)$ est le nombre de résultats possible de l'événement A et $n(S)$ est le nombre total de résultats de l'expérience. Si l'expérience est simple et que le nombre total de résultats n'est pas trop grand, nous pouvons utiliser la méthode du dendrogramme pour calculer $n(A)$ et $n(S)$. Par contre, si l'expérience est trop complexe, il faut considérer des méthodes spécifiques pour calculer $n(A)$ et $n(S)$. Ces méthodes seront examinées dans cette section.

Des arrangements d'objets où l'ordre est important sont souvent rencontrés quotidiennement : un NIP de banque, les numéros de téléphone, les numéros de plaques d'immatriculation, les numéros d'assurance sociale, les mots de passe d'ordinateurs, les combinaisons de cadenas, etc. Ces exemples démontrent que ces objets peuvent être de différents types : des chiffres, des lettres, des symboles de claviers, etc. Ce qui est important c'est leur ordre.

Exemple 2.4. Pour compter le nombre total de NIP bancaires distincts à 4 chiffres, nous considérons l'opération de choisir chaque chiffre comme une étape séparée du processus. Dans ce cas, il y a 4 étapes. Ensuite, il faut compter le nombre de choix possibles pour chaque étape : il y a 10 choix possibles pour le premier chiffre (Étape 1), puisque ce chiffre doit être choisi arbitrairement parmi les chiffres $0, 1, 2, \ldots, 9$. Il y a aussi 10 choix possibles pour le deuxième, troisième et quatrième chiffres (Étape 2, 3 et 4). Finalement, nous multiplions le nombre de choix obtenus à chaque étape. Nous obtenons $10 \cdot 10 \cdot 10 \cdot 10 = 10\,000$ comme nombre total de NIP bancaires à 4 chiffres. Supposons qu'une personne trouve une carte bancaire et essaie de l'utiliser en choisissant un NIP au hasard. Il est possible de déterminer la probabilité qu'elle devinera le nombre exact. Dans ce cas, S a 10 000 résultats possibles et l'événement A (qui consiste au choix du bon NIP) a seulement un bon résultat. Donc, $n(S) = 10\,000$, $n(A) = 1$ et

$$P(A) = \frac{n(A)}{n(S)} = \frac{1}{10\,000} = 0{,}0001.$$

La probabilité qu'elle devinera correctement le NIP est donc 0,0001.

La règle utilisée dans l'exemple précédent est utile lors des calculs de probabilité. Cette règle s'appelle *le principe de la multiplication*. En résumé, elle repose sur les étapes suivantes :

Étape 1. Diviser l'expérience en étapes 1, 2, 3, etc.

Étape 2. Compter le nombre de choix possibles pour chaque étape.

Étape 3. Multiplier les nombres obtenus à l'*étape 2*.

Exemple 2.5. **(a)** Pour compter le nombre total de numéros de téléphone à 7 chiffres, qui ne commencent pas par 0 ou 1, nous divisons le processus de calcul en 7 étapes. Le nombre de résultats possibles par étape est : $8, 10, 10, 10, 10, 10, 10$. En utilisant le principe de la multiplication, nous obtenons un résultat de $8 \cdot 10^6 = 8\,000\,000$ numéros de téléphone.

(b) Nous voulons maintenant déterminer le nombre total de numéros de plaques d'immatriculation qui contiennent 4 lettres et 3 chiffres. Ce processus de calcul a aussi 7 étapes. Les nombres de résultats possibles pour ces étapes sont : $26, 26, 26, 26$ (pour les lettres) et $10, 10, 10$ (pour les chiffres). Le nombre total de numéros de plaques d'immatriculation est donc $26^4 \cdot 10^3 = 456\,976\,000$. D'autre part, le nombre total de numéros de plaques d'immatriculation qui ne contiennent pas de chiffres répétés est $26^4 \cdot 10 \cdot 9 \cdot 8 = 329\,022\,720$. Puisque chaque chiffre doit être distinct, le nombre de choix possibles diminue par 1 pour les 3 dernières étapes.

Le principe de la multiplication est fréquemment utilisé en génétique. Pour illustrer ses applications dans ce contexte, nous devons introduire de l'information de base en biologie. La plupart de cette information provient de [27].

Les protéines sont au cœur de tous les phénomènes associés à la vie, et chacune d'entre elles a une structure qui lui confère une fonction spécifique. D'un point de vue chimique, une protéine est un polymère créé en liant différents monomères nommés *acides aminés* qui peuvent être arrangés en n'importe quelle séquence. Une molécule d'acide aminé contient un atome central de carbone C lié à un atome d'hydrogène H, un groupe aminé NH_2, un acide organique $COOH$ et une chaîne latérale. Il existe 20 acides aminés distincts qui ne diffèrent que par leur chaîne latérale (deux acides aminés peuvent être liés en joignant le groupe $COOH$ du premier avec le groupe NH_2 du deuxième en enlevant une molécule d'eau). Une séquence de 2, 3 ou 4 acides aminés est nommée dipeptide, tripeptide et tétrapeptide, respectivement. Une protéine typique peut avoir jusqu'à 300 acides aminés liés en une seule chaîne.

Exemple 2.6. Par le principe de la multiplication, nous déterminons qu'il y a $20 \cdot 20 = 400$ dipeptides, $20^3 = 8\,000$ tripeptides et $20^4 = 160\,000$ tétrapeptides. Il y a 20^{300} façons différentes de créer une chaîne de 300 acides aminés. Ce nombre est plus grand que le nombre total de protéines qui ont jamais existé sur la planète Terre. Par conséquent, plusieurs de ces combinaisons ne sont pas des protéines. (Des recherches récentes sur le génome humain suggèrent qu'il existe environ 30 000 à 50 000 protéines différentes dans le corps humain.)

Puisqu'un organisme vivant est formé de milliers de différentes protéines, ses cellules ont besoin d'information spécifique pour bien aligner chaque acide aminé afin de produire chaque protéine. Cette information se trouve dans l'acide désoxyribonucléique (ADN) et dans l'acide ribonucléique (ARN). Ces acides sont une autre forme de polymères qui sont bien différents des protéines. Ces polymères sont formés de monomères nommés *nucléotides* qui peuvent être arrangés en n'importe quelle séquence.

Un nucléotide a 3 parties : une base, liée à un sucre, qui est lié à un groupement phosphate (PO_4).

Les nucléotides de l'ADN contiennent une des 4 bases suivantes : l'adénine (A), la guanine (G), la cytosine (C) et la thymine (T). Dans le cas de l'ARN, l'uracile (U) remplace la thymine.

L'information retrouvée dans l'ADN est contenue dans la séquence de ses monomères, et une cellule utilise cette information pour diriger la synthèse de ses proteines. Un segment d'ADN qui spécifie la structure d'un polypeptide est nommé un *gène*. La séquence linéaire de bases de l'ADN peut être considérée comme une série de *codons* (série de 3 nucléotides) qui spécifie la séquence linéaire d'acides aminés dans une protéine. Puisque l'ADN et les protéines sont des molécules linéaires, les deux séquences sont dites *colinéaires*.

L'ADN est situé sur une structure semblable à des filaments (nommé chromosome) dans le nucléus d'une cellule. Cependant, les protéines sont produites dans le cytoplasme. Le rôle de l'ARN est de transmettre l'information de l'ADN au cytoplasme. L'ARN contient une série de codons copiés de l'ADN, dans laquelle U remplace T.

Exemple 2.7. En utilisant le principe de la multiplication, nous pouvons déterminer qu'il y a $4 \cdot 4 \cdot 4 = 64$ codons. Parmi ces 64 codons, 61 d'entre eux codent pour les 20 acides aminés et 3 d'entre eux codent pour la terminaison de la chaîne de polypeptides (« stop »). Si un codon est choisi au hasard, la probabilité qu'il code pour un acide aminé est :

$$P(A) = \frac{61}{64} = 0{,}953.$$

Considérons le segment d'ARN suivant : $AAUUUGAUG$. Ce segment est formé des 3 codons suivants : AAU (code pour l'*asparagine* ou *asn*), UUG (code pour la *leucine* ou *leu*) et AUG (code pour la *méthionine* ou *met*). Donc, la séquence finale d'acides aminés est *asn-leu-met*. Il y a 2 codes pour l'asparagine (AAU et AAC), 6 codes pour la leucine (UUA, UUG, CUU, CUC, CUA et CUG) et un code pour la méthionine. En utilisant le principe de la multiplication, on détermine donc qu'il y a $2 \cdot 6 \cdot 1 = 12$ codes pour *asn-leu-met*.

Dans l'exemple précédent, le tripeptide *asn-leu-met* est différent de *leu-asn-met* qui est obtenu en changeant l'ordre des deux premiers acides aminés. En effet, ces trois acides aminés peuvent être arrangés de 6 façons différentes. En utilisant le principe de la multiplication, nous déterminons qu'il y a 3 choix pour le premier acide aminé, 2 choix pour le deuxième et 1 choix pour le troisième. Donc, le nombre d'arrangements possibles est $3 \cdot 2 \cdot 1 = 6$. Ces 6 arrangements possibles sont : *asn-leu-met*, *asn-met-leu*, *leu-asn-met*, *leu-met-asn*, *met-asn-leu*, *met-leu-asn*. Ces arrangements sont des permutations des 3 acides aminés : *asn*, *leu*, *met*. En général, la définition suivante s'applique.

Définition 2.1. Une **permutation** est un arrangement de n objets dans une séquence avec n positions, sans répétition.

En utilisant le principe de la multiplication, nous déterminons que le nombre de permutations de n objets est :

$$n \cdot (n-1) \cdot (n-2) \cdot \ldots \cdot 3 \cdot 2 \cdot 1 = n!$$

Ce nombre est dit n *factoriel*.

Exemple 2.8. Une séquence d'ARN de 7 codons doit être formée. Cette séquence doit contenir 3 fois le codon ACU (code pour la *thréonine* ou *thr*) et 4 fois le codon GGU (code pour la *glycine* ou *gly*). Combien de séquences d'ARN avec cette composition sont possibles ?

Tout d'abord, nous assignons des chiffres de 1 à 4 pour les codons ACU et les chiffres 1 à 3 pour les codons GGU. Nous pouvons maintenant différencier les quatres ACU et les trois GGU. Nous obtenons donc 7 objets :

$$[ACU]_1, [ACU]_2, [ACU]_3, [ACU]_4, [GGU]_1, [GGU]_2, [GGU]_3$$

Tel que mentionné précédemment, ces 7 objets peuvent être permutés de $7! = 5\,040$ façons. En voici un exemple :

$$[ACU]_4\ [ACU]_2\ [GGU]_3\ [ACU]_3\ [GGU]_2\ [ACU]_1\ [GGU]_1$$

Nous permutons maintenant les codons ACU entre eux : toutes les permutations possibles mèneront à la même séquence d'ARN (ACU dans les positions 1, 2, 4 et 6). (Puisque nous avons introduit ces chiffres arbitrairement, ils n'apparaissent pas dans la séquence d'ARN.) Ceci donne $4! = 24$ arrangements possibles. Lorsque nous permutons des codons GGU, nous obtenons $3! = 6$ arrangements possibles (GGU dans les positions 3, 5 et 7). En utilisant le principe de la multiplication, nous déterminons qu'il y a $24 \cdot 6 = 144$ arrangements de la forme $[ACU][ACU][GGU][ACU][GGU][ACU][GGU]$. Ces 144 séquences ne peuvent pas être distinguées les unes des autres dans la collection originale de 5 040 arrangements (avec les chiffres assignés). Autrement dit, les 5 040 arrangements peuvent être divisés en groupes constitués de

144 arrangements chacun (qui deviennent identiques si nous n'assignons pas de chiffres). Le nombre de groupes possibles coïncide avec le nombre de séquences d'ARN et est égal à $5\,040/144 = 35$.

Une technique différente de calcul est requise lorsqu'on sélectionne un échantillon d'un groupe d'individus. Si le groupe est constitué de 4 personnes et que nous voulons sélectionner un individu, il y a 4 choix possibles. Supposons maintenant que nous voulons choisir 2 individus. En utilisant le principe de la multiplication, nous pouvons déterminer qu'il y a 4 façons de choisir le premier individu et 3 façons de choisir le deuxième. En tout, il y a $4 \cdot 3 = 12$ façons de choisir une paire d'individus, si leur ordre est important. Dans notre cas, l'ordre n'est pas important. Puisqu'il y a $2! = 2$ manières de permuter les 2 individus, le nombre total de façons pour sélectionner les 2 individus d'un groupe de 4 est $12/2 = 6$. Si les individus sont nommés A, B, C, D, nous pouvons facilement énumérer les 6 possibilités : $\{A, B\}$, $\{A, C\}$, $\{A, D\}$, $\{B, C\}$, $\{B, D\}$, $\{C, D\}$.

La définition suivante explique ce concept général.

Définition 2.2. Une **combinaison** est une sélection d'objets d'un groupe dans laquelle l'ordre n'est pas important.

En général, le nombre de combinaisons de r objets sélectionnés d'un groupe de n objets est donné par la formule :

$$\frac{n \cdot (n-1) \cdot (n-2) \cdot \ldots \cdot (n-r+1)}{r!} = \binom{n}{r}$$

Voici quelques exemples de combinaisons retrouvées dans la vie quotidienne : des échantillons d'une population, une main de 13 cartes pigées d'un jeu de 52 cartes, des billets de la loterie 6/49, etc. (Notons qu'une « combinaison » de cadenas est en fait une permutation, car l'ordre des chiffres est important.)

Exemple 2.9. Dix patients participent à une étude médicale. Parmi ces patients, 4 doivent être choisis pour un nouveau traitement de médicaments. Le nombre de sélections possibles est :

$$\binom{10}{4} = \frac{10 \cdot 9 \cdot 8 \cdot 7}{4!} = \frac{5\,040}{24} = 210.$$

Supposons maintenant que 2 des 10 patients sont allergiques à certains composés chimiques se trouvent dans le médicament. Nous voulons déterminer la probabilité que le groupe de 4 patients (choisis au hasard) contienne au moins une des personnes allergiques.

Supposons que A est l'événement que le groupe sélectionné ne contienne pas de personnes allergiques. Puisqu'il y a exactement

$$\binom{8}{4} = \frac{8 \cdot 7 \cdot 6 \cdot 5}{4!} = \frac{1\,680}{24} = 70$$

façons de choisir les 4 patients parmi les 8 patients non allergiques, le nombre de façons possibles pour que A se réalise est $n(A) = 70$. La probabilité de A est :

$$P(A) = \frac{n(A)}{n(S)} = \frac{70}{210} = \frac{1}{3}.$$

La probabilité de A' (l'événement lorsque A ne se réalise pas, c'est-à-dire que le groupe contienne une personne allergique) est :

$$P(A') = \frac{n(A')}{n(S)} = \frac{140}{210} = \frac{2}{3}.$$

(Nous avons utilisé le fait que $n(A') = n(S) - n(A) = 210 - 70 = 140$.)

Nous voulons maintenant trouver la probabilité de l'événement B, soit que le groupe de 4 patients contienne exactement une personne allergique. Notons qu'il y a 2 façons de sélectionner un patient parmi les 2 patients allergiques et

$$\binom{8}{3} = \frac{8 \cdot 7 \cdot 6}{3!} = \frac{336}{6} = 56$$

manières de choisir les 3 autres patients parmi les 8 patients non allergiques. Par le principe de la multiplication, on obtient $n(B) = 2 \cdot 56 = 112$. La probabilité de B est :

$$P(B) = \frac{n(B)}{n(S)} = \frac{112}{210} = 0{,}533.$$

2.3 Exercices

Exercice 2.1. Des lapins injectés avec des cellules sanguines humaines développent des anticorps contre les antigènes des cellules humaines. Ces anticorps aident à identifier deux types d'antigènes nommés M et N. Les lapins développent des anticorps anti-M lorsqu'ils sont exposés à du sang de type M et des anticorps anti-N lorsqu'ils sont exposés à du sang de type N. Le sang de chaque personne est soit du type M, N ou MN (qui contient les deux antigènes). Le gène gourvernant ce trait s'appelle L (en honneur de

Karl Landsteiner) et a deux allèles notés par L^M et L^N qui déterminent le type M et N d'antigènes. Les deux allèles sont codominants. Une personne avec du sang de type M a le génotype $L^M L^M$, une personne avec du sang de type N a le génotype $L^N L^N$ et le génotype $L^M L^N$ correspond à une personne avec du sang de type MN. Utilisez un carré de Punnett ou un dendrogramme pour illustrer tous les génotypes et phénotypes possibles des enfants issus des unions suivantes, ainsi que les probabilités qui y sont associées :
(a) la femme et l'homme ont tous les deux du sang de type MN ;
(b) la femme est du type M et l'homme du type MN ;
(c) la femme est du type M et l'homme du type N.

Exercice 2.2. Le phénylthiocarbamide (PTC) est un composé chimique qui goûte très amer pour certaines personnes (goûteurs), mais qui ne goûte rien pour les autres (non-goûteurs). Ceci est un trait héréditaire, l'allèle goûteur (T) étant dominant sur l'allèle non goûteur (t). Un autre trait héréditaire est l'albinisme (l'absence de pigmentation dans la peau, les cheveux et les yeux). Le gène qui détermine la pigmentation de la peau a deux allèles : un allèle dominant (A) pour une pigmentation normale et un allèle récessif pour l'albinisme. Utilisez un carré de Punnett ou un dendrogramme pour illustrer tous les génotypes et phénotypes possibles des enfants issus des unions suivantes, ainsi que les probabilités qui y sont associées :
(a) la femme et l'homme sont tous les deux hétérozygotes pour les deux gènes ;
(b) la femme est une goûteuse hétérozygote avec un pigmentation normale de la peau et l'homme est un non-goûteur avec une pigmentation normale de la peau ;
(c) la femme est une non-goûteuse et elle est albinos, tandis que l'homme est homozygote dominant pour les deux gènes.

Dans chaque cas, calculez la probabilité d'un enfant albinos non goûteur.

Exercice 2.3. Un groupe de 20 personnes, dont 11 femmes et 9 hommes, participent à une étude sur les facteurs qui pourraient influencer la fréquence et la durée des migraines.
(a) Le groupe doit être divisé en deux sous-groupes de 10 personnes différentes pour tester deux médications différentes. De combien de façons peut-on diviser ce groupe ?
(b) À la fin de l'étude, un échantillon de 10 personnes doit être choisi pour remplir un questionnaire. L'échantillon doit être composé de 5 femmes et 5 hommes. De combien de façons différentes peut-on atteindre ce but ?

(c) Le groupe est formé de 8 fumeurs et 12 non-fumeurs. Un échantillon de 8 personnes est choisi pour participer dans un programme de gestion de migraine sans médicament. Quelle est la probabilité que l'échantillon contienne exactement 2 fumeurs ?

Exercice 2.4. Les auteurs de [38] ont étudié le trait crépu chez la volaille. Une volaille crépue a le génotype FF, tandis qu'une volaille normale a le génotype ff. Le plumage d'une volaille avec le génotype Ff est seulement un peu crépu. Ceci est un exemple d'allèles codominants. Utilisez un carré de Punnett ou un dendrogramme pour illustrer tous les génotypes et phénotypes de la descendance des unions suivantes, ainsi que les probabilités qui y sont associées :
(a) le plumage des deux parents est seulement un peu crépu ;
(b) seul le plumage d'un parent est un peu crépu et le plumage de l'autre est normal ;
(c) seul le plumage d'un parent est un peu crépu et le plumage de l'autre est crépu.

Exercice 2.5. L'épistase est un processus qui explique comment l'interaction des gènes peut affecter les phénotytes (voir [40]). On considère un exemple sur l'épistase qui a été expliqué par les auteurs de [18]. La couleur d'une fleur d'une plante de pois peut être mauve ou blanche et est affectée par deux gènes, C et P, qui contrôlent la biochimie de la plante. La fleur est mauve seulement si l'allèle dominant pour les deux gènes, C et P, sont présents.
(a) Énumérez tous les génotypes possibles d'une plante à fleurs blanches.
(b) Utilisez un carré de Punnett ou un dendrogramme pour illustrer tous les génotypes et phénotypes (ainsi que les probabilités qui y sont associées) de la descendance résultant d'un croisement entre deux plantes de pois de génotype $CcPp$. Quelle est la probabilité que les plantes descendantes aient des fleurs mauves ?

Exercice 2.6. Dans un laboratoire, un technicien choisit deux échantillons d'un plateau contenant un total de 15 échantillons. Parmi ces 15 échantillons, 4 sont contaminés. Calculez la probabilité que :
(a) le technicien choisisse aucun échantillon contaminé ;
(b) le technicien choisisse exactement un échantillon contaminé ;
(c) le technicien choisisse deux échantillons contaminés.

Saviez-vous que ? *Gregor Johann Mendel était un moine augustin vivant à Brünn en Autriche (maintenant Brno en République Tchèque) qui avait deux passions en dehors de la religion : la botanique et les statistiques. Il a établi les lois mendéliennes de l'hérédité (le fondement de la génétique moderne) en effectuant de multiples croisements entre ses plantes de pois dans le jardin du monastère et en prenant note des résultats. En 1865, il a publié ses trouvailles dans un journal scientifique respecté (mais peu connu) nommé* Proceedings of the Natural History Society of Brünn. *Mendel est mort en 1884, sans jamais connaître l'importance de sa découverte cruciale. En 1900, les mêmes lois d'hérédité ont été définies à nouveau indépendemment par trois autres botanistes : Hugo de Vries, Karl Correns et Erich Tscermark. Ils ont tous accordé à Mendel la découverte et ont publié leurs travaux en tant que simples confirmations d'une découverte faite par un moine inconnu quelques décennies auparavant. Plus de détails sur cette histoire incroyable dans le domaine de la science peuvent être trouvés dans* [6].

Chapitre 3

Axiomes de probabilité

Dans le chapitre précédent, nous nous sommes intéressés au calcul de la probabilité d'un seul événement A. Dans ce chapitre, nous étudierons des techniques simples qui nous permettent de calculer les probabilités associées à deux ou plusieurs événements pouvant se produire simultanément.

3.1 Diagrammes de Venn

Le diagramme de Venn est une méthode graphique utilisée dans la théorie élémentaire des ensembles pour représenter les sous-ensembles d'un ensemble S. Cette méthode est utile pour illustrer des situations dans lesquelles nous considérons deux ou plusieurs événements où chacun est considéré comme un sous-ensemble de l'ensemble S de tous les résultats possibles de l'expérience aléatoire.

L'idée est de représenter l'ensemble S par un grand rectangle et un sous-ensemble A par la région à l'intérieur d'une courbe fermée dans ce rectangle (la forme de la courbe n'est pas particulièrement importante). Cette courbe fermée s'appelle le *diagramme de Venn* de A.

Nous notons par A' l'événement que A ne se produise pas et nous disons que A' est le *complément* de A. Notons que A' est représenté par la région à l'extérieur de la courbe fermée qui est utilisée pour représenter A.

Notons que :

$$1 = P(S) = P(A) + P(A'). \tag{3.1}$$

Exemple 3.1. Une femme et un homme sont hétérozygotes pour le gène qui détermine la couleur des yeux. Puisque l'allèle (B) pour les yeux bruns est dominant sur l'allèle (b) pour les yeux bleus, l'homme et la femme ont le génotype Bb. Comme dans l'exemple 2.1, l'enfant a une probabilité de 1/4

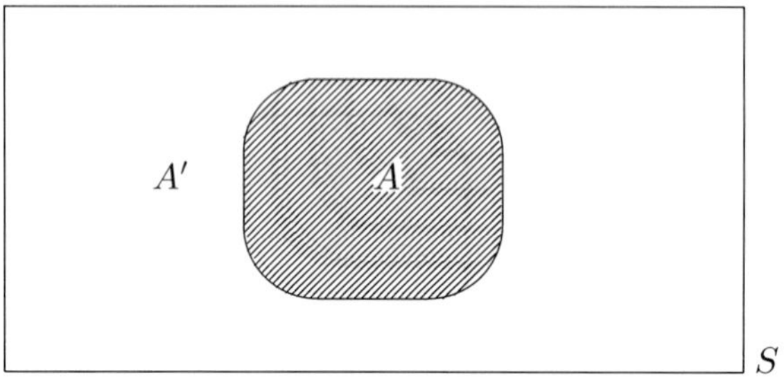

FIGURE 3.1 La région hachurée représente l'événement A

d'avoir les yeux bleus (donc le génotype bb) et une probabilité de 3/4 d'avoir les yeux bruns (donc le génotype BB ou Bb). Supposons que ce couple a 3 enfants. Nous voulons calculer la probabilité de l'événement A que le couple ait au moins un enfant aux yeux bleus.

Le complément A' de A est l'événement que les 3 enfants aient les yeux bruns. Par conséquent,

$$P(A') = \frac{3}{4} \cdot \frac{3}{4} \cdot \frac{3}{4} = \frac{27}{64}.$$

En utilisant (3.1), il s'ensuit que :

$$P(A) = 1 - \frac{27}{64} = \frac{37}{64} = 0{,}578.$$

Considérons deux événements, A et B. Nous notons $A \cap B$ l'événement « A et B se produisent » et $A \cup B$ l'événement « A ou B se produit ». (Le mot « ou » est compris dans le sens non-exclusif. Autrement dit, la possibilité que A et B se produisent simultanément est permise dans l'événement $A \cup B$.)

Supposons que A et B ne peuvent pas se produire simultanément. Dans ce cas, $A \cap B$ est un événement impossible noté par $\emptyset$, et les événements A et B sont *mutuellement exclusifs*. Les diagrammes de Venn de A et B n'ont pas d'intersection commune.

Nous avons :

$$P(A \cup B) = P(A) + P(B) \quad \text{si} \quad A \cap B = \emptyset.$$

Les exemples les plus simples d'événements mutuellement exclusifs sont A et A'. Puisque, $A \cup A' = S$, nous disons que A et A' forment une partition de S.

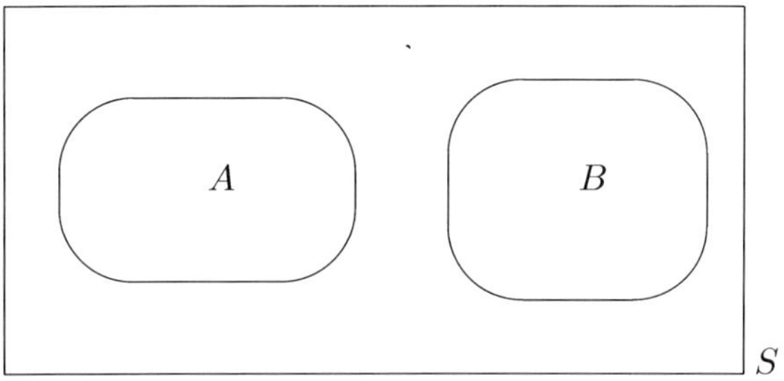

FIGURE 3.2 Deux événements mutuellement exclusifs A et B

En général, nous disons que les événements $A_1, A_2, \ldots, A_k$ forment une *partition* de S, si A_i et A_j sont mutuellement exclusifs pour tous les $i \neq j$ et

$$A_1 \cup A_2 \cup \ldots \cup A_k = S.$$

Exemple 3.2. Parmi les Canadiens, 42% sont du groupe sanguin A, 9% sont du groupe sanguin B, 3% sont du groupe sanguin AB et 46% sont du groupe sanguin O. Un nouveau patient est admis à l'hôpital et a besoin d'une transfusion de sang. Nous sommes intéressés par l'événement que ce patient soit du groupe sanguin A ou B.

Nous notons par A, B, C et D les événements que le patient soit du groupe sanguin A, B, AB et O, respectivement. Ces 4 événements forment une partition de S. Pour les représenter, nous dessinons les diagrammes de Venn de seulement 3 événements (disons A, B et C), en utilisant 3 courbes qui n'ont pas d'intersection commune. La région à l'extérieur de ces courbes représente le 4e événement.

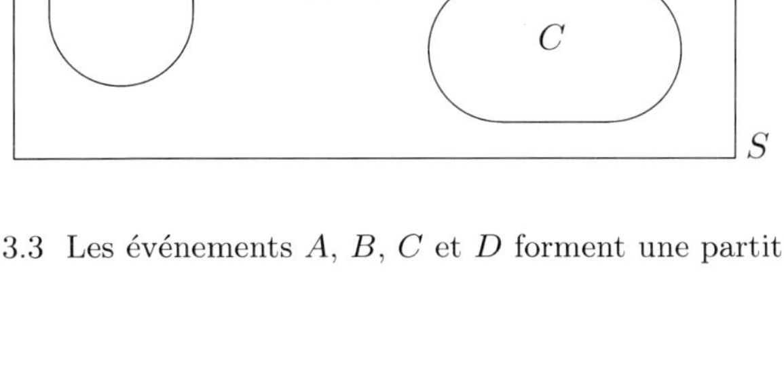

FIGURE 3.3 Les événements A, B, C et D forment une partition de S

La probabilité désirée est :

$$P(A \cup B) = P(A) + P(B) = 0{,}42 + 0{,}09 = 0{,}51.$$

Notons que l'événement $A \cup B$ est le complément de $C \cup D$. Puisque $P(C \cup D) = P(C) + P(D) = 0{,}03 + 0{,}46 = 0{,}49$, nous aurions aussi pu conclure que :

$$P(A \cup B) = 1 - P(C \cup D) = 1 - 0{,}49 = 0{,}51.$$

Nous considérons deux événements A et B qui peuvent se produire simultanément. Dans ce cas, les diagrammes de Venn représentant A et B ont une intersection commune (voir la figure 3.4).

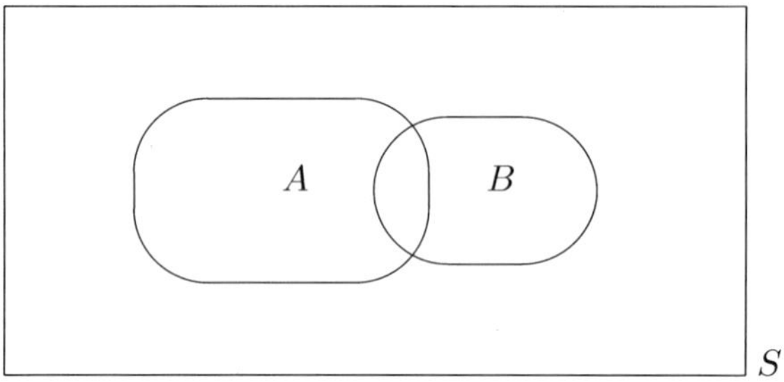

FIGURE 3.4 Deux événements A et B qui peuvent se produire simultanément

Nous distinguons plusieurs régions qui correspondent aux différents événements :

- La région hachurée au milieu représente l'événement $A \cap B$ (voir la figure 3.5).

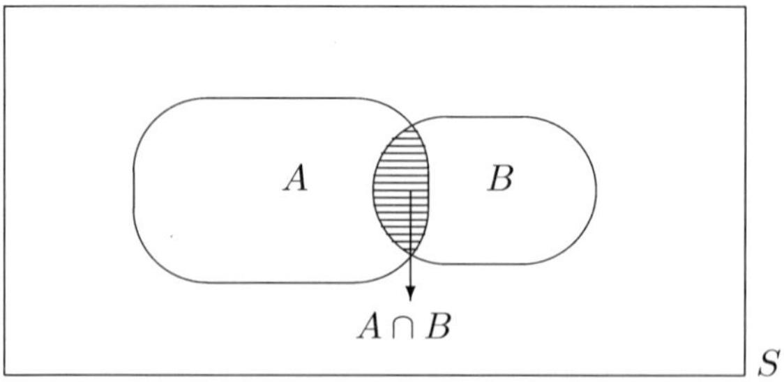

FIGURE 3.5 La région hachurée représente l'événement $A \cap B$

- La région hachurée à la gauche représente l'événement « A se produit lorsque B ne se produit pas » noté par $A \cap B$ (voir la figure 3.6). La probabilité de cet événement est liée à la probabilité de A selon la relation suivante :

$$P(A) = P(A \cap B) + P(A \cap B').$$

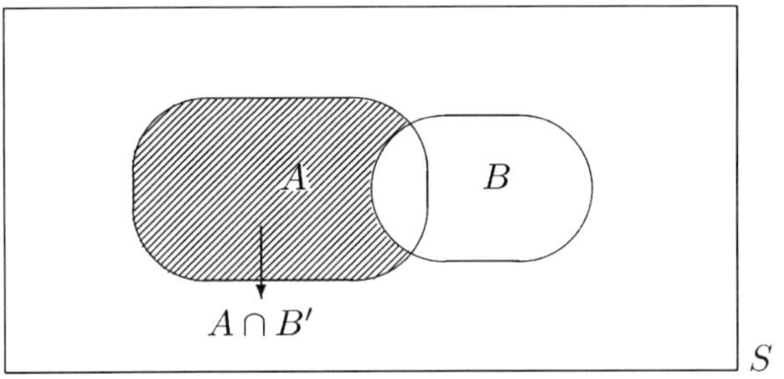

FIGURE 3.6 La région hachurée représente l'événement $A \cap B'$

Exemple 3.3. Considérons une population d'hommes dans laquelle 48% sont des fumeurs, 5,5% ont le cancer du poumon et 4,9% sont des fumeurs avec le cancer du poumon. Un individu de cette population est choisi au hasard. L'événement A représente l'événement que l'individu soit un fumeur et l'événement B est celui que l'individu ait le cancer du poumon. Nous savons que $P(A) = 0{,}48$, $P(B) = 0{,}055$ et $P(A \cap B) = 0{,}049$.

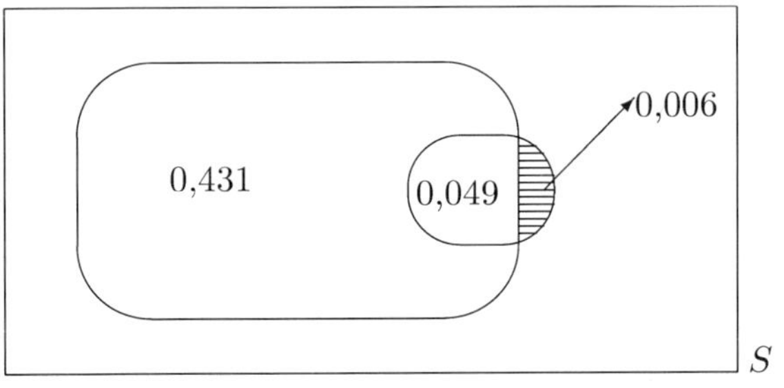

FIGURE 3.7 Les probabilités associées aux événements $A \cap B'$, $A \cap B$ et $B' \cap A$

La probabilité que l'individu choisi au hasard soit un fumeur qui n'a pas le cancer du poumon est :

$$P(A \cap B') = P(A) - P(A \cap B) = 0{,}48 - 0{,}049 = 0{,}431.$$

La probabilité que l'individu choisi au hasard ait le cancer du poumon, mais qu'il ne fume pas est :

$$P(B \cap A') = P(B) - P(A \cap B) = 0{,}055 - 0{,}049 = 0{,}006.$$

Exemple 3.4. On estime que le pourcentage de gens diabétiques dans la population autochtone canadienne est plus élevé que dans la population générale. Un échantillon de 1 500 individus a été sélectionné au hasard parmi la population autochtone. Parmi ces individus, 220 avaient le diabète et consultaient un médecin de famille et 75 avaient le diabète, mais ne consultaient pas de médecin. Calculez la probabilité qu'un Canadien autochtone choisi au hasard ait le diabète.

L'événement A représente l'événement que l'individu ait le diabète et l'événement B celui que cette personne consulte un médecin de famille. Nous savons que $P(A \cap B) = 220/1\,500$ et que $P(A \cap B') = 75/1\,500$. Par conséquent,

$$P(A) = P(A \cap B) + P(A \cap B') = \frac{220 + 75}{1\,500} = 0{,}197.$$

3.2 La règle d'addition

Lorsque les événements A et B ne sont pas mutuellement exclusifs, le diagramme de Venn pour l'événement $A \cup B$ consiste en une courbe fermée obtenue en combinant les diagrammes de Venn de A et B. La région à l'extérieur de la courbe correspond au complément de $A \cup B$ qui est en fait l'événement $A' \cap B'$.

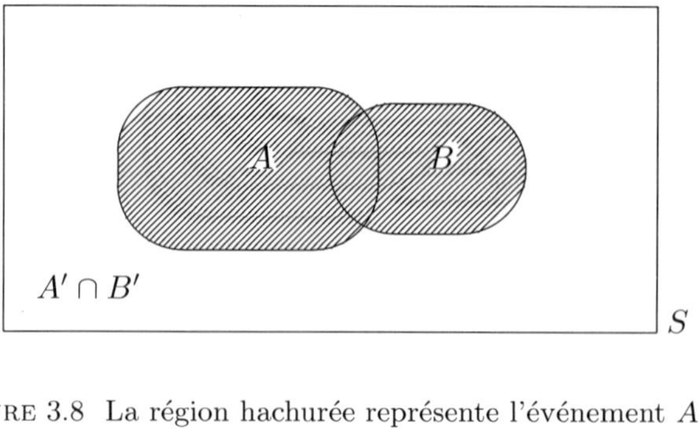

FIGURE 3.8 La région hachurée représente l'événement $A \cup B$

La probabilité de l'événement $A \cup B$ («A ou B se produit») peut être calculée de la façon suivante :

$$P(A \cup B) = P(A) + P(B) - P(A \cap B). \tag{3.2}$$

Pour justifier cette règle, nous devons nous rappeler que A et B peuvent se produire dans notre définition de l'événement $A \cup B$. Donc, l'événement «A ou B se produit» veut dire que :

- soit A et B se produisent simultanément ;
- soit A se produit et B ne se produit pas ;
- soit B se produit et A ne se produit pas.

Les trois possibilités mentionnées correspondent aux événements mutuellement exclusifs $A \cap B$, $A \cap B'$ et $B' \cap A$. Ces trois événements forment une partition de $A \cup B$ et donc :

$$P(A \cup B) = P(A \cap B) + P(A \cap B') + P(B \cap A'). \tag{3.3}$$

D'autre part, nous avons vu dans la section 3.1 que :

$$P(A) = P(A \cap B) + P(A \cap B')$$
$$P(B) = P(A \cap B) + P(B \cap A').$$

En prenant la somme des deux équations précédentes, nous obtenons :

$$P(A) + P(B) = 2P(A \cap B) + P(A \cap B') + P(B \cap A').$$

En soustrayant $P(A \cap B)$ de chaque côté de cette égalité, nous obtenons :

$$P(A) + P(B) - P(A \cap B) = P(A \cap B) + P(A \cap B') + P(B \cap A'). \tag{3.4}$$

La relation (3.2) est donc une conséquence de (3.3) et (3.4).

Exemple 3.5. En Afrique subsaharienne, un enfant sur trois souffre de malnutrition. Dans la même région, un enfant sur cinq est né séropositif, à cause de la transmission de la mère au nouveau-né. 10% de la population des enfants de cette région souffre des deux conditions.

Un enfant est choisi au hasard parmi cette population. Nous voulons calculer la probabilité que l'enfant souffre de l'une ou l'autre de ces conditions.

L'événement A représente l'événement que l'enfant souffre de malnutrition et l'événement B celui qu'il soit séropositif. Nous savons que :

$$P(A) = \frac{1}{3}, \quad P(B) = \frac{1}{5}, \quad P(A \cap B) = \frac{1}{10}.$$

La probabilité que l'enfant soufre de malnutrition ou soit séropositif est :

$$P(A \cup B) = P(A) + P(B) - P(A \cap B) = \frac{1}{3} + \frac{1}{5} - \frac{1}{10} = \frac{13}{30} = 0{,}433.$$

Notons que la probabilité que l'enfant ne souffre d'aucune de ces conditions est :

$$P(A' \cap B') = 1 - P(A \cup B) = 1 - 0{,}433 = 0{,}577.$$

La règle d'addition peut aussi être utilisée pour calculer $P(A \cap B)$, puisqu'à partir de (3.2), nous pouvons déduire que

$$P(A \cap B) = P(A) + P(B) - P(A \cup B).$$

Notons que le complément de $A \cap B$ est l'événement $A' \cup B'$ qui veut dire «A ne se produit pas» ou «B ne se produit pas».

Exemple 3.6. Les symptômes de la grippe saisonnière comprennent la fièvre (chez 90% de la population) et la douleur musculaire (chez 80% de la population). Lorsqu'infectée avec le virus de la grippe, 95% de la population a au moins un des deux symptômes.

Nous calculons la probabilité qu'un patient avec la grippe saisonnière souffre des deux symptômes. A représente l'événement que le patient souffre de fièvre et B celui qu'il souffre de douleur musculaire. Nous savons que :

$$P(A) = 0{,}90, \quad P(B) = 0{,}80, \quad P(A \cup B) = 0{,}95.$$

La probabilité qu'un patient souffre des deux symptômes est donc :

$$P(A \cap B) = P(A) + P(B) - P(A \cup B) = 0{,}90 + 0{,}80 - 0{,}95 = 0{,}75.$$

3.3 Exercices

Exercice 3.1. Un programme pour combattre la malnutrition a causé le développement de maladies d'origine nutritionnelle chez une population de poules dans une grande ferme avicole. Il est estimé que 2% des poules aient développé la stéatose hépatique, une condition caractérisée par l'obésité et l'accumulation de gras dans le foie. De plus, 3% de cette population est affectée par la fatigue de la pondeuse en cage, une condition qui cause l'affaiblissement des os de façon similaire à l'ostéoporose. 4% des poules ont l'une ou l'autre des conditions, mais pas les deux.

(a) Calculez le pourcentage des poules qui ont les deux conditions.

(b) Une poule est choisie au hasard dans cette ferme. Quelle est la probabilité qu'elle ne soit pas affectée par ces conditions ?

Exercice 3.2. Les langues officielles au Canada sont l'anglais et le français. Les résidents d'Ottawa, une ville multiculturelle, ont des antécédents linguistiques variés. Selon un recensement de Statistique Canada effectué en 2006, 59,9% des résidents de la ville d'Ottawa parlent seulement l'anglais, 1,6% parlent seulement le français et 1,3% ne parlent aucune des deux langues officielles.
(a) Quel est le pourcentage des résidents de la ville d'Ottawa qui parlent l'une ou l'autre des langues officielles ?
(b) Quelle est la probabilité qu'un résident choisi au hasard parle les deux langues officielles ?

Exercice 3.3. Le canal Rideau relie la rivière des Outaouais au lac Ontario. Pendant l'hiver, une section de 7,8 km du canal qui passe à travers la ville d'Ottawa est ouverte pour le patinage. Le canal Rideau est la plus grande patinoire naturelle au monde. En général, il faut 10 à 14 journées froides consécutives (-15 degrés Celsius ou moins) pour permettre à la glace de se former, ce qui permet l'accès public à la patinoire. Des données météorologiques recueillies au cours des 40 dernières années démontrent qu'en moyenne, pendant les 120 journées de la saison hivernale, le patinage est permis pendant 50 jours et que le temps est ensoleillé pendant 54 jours. En moyenne, la saison hivernale contient 33 jours ensoleillés lorsque le canal est ouvert au public.
(a) Quelle est la probabilité que, pendant une journée de la saison hivernale choisie au hasard, le canal soit ouvert au public, mais que le temps ne soit pas ensoleillé ?
(b) Quelle est la probabilité que, pendant une journée de la saison hivernale choisie au hasard, le temps soit ensoleillé, mais que le canal ne soit pas ouvert au public ?

Exercice 3.4. Considérez une population de sujets dans laquelle 23% d'entre eux ont une maladie, 19% d'entre eux ont été exposés à un certain facteur de risque et 31% d'entre eux ont été exposés au facteur ou ont la maladie. Quelle est la probabilité qu'un sujet de cette population :
(a) ait été exposé au facteur de risque et qu'il ait la maladie ?
(b) ait été exposé au facteur de risque, mais qu'il n'ait pas la maladie ?
(c) ait la maladie, mais qu'il n'ait pas été exposé au facteur de risque ?

Exercice 3.5. Considérez 16 gallons de tomates génétiquement modifiées. Supposez que 75% de ces tomates ont une plus grande résistance aux insectes, que 50% d'entre elles sont modifiées pour avoir une plus longue durée de conservation et que 30% d'entre elles ont une plus grande résistance aux insectes ainsi qu'une plus longue durée de conservation. Calculez la probabilité qu'une tomate choisie au hasard :
(a) ait une plus grande résistance aux insectes, mais n'ait pas une plus longue durée de conservation ;
(b) n'ait pas une résistance plus grande aux insectes, mais qu'elle ait une durée de conservation plus longue ;
(c) n'ait pas une plus grande résistance aux insectes et n'ait pas une plus longue durée de conservation.

Exercice 3.6. Certains parents ne sont pas sévères en ce qui concerne la consommation d'alcool et de cigarettes de leurs adolescents. Supposons que 13% des parents permettent la consommation de cigarettes dans la maison, que 8,5% d'entre eux permettent la consommation d'alcool et que 6% des parents permettent les deux. Dans une maison choisie au hasard, quelle est la probabilité que les parents permettent :
(a) la consommation d'au moins une de ces substances ?
(b) la consommation de cigarettes, mais pas celle d'alcool ?
(c) la consommation d'alcool, mais pas celle de cigarettes ?

Saviez-vous que ? *En 2008, le canal Rideau (une voie navigable située en Ontario, au Canada) a été déclaré comme un site du patrimoine mondial par l'UNESCO (source : <http://whc.unesco.org/fr/list>). Le canal est formé d'une série de lacs et de rivières qui s'étendent de Kingston, au sud, jusqu'à Ottawa, au nord, et qui sont liés par des canaux et des écluses. Le canal a été ouvert en 1832, et les écluses fonctionnent encore de la même façon qu'au jour de l'ouverture. Cette voie navigable couvre une distance de 202 km. Le canal Rideau a initialement été bâti à des fins militaires permettant aux troupes britanniques de défendre la colonie du Canada contre les États-Unis. C'est une route alternative du Lac Ontario jusqu'au fleuve Saint-Laurent, lequel s'écoule dans l'océan Atlantique. Le lieutenant-colonel John By (un ingénieur militaire britannique), l'architecte du canal Rideau, décida de créer un système de canal d'eau tranquille en innondant les rapides plutôt qu'en les contournant. En utilisant cette méthode, il créa plusieurs lacs et environnements marécageux qui servent maintenant d'habitat pour une centaine d'espèces de plantes et d'animaux* *(source : <http://Rideau-Info.com>). Le plus grand changement qui est survenu après son ouverture s'est déroulé dans la section au nord du canal. La communauté prospéra et est devenue la ville d'Ottawa en 1855, qui a été choisie comme le site de la capitale nationale du Canada par la reine Victoria en 1859. À chaque hiver depuis 1971, la Commission de la capitale nationale (CCN) entretient la surface de la glace du canal Rideau, le transformant en la plus grande patinoire au monde. La patinoire couvre une distance de 7,8 kilomètres. C'est une excellente façon de voir plusieurs attractions de la ville d'Ottawa ou de se rendre rapidement au travail ou à l'école. En effet, les deux auteurs aiment patiner les 5 km séparant l'Université d'Ottawa de l'Université de Carleton (les deux universités étant situées à Ottawa, en Ontario, au Canada).*

Chapitre 4

Probabilité conditionnelle

Dans ce chapitre, nous présentons la notion de la probabilité conditionnelle. Nous voulons souvent limiter l'objectif d'une étude ou calculer la probabilité d'un événement avec un accès à de l'information limitée. Dans ces cas, nous sommes intéressés par les probabilités conditionnelles. Nous allons aussi démontrer que les probabilités conditionnelles peuvent être utilisées pour simplifier le calcul des probabilités dans certains cas.

4.1 Définition

Voici quelques exemples pour introduire la notion de la probabilité conditionnelle.

Exemple 4.1. En Ontario, la pêche légale exige que le poisson morde l'hameçon. Si l'hameçon s'accroche sur n'importe quelle autre partie du poisson que la bouche, le poisson doit être relâché. Nous voulons calculer la probabilité qu'un pêcheur doive relâcher un poisson pour cette raison dans une baie particulière. En outre, nous croyons que l'utilisation d'un leurre, comparativement à un appât vivant, augmentera les chances d'accrochages sur le poisson. Pendant une saison de pêche, nous effectuons des entrevues avec des pêcheurs choisis au hasard. Les données recueillies sont présentées dans le tableau 4.1.

En utilisant la méthode de fréquence relative, nous estimons que la probabilité d'accrochage d'un poisson dans cette baie est $24/100 = 24\%$. Est-ce que l'utilisation d'un leurre affecte cette probabilité ? Nous considérons seulement les poissons attrapés avec la condition d'utilisation d'un leurre. Parmi les 55 poissons attrapés avec un leurre, seulement 20 ont été accrochés. Nous estimons que la probabilité d'accrocher un poisson dans

Tableau 4.1 Accrochage de poissons

Méthode de pêche	Accrochage: Pas d'accrochage	Accrochage: Accrochage	Total
Leurre	35	20	55
Appât vivant	41	4	45
Total	76	24	100

cette baie si un leurre est utilisé est $20/55 = 36{,}4\%$. Donc, l'utilisation d'un leurre augmente les chances d'accrochages.

Exemple 4.2. Les auteurs de [34] ont étudié la germination de différentes espèces indigènes en Australie. La faculté germinative était exprimée en pourcentage de graines viables qui avaient germiné après 10 jours. La germination était définie en étant le temps pour que l'embryon émerge du tégument. Une partie des données recueillies se trouve dans le tableau 4.2.

Tableau 4.2 Germination de 95 espèces différentes

Vitesse de germination	Faculté germinative: Faible	Faculté germinative: Intermédiaire	Faculté germinative: Élevée	Total
Rapide	14	4	4	22
Moyenne	36	22	2	60
Lente	6	13	4	23
Total	56	39	10	105

Nous pouvons utiliser ces données pour dresser un modèle de probabilité qui décrit la germination actuelle en Australie. Nous choisissons des espèces au hasard et donc nous pouvons supposer que chacune des 105 espèces ait la même chance d'être sélectionnée. La probabilité que l'espèce ait une faculté germinative élevée est $P(A) = n(A)/n(S) = 10/105 = 0{,}095$, où $A =$ «faculté germinative élevée». Est-ce que la vitesse de germination affecte cette probabilité ? Si nous examinons juste les espèces avec une grande vitesse de germination, la probabilité de faculté germinative élevée devient $4/22 = 0{,}182$, puisque 4 des 22 espèces dans cette catégorie sont classifiées comme «élevée». Au sein de l'événement $B =$ «vitesse de germination rapide», la probabilité que A se produise est :

$$P(A|B) = \frac{4}{22} = \frac{n(A \cap B)}{n(B)} = \frac{n(A \cap B)/n(S)}{n(B)/n(S)} = \frac{P(A \cap B)}{P(B)}.$$

Les exemples précédents nous amènent à la définition suivante.

Définition 4.1. Si B est un événement avec $P(B) > 0$, la **probabilité conditionnelle** d'un événement A, sachant que B se soit produit, est définie comme suit :

$$P(A|B) = \frac{P(A \cap B)}{P(B)}.$$

La déclaration «sachant que B se soit produit» est utile, car elle sert d'indication que B joue le rôle de l'ensemble fondamental. Considérons l'exemple 4.2. La probabilité de A = «faculté germinative élevée» sachant que C = «vitesse de germination moyenne» se soit réalisé est :

$$P(A|C) = \frac{P(A \cap C)}{P(C)} = \frac{2/105}{60/105} = \frac{2}{60}.$$

Pour un événement B fixé, nous pouvons démontrer que la fonction $P(\cdot|B)$ est une fonction de probabilité. Par exemple, nous pouvons utiliser la règle du complément. Si la probabilité d'un accrochage compte tenu de l'utilisation d'un leurre est 0,364, la probabilité qu'un accrochage ne se produise pas compte tenu de l'utilisation d'un leurre est $1 - 0{,}364 = 0{,}636$.

Exemple 4.3. L'espèce *drosophila melanogaster* (aussi connue sous le nom drosophile) est fréquemment utilisée comme organisme modèle dans les cours de biologie. Au début du 20e siècle, Thomas Hunt Morgan a décrit plusieurs mutations chez ces mouches (voir [2]). Par exemple, Morgan fut le premier à observer la mutation des yeux blancs chez cette espèce. La couleur normale des yeux est le rouge.

Nous étudions une population de drosophiles dans laquelle 25% des mouches ont une mutation des ailes (ailes courbées) et 2% de la population ont les yeux mauves. En outre, 1% des mouches ont les deux mutations. Si nous choisissons une mouche au hasard et que cette mouche a les yeux mauves, quelle est la probabilité qu'elle ait aussi les ailes courbées ? Soit E = «mutation des yeux mauves» et W = «mutation des ailes courbées», la réponse découle de la probabilité conditionnelle suivante :

$$P(W|E) = \frac{P(W \cap E)}{P(E)} = \frac{0{,}01}{0{,}02} = 0{,}02.$$

Notons que cette probabilité n'est pas égale à la probabilité qu'une mouche ait les yeux mauves en sachant qu'elle ait les ailes courbées, qui est égale à :

$$P(E|W) = \frac{P(E \cap W)}{P(W)} = \frac{0{,}01}{0{,}25} = 0{,}04.$$

Dans l'exemple précédent, nous avons vu que $P(A|B)$ n'est pas égal à $P(B|A)$. Tel que mentionné dans [3], c'est une erreur commune de confondre ces deux probabilités. Pour éviter cette erreur, il est important d'interpréter correctement la probabilité dans le contexte du problème. Dans l'exemple 4.3, $P(E|W)$ représente la proportion des mouches aux yeux mauves parmi la population des mouches aux ailes courbées, tandis que $P(W|E)$ représente la proportion des mouches avec des ailes courbées parmi les mouches aux yeux mauves.

Dans les paragraphes qui suivent, nous allons démontrer que les probabilités conditionnelles sont utiles pour évaluer l'efficacité de tests diagnostiques.

Un test diagnostique est un outil utilisé pour évaluer la présence ou l'absence d'une certaine condition. Par exemple, un immuno-essai d'enzyme est souvent utilisé comme méthode de dépistage pour le VIH. L'analyse de cheveux est un autre exemple d'outil diagnostique qui est utilisé dans le domaine de la toxicologie judiciaire, de la toxicologie de l'environnement et de la santé au travail (voir [42]).

Une unité (dite un sujet si l'unité est humaine) est *positive* si elle a la condition qui nous intéresse (par exemple, le sujet a la maladie). Une unité est *négative* si la condition est absente. La plupart des tests diagnostiques ne sont pas parfaits. Le test peut être négatif ou positif. Si le test est positif malgré que l'unité soit négative, nous disons que le résultat est un *faux positif*. Un *faux négatif* est un résultat de test négatif malgré que l'unité soit positive.

Nous pouvons évaluer l'efficacité d'un test diagnostique en examinant sa sensibilité, sa spécificité, sa valeur prédictive positive et sa valeur prédictive négative. Dans le tableau 4.3, des sujets sont classifiés selon la présence ou l'absence d'une condition, mais aussi selon les résultats du test.

Tableau 4.3 Résultats pour un test diagnostique

	Condition	
Résultat de test	Positif (U_+)	Négatif (U_-)
Positif (T_+)	9,5%	1,8%
Négatif (T_-)	0,5%	88,2%

Nous considérons qu'un test diagnostique est *sensible* s'il est fort probable qu'il réagisse (test positif) lorsqu'exposé au stimulus approprié (l'unité est véritablement positive). Nous définissons la *sensibilité* d'un test diagnostique comme étant la probabilité conditionnelle qu'une unité véritablement positive obtienne un résultat positif. Dans notre exemple, la sensibilité est $P(T_+|U_+) = 9{,}5\%/(9{,}5\% + 0{,}5\%) = 95\%$. C'est-à-dire que 95% des sujets avec la maladie ont été classifiés correctement. Le *taux de faux négatif* est défini comme étant $\beta = P(T_-|U_+) = 1 - P(T_+|U_+)$. Le taux dans notre exemple est 5%. Ceci veut dire que 5% des sujets avec la maladie ont obtenu des résultats négatifs au test.

Un bon test diagnostique doit être sensible, mais il doit aussi être *spécifique*. Nous ne voulons pas qu'il soit fort probable que le test réagisse (c'est-à-dire qu'il donne un résultat positif) lorsque la condition est absente. Nous définissons la *spécificité* d'un test diagnostique comme étant la probabilité conditionnelle qu'une unité véritablement négative obtienne un résultat positif au test. Dans notre exemple, la spécificité est $P(T_-|U_-) = 88{,}2\%/(88{,}2\% + 1{,}8\%) = 98\%$. Ceci veut dire que 98% des sujets sans la maladie ont été classifiés correctement. Le *taux de faux positif* est défini comme étant $\alpha = P(T_+|U_-) = 1 - P(T_-|U_-)$. Le taux dans notre exemple est 2%. C'est-à-dire que 2% des sujets sans la maladie ont obtenu un résultat positif au test.

Un bon test diagnostique doit être sensible et spécifique, mais ce n'est pas tout. L'aspect le plus important pour le sujet et le médecin constitue les chances d'avoir la maladie si le test est positif ou de ne pas l'avoir si le test est négatif. Les paramètres correspondants sont la *valeur prédictive positive*, qui correspond à la probabilité que l'unité qui obtient un résultat positif ait la condition, et la *valeur prédictive négative*, qui correspond à la probabilité que l'unité qui obtient un résultat négatif n'ait pas la condition. Dans notre exemple, la valeur prédictive positive est $\mathsf{VPP} = P(U_+|T_+) = 9{,}5\%/(9{,}5\% + 1{,}8\%) = 84{,}1\%$ et la valeur prédictive négative est $\mathsf{VPN} = P(U_-|T_-) = 88{,}2\%/(88{,}2\% + 0{,}5\%) = 99{,}4\%$.

4.2 La règle de la multiplication

Dans certaines circonstances, il peut être facile de calculer $P(A|B)$. Si nous connaissons déjà $P(B)$, nous pouvons utiliser la définition de la probabilité conditionnelle pour trouver $P(A \cap B)$. Nous obtenons donc la *règle de la multiplication* :

$$P(A \cap B) = P(A|B)P(B).$$

La règle de la multiplication est une technique de « l'introduction de conditions ». Dans les paragraphes précédents nous avons *introduit des conditions* basées sur le fait que l'événement B se produise. Par contre, nous pouvons aussi introduire des conditions basées sur l'occurrence de l'événement A, et de cette façon nous obtenons :

$$P(A \cap B) = P(B|A)P(A).$$

Exemple 4.4. Les gens avec du sang Rh négatif du groupe sanguin O sont considérés comme étant des donneurs universels parce que les patients de tous les groupes sanguins peuvent recevoir leur sang. Il est estimé que 46% de tous les Canadiens sont du groupe sanguin O. Parmi ces donneurs de type O, environ 15% sont Rh négatifs. Nous utilisons la règle de la multiplication pour déterminer la proportion des Canadiens qui font partie du groupe sanguin O et qui sont Rh négatifs. Nous définissons les événements O et $Rh-$ par «groupe sanguin O» et «Rh négatif» respectivement. Nous savons que $P(O) = 0{,}46$ et que $P(Rh-|O) = 0{,}15$. Alors, la probabilité qu'un Canadien soit du groupe sanguin O et Rh négatif est :

$$\begin{aligned} P(O \cap Rh-) &= P(Rh-|O)P(O) \\ &= (0{,}15)(0{,}46) = 0{,}069 \quad \text{(ou 6,9\%)}. \end{aligned}$$

Exemple 4.5. Les surfactants (aussi connus sous les nom «d'agents mouillants») peuvent être utilisés sur du sol hydrophobique pour permettre à l'eau de pénétrer et d'être absorbée. En particulier, les surfactants sont utilisés par ceux qui entretiennent les terrains de golf pour combattre les sections d'herbe sèche.

Pour comparer l'efficacité de quelques surfactants, nous attribuons au hasard les surfactants à des unités expérimentales (par exemple, échantillons de sol). Supposons qu'il y a 10 unités expérimentales (unités 1 à 10) et que nous les sélectionnons un par un au hasard pour les attribuer, quelle est la probabilité que la première unité à être choisie sera l'unité 5 et que la deuxième sera l'unité 4 ?

Soit A l'événement que l'unité 5 soit choisie en premier et l'événement B celui que l'unité 4 soit choisie en deuxième. Si l'unité 5 est choisie en premier, l'unité 4 ne représente qu'un choix parmi les 9 autres unités. Donc, il est raisonnable de calculer la probabilité comme suit : $P(B|A) = 1/9$. En utilisant la règle de la multiplication, nous pouvons déterminer que la probabilité de choisir l'unité 5 en premier et l'unité 4 ensuite est :

$$P(A \cap B) = P(B|A)P(A) = \frac{1}{9} \cdot \frac{1}{10} = \frac{1}{90}.$$

Plusieurs processus intéressants impliquent plus de 2 événements. La règle de la multiplication peut être appliquée à 3 événements ou plus de la façon suivante :

$$P(A_1 \cap \ldots \cap A_n) = P(A_1)P(A_2|A_1)P(A_3|A_1 \cap A_2) \cdots P(A_n|A_1 \cap \cdots \cap A_{n-1}).$$

Exemple 4.6. Dans l'étude de la santé de la population et de l'évaluation des risques, nous choisissons fréquemment un échantillon de sujets parmi une population cible. L'échantillonnage est effectué en étapes. Par exemple, notre méthode d'échantillonnage pourrait consister à choisir quelques villes, puis ensuite de sélectionner quelques rues dans ces villes, puis finalement de choisir une maison sur ces rues.

Supposons que nous habitons dans une des dix maisons situées sur l'avenue Bass qui est située dans la ville de Pike. Les enquêteurs utilisent une méthode d'échantillonnage dans laquelle la probabilité de sélectionner la ville de Pike est de 20%. Si cette ville est choisie, la probabilité de choisir l'avenue Bass est de 5%. Quelle est la probabilité que notre maison soit sélectionnée pour faire partie de l'étude ? Puisque nous sommes sélectionnés seulement si notre maison, notre rue et notre ville sont choisies simultanément, la probabilité que notre maison soit choisie est :

$$P(\text{“Pike”})P(\text{“Bass”}|\text{“Pike”})P(\text{“notre maison”}|\text{“Bass”} \cap \text{“Pike”})$$
$$= (0{,}2)(0{,}05)(0{,}1) = 0{,}001.$$

Cette section se conclut avec quelques exemples qui utilisent un dendrogramme pour nous aider à visualiser les probabilités conditionnelles. Pour bâtir un tel diagramme, nous devons appliquer la règle en étapes. Le dendrogramme dans la figure 4.1 est une illustration de l'application de la règle de la multiplication dans l'exemple 4.6.

FIGURE 4.1 Dendrogramme : visualisation de la règle de la multiplication

Exemple 4.7. Dans les années 1950, Kettlewell commença à effectuer une série d'expériences sur des phalènes du bouleau (*Biston betularia*) en Angleterre (voir [35]). Après la Révolution industrielle, les phalènes de couleur plus foncée sont devenues abondantes tandis que celles à couleur moins foncée (aux ailes gris clair légèrement mouchetées de noir) sont devenues rares. Kettlewell a donc proposé que la pollution rendait les phalènes foncées presqu'invisibles pour les oiseaux prédateurs et donc que les phalènes plus claires sont devenues plus évidentes. Une plus grande proportion de phalènes claires était donc chassée. Ceci est un exemple de prédation sélective.

Dans une forêt polluée, Kettlewell a marqué et relâché 630 phalènes mâles : 21,7% était de couleur claire et 78,3% était de couleur foncée. Les insectes relâchés ont été recapturés avec des pièges utilisant de la lumière et des insectes femelles. 13% des insectes clairs et 27% des insectes foncés ont été recapturés. Nous sélectionnons au hasard un des 630 mâles relâchés.

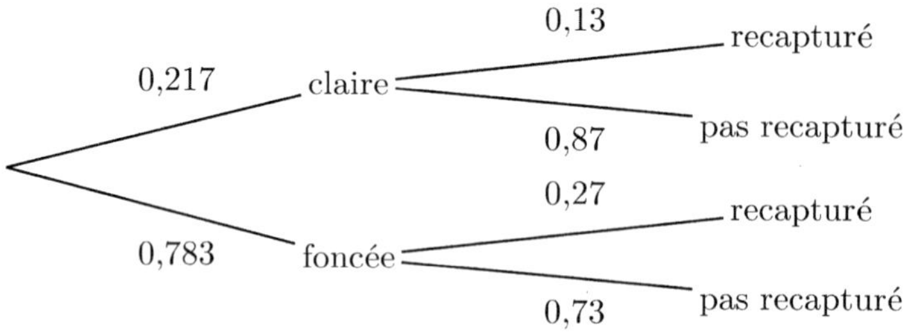

FIGURE 4.2 Dendrogramme : phalènes du bouleau

Soit R l'événement que le mâle soit recapturé, L celui qu'il soit de couleur claire et D celui qu'il soit de couleur foncée, la probabilité que nous recapturions ce mâle est :

$$P(R) = P(R \cap L) + P(R \cap D) = (0{,}217)(0{,}13) + (0{,}783)(0{,}27) = 23{,}96\%.$$

La probabilité conditionnelle que nous recapturions ce mâle sachant qu'il est foncé est $P(R|D) = 0{,}27$. Les phalènes foncées ont une probabilité légèrement plus grande d'être recapturées.

4.3 La formule de Bayes

L'espace échantillonnal S est souvent divisé en un nombre k d'événements mutuellement exclusifs $(E_1, E_2, \ldots, E_k)$, et nous sommes intéressés par un autre événement B. Si nous connaissons les probabilités marginales $P(E_i)$ et les probabilités conditionnelles $P(B|E_i)$ pour

$i = 1, \ldots, k$, nous pouvons combiner ces quantités pour obtenir la probabilité que B se réalise. Ce principe est connu sous le nom de la *formule des probabilités totales* :

$$\begin{aligned} P(B) &= P(B \cap E_1) + P(B \cap E_2) + \ldots + P(B \cap E_k) \\ &= P(B|E_1)\,P(E_1) + P(B|E_2)\,P(E_2) + \ldots + P(B|E_k)\,P(E_k). \end{aligned}$$

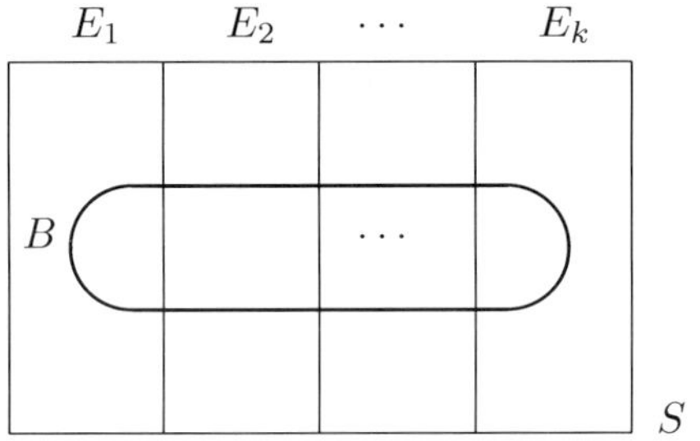

FIGURE 4.3 Diviser l'espace échantillonnal

Exemple 4.8. Les hêtres sont des arbres abondants trouvés en Europe centrale. Certains hêtres développent un «cœur rouge» qui réduit la qualité du bois (voir [36]). Supposons que, dans une forêt, 25% des hêtres sont jeunes, 30% des arbres sont moyennement âgés et 45% des hêtres sont vieux. En outre, 1% des jeunes arbres, 30% des arbres moyennement âgés et 25% des vieux arbres développent un «cœur rouge». La probabilité qu'un arbre choisi au hasard dans cette forêt ait un «cœur rouge» est :

$$\begin{aligned} P(R) &= P(R|Y)\,P(Y) + P(R|M)\,P(M) + P(R|O)\,P(O) \\ &= (0{,}01)(0{,}25) + (0{,}25)(0{,}3) + (0{,}9)(0{,}45) = 0{,}4825. \end{aligned}$$

Ici, R est l'événement que l'arbre ait un «cœur rouge» et Y, M et O sont «jeune», «moyennement âgé» et «vieux», respectivement.

Nous voulons parfois changer la manière dont nous introduisons les conditions, c'est-à-dire que nous voulons déterminer $P(E_j|B)$ pour un j donné. La *formule de Bayes* nous permet de calculer cette quantité.

La formule va comme suit :

$$\begin{aligned} P(E_j|B) &= \frac{P(E_j \cap B)}{P(B)} \quad \text{(par définition)} \\ &= \frac{P(B|E_j)\,P(E_j)}{P(B)} \quad \text{(par la règle de la multiplication)} \\ &= \frac{P(B|E_j)\,P(E_j)}{P(B|E_1)\,P(E_1) + \ldots + P(B|E_k)\,P(E_k)}. \end{aligned}$$

Exemple 4.8 (suite). Après avoir coupé un arbre, nous réalisons que l'arbre a formé un « cœur rouge ». Quelle est la probabilité que cet arbre soit vieux ? En utilisant la formule de Bayes, nous calculons :

$$P(O|R) = \frac{P(R|O)\,P(O)}{P(R)} = \frac{(0{,}9)(0{,}45)}{0{,}4825} = 0{,}8394.$$

Dans l'exemple suivant, nous utiliserons la formule des probabilités totales avec la formule de Bayes pour combiner de l'information de deux études différentes.

En pratique, le calcul de la valeur prédictive positive (ou négative) est un processus en deux étapes. Premièrement, nous pouvons estimer la sensibilité et la spécificité d'un test diagnostique à partir de la population étudiée. Cependant, pour un grand nombre d'études, la prévalence de la maladie dans la population étudiée n'est pas la même que dans la population cible. Donc, la deuxième étape est d'estimer la prévalence de la maladie dans la population cible en utilisant une autre étude.

Exemple 4.9. [Tests diagnostiques] Supposons qu'il y a 50 sujets affectés par la maladie et 50 sujets qui ne sont pas affectés par la maladie. Tous les sujets sont soumis au test diagnostique. Parmi les sujets affectés par la maladie, 48 obtiennent un résultat positif au test. Il n'y a que 4 résultats positifs parmi le groupe de sujets sans la maladie. Un résumé des données est retrouvé dans le tableau 4.4. Une personne est choisie au hasard parmi les 100 sujets. Nous notons par U_+ l'événement que la personne soit affectée par la maladie, par U_- l'événement qu'elle n'ait pas la maladie, par T_+ l'événement que le résultat du test soit positif et par T_- l'événement que le résultat du test soit négatif. La sensibilité $P(T_+|U_+) = 48/50 = 96\%$ et la spécificité $P(T_-|U_-) = 46/50 = 92\%$ du test de la population étudiée peuvent être utilisées comme approximations des mêmes paramètres pour la population cible.

Puisque les sujets ont été choisis au hasard parmi leurs sous-populations respectives (affectée ou non par la maladie), nous ne devons pas utiliser la même population étudiée pour estimer la probabilité qu'un sujet soit affecté par la maladie. Une autre étude est nécessaire. Supposons que 500 sujets de la population cible sont choisis au hasard et que 45 d'entre eux sont affectés par la maladie. La probabilité qu'un sujet ait la maladie est $P(U_+) = 45/500 = 0{,}09$.

En utilisant la formule de Bayes, nous déterminons que la valeur prédictive positive pour ce test est :

$$\begin{aligned}\mathsf{VPP} = P(U_+|T_+) &= \frac{P(T_+|U_+)P(U_+)}{P(T_+|U_+)P(U_+) + P(T_+|U_-)P(U_-)}\\ &= \frac{(0{,}96)(0{,}09)}{(0{,}96)(0{,}09) + (1-0{,}92)(1-0{,}09)} = 0{,}5427.\end{aligned}$$

Exemple 4.10. [Tests diagnostiques et maladies rares] Nous utilisons les données du tableau 4.3. La sensibilité est $P(T_+|U_+) = 0{,}095/(0{,}095 + 0{,}005) = 0{,}95$ et la spécificité est $P(T_-|U_-) = 0{,}882/(0{,}882 + 0{,}018) = 0{,}98$. Considérons une population où la prévalence de la maladie n'est que 0,5%. La valeur prédictive positive est :

$$\begin{aligned}\mathsf{VPP} = P(U_+|T_+) &= \frac{P(T_+|U_+)P(U_+)}{P(T_+|U_+)P(U_+) + P(T_+|U_-)P(U_-)}\\ &= \frac{(0{,}95)(0{,}005)}{(0{,}95)(0{,}005) + (1-0{,}98)(1-0{,}005)} = 0{,}1927,\end{aligned}$$

et la valeur prédictive négative est :

$$\begin{aligned}\mathsf{VPN} = P(U_-|T_-) &= \frac{P(T_-|U_-)P(U_-)}{P(T_-|U_+)P(U_+) + P(T_-|U_-)P(U_-)}\\ &= \frac{(0{,}98)(1-0{,}005)}{(1-0{,}95)(0{,}005) + (0{,}98)(1-0{,}005)} = 0{,}9997.\end{aligned}$$

Malgré que le test ait une très grande sensibilité et une bonne spécificité, la valeur prédictive positive du test est faible compte tenu que la maladie

Tableau 4.4 Résultats pour un test diagnostique

	Affecté	Non-affecté
Test +	48	4
Test −	2	46
Total	50	50

est rare. Dans cet exemple, il y a une forte possibilité de ne pas être affecté par la maladie même si le résultat obtenu au test est positif.

Cette section se conclut avec un exemple traitant de la génétique.

Exemple 4.11. Considérons un gène avec deux allèles A et a qui ne sont pas liés au chromosome sexuel. Nous effectuons un croisement entre deux souris de génotypes Aa. Un des souriceaux mâle né après le croisement est croisé avec une femelle de génotype Aa. Cette nouvelle paire ont un souriceau avec le trait dominant. Quelle est la probabilité que le père soit hétérozygote ?

Nous notons par H, HR et HD les événements que le père soit hétérozygote (avec le génotype Aa), homozygote récessif (avec le génotype aa) et homozygote dominant (avec le génotype AA), respectivement. Dans l'exemple 2.1, nous avons déterminé que $P(H) = 1/2$, $P(HR) = 1/4$ et $P(HD) = 1/4$. Nous notons par D l'événement que le père ait un souriceau avec le trait dominant. Notons que $P(D|H) = 3/4$, puisque lorsque nous croisons $Aa \times Aa$, 3 des 4 génotypes résultants possibles correspondent à un souriceau avec le trait dominant. $P(D|HR) = 1/2$, parce que lorsque nous croisons $Aa \times aa$, 1 des 2 génotypes résultants possibles correspond à un souriceau avec le trait dominant. Finalement, $P(D|HD) = 1$, parce que lorsque nous croisons $Aa \times AA$, tous les génotypes possibles correspondent au trait dominant.

La probabilité que le souriceau ait le trait dominant est :

$$\begin{aligned} P(D) &= P(D|H)\,P(H) + P(D|HR)\,P(HR) + P(D|HD)\,P(HD) \\ &= \frac{3}{4}\cdot\frac{1}{2} + \frac{1}{2}\cdot\frac{1}{4} + 1\cdot\frac{1}{4} = \frac{3}{4}. \end{aligned}$$

En utilisant la formule de Bayes, nous pouvons déterminer que la probabilité que le père soit hétérozygote sachant que le souriceau démontre le trait dominant est :

$$P(H|D) = \frac{P(D|H)\,P(H)}{P(D)} = \frac{(3/4)(1/2)}{3/4} = \frac{1}{2}.$$

4.4 Exercices

Exercice 4.1. Un des objectifs de l'étude [58] était d'estimer la probabilité de développer un cancer du poumon en fonction de l'usage du tabac, basé sur le taux d'incidence du cancer du poumon chez la population canadienne durant la période de 1987 à 1989. On a découvert que 17,2% des fumeurs et 11,6% des fumeuses développeront éventuellement un cancer du poumon. Dans la catégorie des non-fumeurs, 1,3% des hommes et 1,4% des femmes développeront un cancer du poumon. Sachant que 52,2% des hommes et 28,4% des femmes fument, trouvez la probabilité de développer le cancer du poumon chez les hommes et chez les femmes respectivement.

Exercice 4.2. Le test de clarté nucale est une échographie spéciale couramment utilisée comme test de dépistage pour le syndrome de Down durant le début de la gestation. Le test mesure les fluides en dessous de la peau derrière le cou du bébé et il peut être utilisé pour déterminer le risque d'avoir un enfant avec le syndrome de Down. Le tableau suivant contient les résultats du test pour un échantillon de 1 000 femmes enceintes âgées de 35 à 40 ans :

	Syndrome de Down	Normal	Total
Test +	3	50	53
Test −	2	945	947
Total	5	995	1 000

Calculez :
(a) le taux de faux-positifs et le taux de faux-négatifs du test ;
(b) la sensibilité et la spécificité du test ;
(c) la valeur prédictive positive et la valeur prédictive négative du test.

Exercice 4.3. Un outil commun pour la détection du cancer de la prostate consiste en un test de dépistage qui mesure le niveau d'antigène prostatique spécifique (APS). Les hommes avec un niveau d'APS plus élevé que 10 (ng/ml) ont un risque de 67% de développer le cancer de la prostate, tandis que les hommes avec un niveau d'APS se situant entre 4 et 10 ont un risque de 25% de développer ce cancer. Pour ceux avec un niveau d'APS inférieur à 4, le risque de développer le cancer de la prostate n'est que de 5%. Supposons que 15% des hommes ont un niveau d'APS plus élevé que 10, que 10% des hommes ont un niveau d'APS se situant entre 4 et 10, et que 75% des hommes ont un niveau d'APS inférieur à 4.
(a) Quelle est la probabilité qu'un homme choisi au hasard développe le cancer de la prostate ?
(b) Quelle est la probabilité qu'un homme choisi au hasard ait un niveau d'APS plus élevé que 10, sachant qu'il a le cancer de la prostate ?

Exercice 4.4. Un simple test d'urine a été développé pour dépister une maladie donnée. Une étude a été effectuée auprès de 200 patients avec la maladie et 100 patients sans la maladie. Parmi les patients affectés par la maladie, 197 ont obtenu un résultat positif au test, tandis que seulement 8 résultats positifs ont été obtenus parmi les patients sans la maladie.
(a) Calculez le taux de faux-positifs et le taux de faux-négatifs pour ce test.
(b) Calculez la sensibilité et la spécificité du test.
(c) En tenant compte que la prévalence de cette maladie est de 15%, calculez la valeur prédictive positive et la valeur prédictive négative du test.
(d) En tenant compte que la prévalence de cette maladie est de 1%, calculez la valeur prédictive positive et la valeur prédictive négative du test.

Exercice 4.5. L'anémie drépanocytaire (ou l'anémie falciforme) est une maladie génétique du sang. Deux allèles sont importants pour la transmission génétique de l'anémie drépanocytaire : l'allèle falciforme (S) et l'allèle pour l'hémoglobine normale (A) (voir [32]). Les individus avec deux allèles normaux A (AA) ont une hémoglobine normale. Ceux avec deux allèles mutants S (SS) développent l'anémie falciforme. Les individus qui sont hétérozygotes pour l'allèle falciforme (AS) produisent de l'hémoglobine normale ainsi que de l'hémoglobine anormale. Les gens hétérozygotes ont le trait drépanocytaire. Les individus avec ce trait ou qui sont affectés par l'anémie falciforme ont une plus grande résistance à la malaria. Considérez une population dans laquelle 20% des individus ont un allèle falciforme.
(a) Tenez compte que dans une certaine région, la probabilité de mourir de la malaria est de 15% pour les individus qui n'ont pas l'allèle falciforme et 2,5% pour les individus avec cet allèle. Quelle est la probabilité de mourir de la malaria dans cette région ?
(b) Si un individu de cette population meurt de la malaria, quelle est la probabilité que cet individu ait eu au moins un allèle falciforme ?

Exercice 4.6. Environ 5% de la population est affectée par une maladie cardiovasculaire. Supposons que 75% des individus qui sont affectés par une maladie cardiovasculaire ne sont pas au courant de leur condition. Calculez la probabilité qu'un individu de cette population ait une maladie cardiovasculaire, mais qu'il n'en soit informé.

Exercice 4.7. La tuberculose est une maladie rare retrouvée dans les pays en développement. Cependant, c'est la première cause de décès en importance parmi les adultes séropositifs dans ces pays (voir [16]).

Considérons un pays dans lequel 0,0045% de la population adulte est affectée par la tuberculose. Il est estimé que 8% de tous les cas de tuberculose dans ce pays sont co-infectés par le VIH. Calculez la probabilité qu'un adulte sélectionné au hasard dans ce pays souffre de la tuberculose et du VIH.

Exercice 4.8. Référez-vous à l'exercice 4.7. Il est estimé que 0,16% de la population adulte de ce pays qui n'est pas affectée par la tuberculose est infectée par le VIH.
(a) Calculez la probabilité qu'un adulte choisi au hasard soit infecté par le VIH.
(b) Sachant qu'un adulte sélectionné au hasard est infecté par le VIH, calculez la probabilité que cet adulte soit co-infecté par la tuberculose.

Saviez-vous que ? *Il a été déclaré à maintes reprises que Christophe Colomb n'avait pas prouvé que la Terre était ronde. Ce fait avait déjà été prouvé avant l'année 1492. Toutefois, Colomb a prouvé que «peu importe si vous avez tort, pourvu que vous soyez chanceux» (voir [6]). L'histoire veut que Colomb ait été un rêveur qui voulait trouver une nouvelle route vers l'Asie en naviguant vers l'ouest. Le problème était que personne ne savait combien de temps un tel voyage pouvait prendre, puisque la circonférence exacte de la Terre était inconnue. L'approximation de cette valeur popularisée au Moyen-Âge était de 18 000 milles ou 28 968,192 km (une valeur erronée d'environ 7 000 milles). En tenant compte de cette approximation, Colomb a réussi à convaincre le roi d'Espagne de financer son voyage. Grâce à sa chance extrême, les navires de Colomb ont atteint la terre ferme après un voyage de 3 000 milles sur l'Atlantique. Le voyage a tué la majorité de son équipage et a endommagé sévèrement ses navires. Évidemment, Colomb était convaincu d'avoir atteint l'Asie.*

Chapitre 5

Indépendance

Dans ce chapitre, la notion des événements indépendants est présentée. Nous sommes souvent intéressés par l'association entre des événements. Par exemple, est-ce qu'un vaccin contre la grippe change les risques d'être infecté par le virus de l'influenza ? Si ce n'est pas le cas, nous disons que l'événement d'être infecté par l'influenza est indépendant de celui de recevoir le vaccin contre la grippe. Premièrement, la notion d'événements indépendants sera définie formellement et ensuite, cette définition sera élaborée à l'aide de quelques exemples. Nous conclurons ce chapitre en généralisant cette notion pour une collection de deux événements ou plus.

5.1 Indépendance statistique

Définition 5.1. Les événements A et B sont **indépendants** si

$$P(A \cap B) = P(A)\,P(B).$$

Nous pouvons démontrer que si deux événements, A et B, sont tels que $P(A) > 0$ et $P(B) > 0$, les énoncés suivants sont équivalents.

(1) $P(A \cap B) = P(A)\,P(B)$;

(2) $P(A|B) = P(A)$;

(3) $P(B|A) = P(B)$.

Par définition, si l'équation de l'énoncé (1) est satisfaite, les événements A et B sont indépendants. Puisqu'une probabilité conditionnelle n'est pas définie si l'événement donné a une probabilité nulle, l'énoncé (1) est plus général. En outre, tel qu'il sera démontré à la fin de ce chapitre, l'énoncé (1) est plus facile à généraliser. Les énoncés (2) et (3) démontrent que l'événement donné ne contient pas d'information concernant l'autre événement, c'est-à-dire que la probabilité de l'événement principal ne change pas même si l'autre événement s'est réalisé. Ceci nous mène à une interprétation plus intéressante de l'indépendance. Par exemple, si la probabilité d'être infecté par le virus de l'influenza demeure la même malgré qu'une personne ait reçu le vaccin contre la grippe, les événements d'être infecté par l'influenza et de recevoir le vaccin contre la grippe sont indépendants.

Exemple 5.1. Considérons l'exemple 4.1 concernant l'accrochage du poisson. Est-ce que les événements F = «Accrochage» et J = «Utilisation d'un leurre» sont indépendants ? En utilisant les données fournies et la méthode de la fréquence relative, nous avons déterminé que $P(F) = 24\%$ et $P(F|J) = 36,4\%$. Puisque $P(F) \neq P(F|J)$, les événements F et J ne sont pas indépendants. L'utilisation d'un leurre augmente les chances d'accrochage du poisson.

Notons que nous ne pouvons pas déterminer les valeurs exactes des probabilités. L'estimation des probabilités (ou des proportions) est discutée dans la section 9.2 (p. 107). Dans le chapitre 10 (p. 127), les techniques pour calculer l'erreur de cette estimation seront discutées d'une manière probabiliste. Dans le chapitre 14, nous présenterons le test d'indépendance. Ce test nous permettra d'évaluer nos preuves contre l'indépendance.

Exemple 5.2. [L'échantillonnage sans remplacement] Selon le ministère de l'Environnement de l'Ontario, approximativement trois millions d'Ontariens obtiennent leur source d'eau potable à l'aide de puits. Considérons une petite communauté composée de quinze résidences. Les puits de cinq de ces résidences ont une haute teneur en sodium. Nous sélectionnons deux de ces résidences au hasard sans remplacement. Soit A_i l'événement que la «$i^{\text{ème}}$» résidence choisie ait un puits avec une haute teneur en sodium, pour $i = 1, 2$.

Nous vérifions que les événements A_1 et A_2 ne sont pas indépendants. La probabilité que le premier puits ait une haute teneur en sodium est $5/15$. Si le premier puits a une haute teneur en sodium, la probabilité conditionnelle que le prochain puits ait aussi une teneur élevée en sodium est $P(A_2|A_1) = 4/14 = 0{,}2860$. Par contre, la probabilité (inconditionnelle) que le deuxième puits ait une haute teneur en sodium est :

$$\begin{aligned} P(A_2) &= P(A_2 \cap A_1) + P(A_2 \cap A_1') \\ &= P(A_2|A_1)P(A_1) + P(A_2|A_1')P(A_1') \\ &= \frac{4}{14} \cdot \frac{5}{15} + \frac{5}{14} \cdot \frac{10}{15} = \frac{1}{3} = 0{,}3333. \end{aligned}$$

Puisque $P(A_2) \neq P(A_2|A_1)$, les événements A_1 et A_2 ne sont pas indépendants.

Exemple 5.3. [L'échantillonnage sans remplacement parmi une population nombreuse] Référons-nous à l'exemple 5.2. Considérons maintenant une population plus nombreuse, comptant 300 résidences. La proportion des résidences avec un puits ayant une haute teneur en sodium demeure la même que dans l'exemple 5.2. Si le premier puits sélectionné a une teneur élevée en sodium, la probabilité que le deuxième puits ait aussi une haute teneur en sodium est $P(A_2|A_1) = 99/299 = 0{,}3311$. La probabilité (inconditionnelle) que le deuxième puits ait aussi une haute teneur en sodium est :

$$\begin{aligned} P(A_2) &= P(A_2 \cap A_1) + P(A_2 \cap A_1') \\ &= P(A_2|A_1)P(A_1) + P(A_2|A_1')P(A_1') \\ &= \frac{99}{299} \cdot \frac{100}{300} + \frac{100}{299} \cdot \frac{200}{300} = \frac{1}{3} = 0{,}3333. \end{aligned}$$

Notons que la différence entre la probabilité conditionnelle et la probabilité inconditionnelle est moins importante pour cette population plus nombreuse. Considérons la même question avec 3 000 résidences. Alors, $P(A_2|A_1) = 999/2\,999 = 0{,}3331$ et $P(A_2) = 1/3 = 0{,}3333$. La dépendance statistique entre les deux épreuves devient négligeable au fur et à mesure que la population augmente.

Lors d'un échantillonnage parmi une population nombreuse, la dépendance statistique entre les épreuves est souvent négligeable. Dans ce cas, il est raisonnable de considérer les épreuves comme indépendantes les unes des autres. L'indépendance des épreuves constitue l'une des conditions sous-jacentes du modèle probabiliste.

Exemple 5.4. Il est estimé que 46% des Canadiens appartiennent au groupe sanguin O et 15% des Canadiens sont Rh négatifs. Supposons que ce sont deux événements indépendants. La proportion de la population canadienne qui est Rh négative et qui appartient au groupe sanguin O est :

$$P(O-) = P(O)P(\text{Rh}-) = (0{,}46)(0{,}15) = 0{,}069 = 6{,}9\%.$$

Exemple 5.5. [Gènes liés et l'assortiment indépendant] Nous sommes intéressés par deux gènes différents, A et B, et nous croisons deux organismes avec le génotype $AaBb$. La loi de l'assortiment indépendant de Mendel soutient que les allèles de différents gènes s'assortissent indépendamment durant la formation des gamètes. Cette assertion est seulement valide pour des gènes qui ne sont pas liés.

Si les deux gènes ne sont pas liés, nous calculons la probabilité que l'enfant aura le génotype $aabb$. Lorsque seulement un gène est considéré, le croisement des deux parents hétérozygotes résulte en un enfant ayant le phénotype récessif avec une probabilité de 0,25. En tenant compte de l'indépendance, il est possible de formuler que $P(\{aabb\}) = P(\{aa\})P(\{bb\}) = (0{,}25)^2 = 6{,}25\%$.

En 1913, Alfred Sturtevant, un étudiant qui travaillait avec Thomas Hunt Morgan, a croisé des drosophiles avec le génotype $RrWw$, où R=yeux rouges (r=yeux vermillons) et W=ailes longues (w=ailes rudimentaires) (voir [54]). Il a observé que 4 des 458 descendants (c'est-à-dire 0,09%) avaient des ailes rudimentaires et des yeux vermillons. Puisque les données ne correspondent pas aux calculs basés sur notre modèle de l'assortiment indépendant, il semble que la couleur des yeux et la longueur des ailes soient des traits liés.

Nous élaborerons maintenant sur la notion de l'indépendance appliquée à une collection de deux événements ou plus.

Définition 5.2. Les événements $A_1, A_2, \ldots, A_n$ sont (mutuellement) **indépendants** si pour toute sous-collection d'événements $A_{i_1}, A_{i_2}, \ldots, A_{i_k}$, nous obtenons

$$P(A_{i_1} \cap A_{i_2} \cap \ldots \cap A_{i_k}) = P(A_{i_1})P(A_{i_2}) \ldots P(A_{i_k}).$$

Une compréhension fondamentale du processus aléatoire étudié et un bon jugement sont nécessaires pour déterminer quand il est sensé de supposer que des événements soient indépendants. Si nous pouvons supposer que certains événements sont indépendants, nous pouvons facilement calculer la probabilité que tous les événements se réalisent simultanément en multipliant les probabilités de tous les événements.

La propriété suivante est utile pour plusieurs applications. Soient $A_1, A_2, \ldots, A_n$ des événements indépendants. Une nouvelle collection d'événements est produite de la façon suivante. Soit B_i l'événement qui représente A_i ou A_i' pour $i = 1, \ldots, n$. En d'autres mots, nous gardons un événement ou nous le remplaçons par son complément. Donc, $B_1, B_2, \ldots, B_n$ sont des événements indépendants.

En particulier, si A et B sont indépendants :
- A et B' sont indépendants ;
- A' et B sont indépendants ;
- A' et B' sont indépendants.

Exemple 5.6. Une certaine opération médicale a un taux de réussite de 85%. Quatre patients sont soumis à l'opération. Quelle est la probabilité que l'opération soit une réussite pour les quatre patients ? Quelle est la probabilité qu'elle soit une réussite pour au moins un des quatre patients ? Quelle est la probabilité que seulement la première opération soit une réussite ?

Nous supposons que les résultats de ces opérations sont mutuellement indépendants. Soit A_i l'événement que la i-ème opération soit une réussite, pour $i = 1, 2, 3, 4$. En tenant compte de l'indépendance, la probabilité que toutes les opérations soient des réussites est $P(A_1 \cap \ldots \cap A_4) = P(A_1) \cdots P(A_4) = (0{,}85)^4 = 0{,}5220$. La probabilité qu'au moins une des opérations soit une réussite est :

$$\begin{aligned} P(A_1 \cup \cdots \cup A_4) &= 1 - P[(A_1 \cup \cdots \cup A_4)'] = 1 - P(A_1' \cap \cdots \cap A_4') \\ &= 1 - P(A_1') \cdots P(A_4') = 1 - (1 - 0{,}85)^4 = 0{,}9995. \end{aligned}$$

La probabilité que seulement la première des opérations soit une réussite est $P(A_1 \cap A_2' \cap A_3' \cap A_4') = (0{,}85)(0{,}15)^3 = 0{,}0029$.

5.2 Exercices

Exercice 5.1. Au Canada, les groupes sanguins ont la distribution suivante : 46% O, 42% A, 9% B et 3% AB. Un Canadien choisi au hasard reçoit une transfusion de sang. Sachant que le groupe sanguin O est un donneur universel, le groupe sanguin A est un donneur seulement pour A et AB, le groupe sanguin B est une donneur seulement pour B et AB et le groupe sanguin AB peut seulement être un donneur pour AB, quelle est la probabilité que la transfusion ne soit pas une réussite ?

Exercice 5.2. Les grues blanches sont les oiseaux les plus grands en Amérique du Nord. Compte tenu de la destruction de leur habitat naturel, elles sont sur la liste des espèces en voie de disparition depuis 1967. Ces oiseaux bâtissent leurs nids et pondent leurs oeufs dans le parc national du Canada Wood Buffalo (au nord de l'Alberta au Canada) et ils migrent 2 500 milles au sud pour passer l'hiver au Texas. Des statistiques récentes publiées par le Service canadien de la faune démontrent que la population de bandes d'oiseaux avait atteint 266 au printemps de 2008, mais 57 de ces oiseaux sont morts au printemps suivant (voir [31]). Cing grues sont marquées et relâchées en nature. En tenant compte que la survie de chacun des cinq oiseaux est indépendante, quelle est la probabilité qu'ils soient en vie au printemps prochain ? Quelle est la probabilité qu'aucun des oiseaux ne survive ?

Exercice 5.3. La dépression est un trouble de l'humeur qui est souvent associé avec des problèmes de santé mentale importants. Au Canada, il est estimé que, dans la population âgée de 15 à 64 ans, 16% des femmes et 8% des hommes souffrent de dépression. Selon les données de recensement publiées par Statistique Canada en octobre 2009, le rapport entre les populations des hommes et des femmes pour les adultes canadiens âgés de 15 à 64 ans est de 0,83.
(a) Quel pourcentage de la population âgée de 15 à 64 ans représentent les femmes ?
(b) Quelle est la probabilité qu'une personne âgée de 15 à 64 ans choisie au hasard souffre de dépression ?
(c) Est-ce que la dépression est indépendante du sexe ?
(d) Quelle est la probabilité qu'une personne choisie au hasard soit une femme, sachant qu'elle souffre de dépression ?

Exercice 5.4. Considérez deux événements A et B tels que $P(A) > 0$ et $P(B) > 0$. Démontrez que les deux énoncés suivants sont équivalents :

(a) $P(A \cap B) = P(A)P(B)$;

(b) $P(A|B) = P(A)$.

Exercice 5.5. Pour comparer deux variétés d'orge (b_1 et b_2), une expérience est effectuée sur cinq lots de taille identique. Pour chaque lot, nous jouons à pile ou face pour déterminer quelle variété y sera plantée. Nous utilisons la variété b_1 si le résultat est face et la variété b_2 si le résultat est pile. Supposons que la probabilité que le résultat soit face est 0,6. Calculez la probabilité que :
(a) b_1 soit utilisé seulement dans le premier lot ;
(b) b_1 soit utilisé dans les cinq lots ;
(c) la même variété d'orge soit utilisée dans les cinq lots.

Exercice 5.6. Considérons qu'un test diagnotisque pour un certain type de cancer a un taux de faux-positifs de 5% et un taux de faux-négatifs de 4%. Tenons compte aussi que 5% de la population a ce type de cancer.
(a) Si une personne choisie au hasard a un résultat positif au test, quelle est la probabilité que cette personne ait véritablement ce type de cancer ?
(b) Le test est administré deux fois au même patient. Tenez compte que les résultats des tests sont indépendants conditionnellement quant au statut du patient. Si les deux résultats obtenus sont positifs, quelle est la probabilité que le patient ait véritablement ce type de cancer ?
(c) Le test est administré quatre fois au même patient. Tenez compte que les résultats des tests sont indépendants conditionnellement quand au statut du patient. Si au moins un des quatre résultats est positif, quelle est la probabilité que le patient ait véritablement ce type de cancer ?

Saviez-vous que ? *Thomas Hunt Morgan a reçu le prix Nobel en physiologie/médecine en 1933. Il a reçu le prix pour ses travaux effectués pendant 17 ans à l'Université de Columbia, commençant avec sa découverte de la mutation des yeux blancs chez les drosophiles. Il a démontré que les gènes sont liés par une série de chromosomes et qu'ils sont responsables des traits héréditaires identifiables.*

Chapitre 6

Variables aléatoires discrètes

Une variable aléatoire est une mesure dont la valeur est déterminée au hasard. Une variable aléatoire qui ne peut prendre qu'un nombre fini (ou dénombrable) de valeurs est dite *discrète*. Quelques exemples de variables aléatoires discrètes sont : le sexe d'un nouveau-né, le groupe sanguin d'un individu, le nombres de gènes A chez un enfant de deux individus hétérozygotes Aa, etc. Une variable aléatoire pour laquelle l'ensemble de valeurs possibles est un intervalle de nombres réels est dite *continue*. Quelques exemples de variables continues sont : le poids (ou la hauteur) d'un individu, la tension artérielle (ou la température) d'un patient, la prise de poids d'une femme enceinte, etc. Nous notons les variables aléatoires par des lettres majuscules X, Y, Z, etc. et leurs valeurs observées par des lettres minuscules x, y, z, etc.

Dans ce chapitre, nous élaborerons sur le sujet de variables aléatoires discrètes, tandis que les variables aléatoires continues seront discutées dans le chapitre 7.

6.1 Définition

Une variable aléatoire discrète est caractérisée par l'ensemble des valeurs prises par la variable et par les probabilités associées à ces valeurs. Par exemple, si X est le sexe d'un nouveau-né, X peut avoir deux valeurs (mâle ou femelle) et les probabilités associées sont 0,5 et 0,5. Ces probabilités sont représentées dans le tableau suivant :

x	mâle	femelle
$P(X = x)$	0,5	0,5

La fonction qui détermine les probabilités associées à toutes les valeurs possibles de X se nomme *la loi de probabilité* :

$$f(x) = P(X = x).$$

Notons que si x est une valeur impossible de X, $f(x) = 0$. En outre, puisque $f(x)$ sont des probabilités, nous avons :

$$0 \leq f(x) \leq 1 \quad \text{et} \quad \sum_x f(x) = 1,$$

dont la somme représente la somme de toutes les valeurs possibles x de X. Le tableau (ou graphique) qui résume toutes les valeurs de $f(x)$ est appellé la *loi de probabilité* de X.

La *fonction de répartition* $F(x)$ est utilisée pour déterminer la probabilité que X ait une valeur plus petite ou égale à x :

$$F(x) = P(X \leq x) = \sum_{y \leq x} f(y).$$

Exemple 6.1. Le nombre de jours ensoleillés à Ottawa, au mois de janvier, est une variable aléatoire X qui peut prendre les valeurs : $0, 1, 2, 3, \ldots, 30, 31$. En tenant compte des données recueillies au cours des dernières 50 années, les valeurs plus petites que 12 ou plus grandes que 20 ont une probabilité de 0. Les valeurs entre 12 et 20 ont des probabilités différentes de zéro représentées dans le tableau suivant :

x	12	13	14	15	16	17	18	19	20
$f(x)$	0,07	0,03	0,13	0,15	0,2	0,04	0,01	0,07	0,3

La fonction $f(x)$ est représentée graphiquement par la figure 6.1.

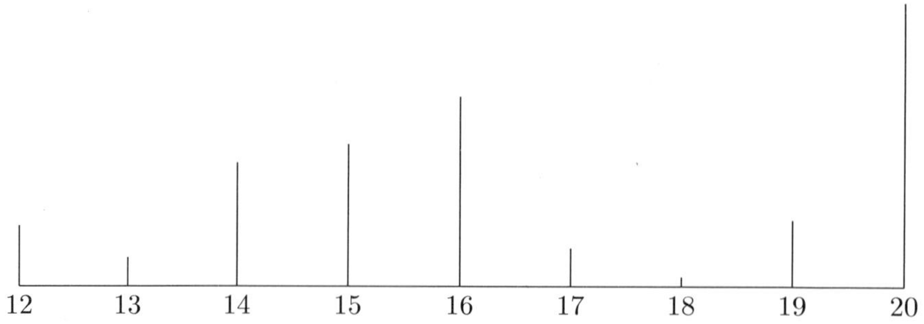

FIGURE 6.1 La loi de probabilité $f(x)$ du nombre de jours ensoleillés

Pour les valeurs x qui ne sont pas dans le tableau, $f(x) = 0$. Par exemple, $f(13{,}5) = P(X = 13{,}5) = 0$, puisque 13,5 est une valeur impossible de X.

La fonction de répartition $F(x)$ de X est représentée dans le tableau suivant :

x	12	13	14	15	16	17	18	19	20
$F(x)$	0,07	0,1	0,23	0,38	0,58	0,62	0,63	0,7	1,00

Pour les valeurs de x qui ne sont pas dans le tableau, $F(x)$ n'est pas nécessairement 0. Par exemple,

$$F(13{,}5) = P(X \leq 13{,}5) = P(X \leq 13) = F(13) = 0{,}1.$$

La probabilité qu'il y aura au moins 17 jours ensoleillés en janvier cette année à Ottawa est :

$$\begin{aligned} P(X \geq 17) &= P(X = 17) + P(X = 18) + P(X = 19) + P(X = 20) \\ &= 0{,}04 + 0{,}01 + 0{,}07 + 0{,}3 = 0{,}42. \end{aligned}$$

En variante, cette probabilité peut être calculée de la façon suivante :

$$P(X \geq 17) = 1 - P(X \leq 16) = 1 - F(16) = 1 - 0{,}58 = 0{,}42.$$

La probabilité qu'il y ait au plus 14 jours ensoleillés en janvier cette année à Ottawa est :

$$\begin{aligned} P(X \leq 14) &= F(14) = P(X = 12) + P(X = 13) + P(X = 14) \\ &= 0{,}07 + 0{,}03 + 0{,}13 = 0{,}23. \end{aligned}$$

La fonction $F(x)$ est représentée graphiquement dans la figure 6.2.

La valeur moyenne d'une variable aléatoire X est dite l'*espérance* (ou *la valeur espérée*, ou la *moyenne*) de X, et est notée par $\mu = E(X)$. Tandis que la valeur exacte prise par la variable aléatoire discrète X est inconnue (puisqu'elle est aléatoire), son espérance n'est pas aléatoire et peut être calculée en utilisant la formule suivante :

$$\mu = E(X) = \sum_x x f(x).$$

La moyenne du carré de l'écart entre X et $E(X)$ est dite la *variance* de X et est notée par $\sigma^2 = \text{Var}(X)$. Dans le cas d'une variable aléatoire discrète, la variance est calculée en utilisant la formule :

$$\sigma^2 = \text{Var}(X) = \sum_x (x - \mu)^2 f(x).$$

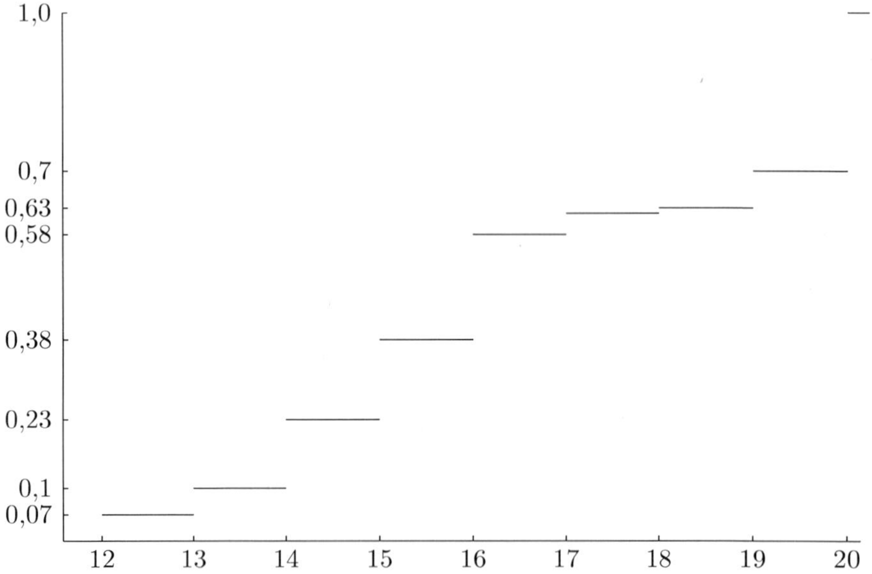

FIGURE 6.2 La fonction de répartition $F(x)$ de X

En variante, la variance peut être calculée avec la formule :

$$\sigma^2 = \text{Var}(X) = E(X^2) - \mu^2 = \sum_x x^2 f(x) - \mu^2,$$

où $E(X^2)$ est l'espérance de la variable X^2.

La racine carrée σ de la variance est dite l'*écart-type* de X :

$$\sigma = \sqrt{\text{Var}(X)}.$$

L'écart type σ d'une variable aléatoire X est une mesure du degré de variabilité parmi les valeurs de X autour de la valeur moyenne $\mu = E(X)$. Une petite valeur de σ indique qu'en moyenne, X est proche de $E(X)$.

Exemple 6.1 (suite). Le nombre espéré (ou la moyenne) de jours ensoleillés en janvier à Ottawa est :

$$\begin{aligned}\mu = E(X) &= 12(0{,}07) + 13(0{,}03) + 14(0{,}13) + 15(0{,}15) + 16(0{,}2) + \\ &\quad 17(0{,}04) + 18(0{,}01) + 19(0{,}07) + 20(0{,}3) \\ &= 16{,}69.\end{aligned}$$

La variance de X est

$$\begin{aligned}\sigma^2 = \text{Var}(X) &= 12^2(0{,}07) + 13^2(0{,}03) + 14^2(0{,}13) + 15^2(0{,}15) + 16^2(0{,}2) + \\ &\quad 17^2(0{,}04) + 18^2(0{,}01) + 19^2(0{,}07) + 20^2(0{,}3) - (16{,}69)^2 \\ &= 285{,}65 - 278{,}56 \\ &= 7{,}0939.\end{aligned}$$

L'écart-type de X est $\sigma = \sqrt{7{,}0939} = 2{,}663$.

6.2 La loi binomiale

Considérons quatre jeux de pile ou face. Soit X le nombre de résultats «face». X est une variable aléatoire discrète qui peut prendre les valeurs : $0, 1, 2, 3, 4$. Quelles sont les probabilités associées avec ces valeurs ?

La probabilité que $X = 0$ (aucun résultat face) est :

$$P(X = 0) = P(\text{pile})P(\text{pile})P(\text{pile})P(\text{pile}) = (0{,}5)^4 = 0{,}0625.$$

L'événement $X = 1$ (un résultat face) est une union de 4 événements disjoints :
$A_1 = \{\text{face}, \text{pile}, \text{pile}, \text{pile}\}$, $A_2 = \{\text{pile}, \text{face}, \text{pile}, \text{pile}\}$,
$A_3 = \{\text{pile}, \text{pile}, \text{face}, \text{pile}\}$, $A_4 = \{\text{pile}, \text{pile}, \text{pile}, \text{face}\}$.

Notons que :

$$P(A_1) = P(\text{face})P(\text{pile})P(\text{pile})P(\text{pile}) = (0{,}5)(0{,}5)^3 = 0{,}0625.$$

Un calcul semblable démontre que $P(A_2) = P(A_3) = P(A_4) = 0{,}0625$. Donc,

$$P(X = 1) = 4(0{,}0625) = 0{,}25.$$

L'événement $X = 2$ (deux résultats face) est une union de 6 événements disjoints, 6 correspondants à $\binom{4}{2}$, soit le nombre de manières différentes de distribuer les deux faces parmi les 4 essais (voir la section 2.2, p. 14). Les 6 événements sont :
$B_1 = \{\text{face}, \text{face}, \text{pile}, \text{pile}\}$, $B_2 = \{\text{face}, \text{pile}, \text{face}, \text{pile}\}$,
$B_3 = \{\text{face}, \text{pile}, \text{pile}, \text{face}\}$, $B_4 = \{\text{pile}, \text{face}, \text{face}, \text{pile}\}$,
$B_5 = \{\text{pile}, \text{face}, \text{pile}, \text{face}\}$, $B_6 = \{\text{pile}, \text{pile}, \text{face}, \text{face}\}$.

Notons que :

$$P(B_1) = P(\text{face})P(\text{face})P(\text{pile})P(\text{pile}) = (0{,}5)^2(0{,}5)^2 = 0{,}0625.$$

Un calcul semblable démontre que $P(B_i) = 0{,}0625$ pour tout $i = 2, \ldots, 6$. Alors,

$$P(X = 2) = 6(0{,}0625) = 0{,}375.$$

En utilisant le même argument, nous déduisons que :

$$P(X=3) = \binom{4}{3}(0{,}5)^3(0{,}5) = 4(0{,}0625) = 0{,}25$$
$$P(X=4) = (0{,}5)^4 = 0{,}0625.$$

En résumé, nous obtenons le tableau suivant pour la loi de probabilité $f(x)$ de X :

x	0	1	2	3	4
$f(x)$	0,0625	0,25	0,375	0,25	0,0625

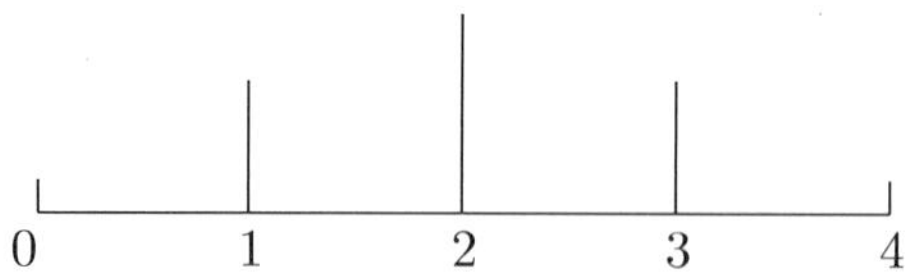

FIGURE 6.3 La loi de probabilité $f(x)$ du nombre de résultats face

L'exemple précédent illustre une situation plus générale. Considérons une expérience aléatoire dont le résultat est interprété soit comme un succès, soit comme un échec. La probabilité d'un succès est p et par conséquent la probabilité d'un échec est $1-p$. Nous exécutons n épreuves indépendantes, chacune ayant une probabilité p de succès, et la variable X compte le nombre de succès parmi les n épreuves. Alors, X est une variable aléatoire discrète qui peut prendre les valeurs $0, 1, 2, \ldots, n$ avec les probabilités suivantes :

$$P(X=k) = \binom{n}{k} p^k (1-p)^{n-k}, \quad \text{pour tout} \quad k = 0, 1, 2, \ldots, n.$$

Nous disons que X suit une *loi binomiale* de n épreuves et de probabilité p de succès. Nous pouvons démontrer que :

$$E(X) = np \quad \text{et} \quad \mathrm{Var}(X) = np(1-p).$$

Exemple 6.2. Un nouveau traitement pour le cancer du rein a une probabilité de 60% d'obtenir de bons résultats. Il est administré à un groupe de 5 patients, soit X le nombre de patients pour lesquels le traitement offre de bons résultats. X est une variable aléatoire discrète qui peut prendre les valeurs : $0, 1, 2, 3, 4, 5$. Puisque chaque traitement peut n'avoir que deux résultats et que les résultats des 5 traitements sont indépendants, X suit une loi binomiale de $n = 5$ épreuves et de probabilité de succès de $p = 0{,}6$.

Les probabilités associées à ces valeurs $k = 0, 1, 2, 3, 4, 5$ sont calculées à l'aide de la formule suivante :

$$P(X = k) = \binom{5}{k} (0{,}6)^k (0{,}4)^{5-k}.$$

Plus précisément,

$$P(X = 0) = \binom{5}{0} (0{,}6)^0 (0{,}4)^{5-0} = (0{,}4)^5 = 0{,}01024$$

$$P(X = 1) = \binom{5}{1} (0{,}6)^1 (0{,}4)^{5-1} = 5(0{,}6)(0{,}4)^4 = 0{,}0768$$

$$P(X = 2) = \binom{5}{2} (0{,}6)^2 (0{,}4)^{5-2} = 10(0{,}6)^2(0{,}4)^3 = 0{,}2304$$

$$P(X = 3) = \binom{5}{3} (0{,}6)^3 (0{,}4)^{5-3} = 10(0{,}6)^3(0{,}4)^2 = 0{,}3456$$

$$P(X = 4) = \binom{5}{4} (0{,}6)^4 (0{,}4)^{5-4} = 5(0{,}6)^4(0{,}4) = 0{,}2592$$

$$P(X = 5) = \binom{5}{5} (0{,}6)^5 (0{,}4)^{5-5} = (0{,}6)^5 = 0{,}07776.$$

Ces probabilités sont résumées dans le tableau suivant :

x	0	1	2	3	4	5
$f(x)$	0,01024	0,0768	0,2304	0,3456	0,2592	0,07776

Ci-dessous se trouve le graphique de la loi de probabilité :

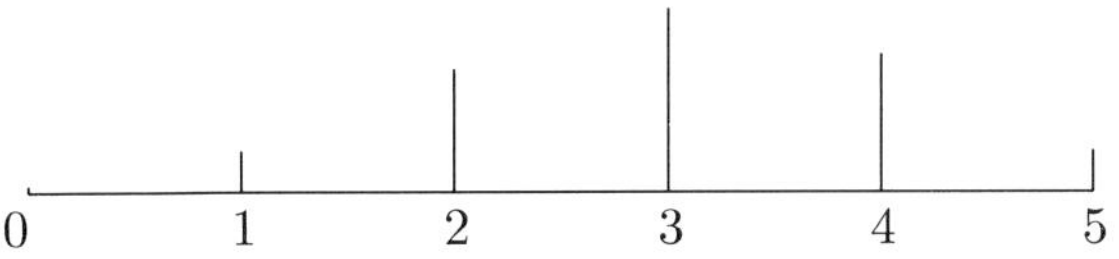

FIGURE 6.4 La loi de probabilité $f(x)$ du nombre de patients

La probabilité qu'il y ait au moins 3 patients parmi le groupe pour lesquels le traitement donnera de bons résultats est :

$$\begin{aligned} P(X \geq 3) &= P(X = 3) + P(X = 4) + P(X = 5) \\ &= 0{,}3456 + 0{,}2592 + 0{,}07776 = 0{,}6826. \end{aligned}$$

L'espérance et la variance de X sont :

$$E(X) = 5(0{,}6) = 3 \quad \text{et} \quad \text{Var}(X) = 5(0{,}6)(0{,}4) = 1{,}2.$$

Exemple 6.3. 0,03% de la population est allergique à un composé d'un vaccin contre la grippe. Ce vaccin est administré à un groupe de 7 personnes. Soit X le nombre de personnes qui démontrent des réactions allergiques au vaccin (parmi le groupe de 7). X suit une loi binomiale de $n = 7$ épreuves et de probabilité de succès de $p = 0{,}0003$. Les probabilités sont calculées en utilisant la formule suivante :

$$P(X = k) = \binom{7}{k}(0{,}0003)^k(0{,}9997)^{7-k}, \quad \text{pour} \quad k = 0, 1, 2, 3, 4, 5, 6, 7.$$

La probabilité qu'au moins une personne du groupe développe une réaction allergique au vaccin est :

$$P(X \geq 1) = 1 - P(X = 0) = 1 - (0{,}9997)^7 = 0{,}002.$$

6.3 La loi de Poisson

Considérons une série d'événements qui se produisent à des moments aléatoires. Par exemple, ces événements pourraient être l'arrivée de patients à la salle d'urgence de l'hôpital, l'occurrence de tremblements de terre dans une certaine région, les appels téléphoniques concernant une annonce dans le journal, etc. Supposons que :

- le nombre d'événements qui se produisent dans des intervalles de temps disjoints sont indépendants ; et
- le nombre moyen d'événements se produisant dans un intervalle de temps fixe est proportionnel à la longueur de cet intervalle. C'est-à-dire qu'il est égal à une constante λ fois la longueur de l'intervalle.

Dans ce cas, nous disons que les événements se produisent selon un *processus de Poisson*. La variable aléatoire X qui détermine le nombre d'événements qui se produisent pendant une unité de temps suit une *loi de Poisson* de paramètre λ. Plus précisément, X est une variable aléatoire discrète qui prend les valeurs $0, 1, 2, 3, \ldots$ avec les probabilités suivantes :

$$P(X = k) = e^{-\lambda}\frac{\lambda^k}{k!}, \quad \text{pour tout} \quad k = 0, 1, 2, 3, \ldots$$

Ici e est le nombre d'Euler, c'est-à-dire $e = 2{,}71828\ldots$ Il est défini comme suit :

$$e = \lim_{n \to \infty}\left(1 + \frac{1}{n}\right)^n.$$

Nous pouvons démontrer que l'espérance et la variance de X sont données par :

$$E(X) = \lambda \quad \text{et} \quad \text{Var}(X) = \lambda.$$

Y représente le nombre d'événements se produisant dans une période de s unités de temps. Alors, Y suit une loi de Poisson de paramètre λs, c'est-à-dire que Y est une variable aléatoire discrète qui prend les valeurs $0, 1, 2, 3, \ldots$ avec les probabilités :

$$P(Y = k) = e^{-\lambda s} \frac{(\lambda s)^k}{k!}, \quad \text{pour tout} \quad k = 0, 1, 2, 3, \ldots$$

Exemple 6.4. Au cours de la journée, des patients arrivent à la salle d'urgence de l'hôpital à un taux moyen de $\lambda = 6$ par heure. Supposons que les arrivées des patients se produisent selon un processus de Poisson. Soit X le nombre de patients qui arrivent entre 13h et 14h. Alors, X suit une loi de Poisson de paramètre $\lambda = 6$.

La probabilité qu'il y aura au plus 3 patients qui arrivent entre 13h et 14h est :

$$\begin{aligned}
P(X \leq 3) &= P(X = 0) + P(X = 1) + P(X = 2) + P(X = 3) \\
&= e^{-6} + e^{-6} \frac{6}{1!} + e^{-6} \frac{6^2}{2!} + e^{-6} \frac{6^3}{3!} \\
&= 0{,}002479 + 0{,}014873 + 0{,}044618 + 0{,}089235 = 0{,}1512.
\end{aligned}$$

Le processus d'enregistrement d'un patient prend 5 minutes à compléter. Si durant cette période un nouveau patient arrive, une file d'attente commence à se former. Nous voulons calculer la probabilité que ceci se produise. Soit Y le nombre de patients qui arriveront dans 5 minutes. Notons que 5 minutes représentent $s = 1/12$ d'une heure. (L'heure est l'unité de temps dans cet exemple.) Donc, Y suit une loi de Poisson de paramètre

$$\lambda s = 6 \cdot \frac{1}{12} = 0{,}5.$$

La probabilité qu'il y ait au moins deux patients qui arrivent dans une période de 5 minutes (et par conséquent qu'une ligne d'attente se forme) est :

$$\begin{aligned}
P(Y \geq 2) &= 1 - P(Y \leq 1) = 1 - P(Y = 0) - P(Y = 1) \\
&= 1 - e^{-0{,}5} - e^{-0{,}5} \frac{0{,}5}{1!} \\
&= 1 - 0{,}60653 - 0{,}30326 = 1 - 0{,}9098 = 0{,}0902.
\end{aligned}$$

Autrement dit, même si en moyenne il n'y a que la « moitié d'un patient » qui arrive en 5 minutes, il y a une probabilité de 9,02% qu'il y ait une file d'attente.

6.4 Exercices

Exercice 6.1. Un groupe de primatologues ont étudié le comportement des chimpanzés dans la forêt tropicale humide congolaise. En utilisant un ensemble d'outils sophistiqués, les chimpanzés ont réussi après plusieurs essais à accéder à une ruche d'abeilles cachée profondément dans une crevasse. Soit X le nombre d'essais requis par un chimpanzé choisi au hasard pour accéder à la ruche. Selon les données recueillies par les primatologues, X est une variable aléatoire avec la loi de probabilité suivante :

X	2	3	4	5	6	7
$P(X = x)$	0,05	0,25	0,3	0,2	0,1	0,1

(a) Quelle est la probabilité qu'un chimpanzé accède à la ruche après au moins 5 essais ?
(b) Quelle est la probabilité qu'un chimpanzé accède à la ruche en au plus 3 essais ?
(c) Quelle est le nombre espéré d'essais requis par un chimpanzé pour accéder à la ruche ?
(d) Quelle est la variance de X ?

Exercice 6.2. L'épilepsie est un trouble neurologique chronique caractérisé par des convulsions récurrentes. Une grande proportion de gens souffrant d'épilepsie n'ont pas le contôle des crises même avec les meilleurs médicaments disponibles. Le tableau suivant donne la distribution du nombre de crises d'épilepsie par année pour un échantillon de 500 patients souffrant d'épilepsie et qui utilisent tous le même médicament :

Nombres de crises d'épilepsie par année	Fréquence (Nombre de patients)
0	325
1	108
2	35
3	21
4	11
Total	500

Soit X le nombre de crises d'épilepsie par année d'un patient choisi au hasard parmi ce groupe.
(a) Trouvez la loi de probabilité de X.
(b) Calculez $P(X \geq 3)$ et calculez $E(X)$.

Exercice 6.3. Chez les humains, la couleur des yeux est déterminée par un gène dont l'allèle pour les yeux bruns est dominant sur celui pour les yeux bleus. Un homme et une femme ont les yeux bruns, mais ils sont hétérozygotes pour ce gène. Ils ont trois enfants. Calculez la probabilité que :
(a) les trois enfants aient les yeux bleus ;
(b) aucun des enfants n'ait les yeux bleus ;
(c) au moins un des enfants ait les yeux bleus.

Exercice 6.4. Supposons que le nombre de morts causées par des attaques d'ours en Amérique du Nord peut être modelisé en utilisant une variable aléatoire de Poisson avec une moyenne de $\lambda = 2$ morts par année.
(a) Quelle est la probabilité qu'il n'y ait aucune mort causée par des attaques d'ours en Amérique du Nord dans les deux prochaines années ?
(b) Quelle est la probabilité qu'il y ait au plus une mort causée par une attaque d'ours dans les trois prochains ans ?

Exercice 6.5. Considérons un nouveau médicament pour combattre la douleur à court terme. Le médicament a été administré à 20 patients et 17 d'entre eux ont signalé une réduction importante de leur douleur. Cette douleur disparaît pour 50% de tous les patients même sans le médicament. En supposant que le médicament n'ait pas d'effet en termes de réduction de la douleur, calculez la probabilité qu'au moins 17 des 20 patients signalent une réduction importante de leur douleur.

Exercice 6.6. L'esturgeon est un nom utilisé pour décrire une famille de poissons. C'est une des familles de poissons les plus vieilles au Canada, datant d'il y a plus de 200 millions d'années. Ces poissons ont peu changé au cours des années et ils sont souvent décrits comme étant des fossiles vivants (voir [22]). Les esturgeons adultes typiques mesurent entre 2 et 6 mètres de longueur. Ils se nourrissent principalement de crustacés et de petites coquilles qu'ils trouvent au fond de leurs habitats. À mesure qu'il grossissent, il peuvent se nourrir d'autres poissons et, selon leur grosseur, ils peuvent même avaler des saumons entiers. Supposons que 45% des esturgeons dans une rivière donnée sont assez gros pour avaler des saumons entiers. Si 10 esturgeons sont choisis au hasard dans cette rivière, quelle est la probabilité :
(a) qu'aucun esturgeon ne soit assez gros pour avaler un saumon entier ;

(b) qu'au moins un des esturgeons soit assez gros pour avaler un saumon entier ;
(c) qu'entre 2 et 5 esturgeons, inclusivement, soient assez gros pour avaler un saumon entier.

Exercice 6.7. La plupart des ourses noires participent à leur premier accouplement entre l'âge de 3 et 5 ans. Parmi un grand échantillon d'ourses noires, nous produisons la loi de probabilité suivante pour X, soit la taille de la portée.

Taille de la portée	Probabilité
1	0,105
2	0,512
3	0,330
4	0,052
5	0,001

(a) Calculez la taille espérée d'une portée.
(b) Calculez la probabilité que la portée ait au moins 2 oursons.

Exercice 6.8. Référez-vous à l'exercice 6.7. Nous sélectionnons 10 portées au hasard. Soit Y le nombre de portées qui comptent au moins 2 oursons.
(a) Quelle est la valeur espérée de la variable aléatoire Y ?
(b) Quelle est la probabilité que Y soit au plus 3 ?
(c) Quelle est la probabilité que trois des portées comptent exactement un ourson ?

Saviez-vous que ? *Jane Goodall est une anthropologue britannique qui est devenue connue mondialement grâce à ses 50 années de recherche sur les chimpanzés. N'ayant aucune formation universitaire, mais avec ses connaissances autodidactes sur les animaux, Goodall (âgée de 26 ans à l'époque) a été recrutée par Louis Leaky (un paléo-anthropologue célèbre) pour aider son équipe à la recherche de fossiles humains en Afrique de l'Est. Au cours des années suivantes, elle a commencé à observer le comportement des chimpanzés dans le Parc National Gombe (en Tanzanie). Pionnière dans ce champ d'étude, elle a patiemment développé ses propres méthodes pour observer les groupes sociaux et les chimpanzés individuellement au cours de longues périodes de temps, lui permettant de faire des découvertes importantes sur leur comportement. Une de ces découvertes majeures a été le fait que les chimpanzés développaient des outils simples, une découverte qui a* *incité la communauté scientifique à réexaminer le terme « être humain ». Pour ses travaux extensifs sur le terrain, Jane Goodall a reçu un doctorat* honoris causa *de l'Université de Cambridge. Plus tard, Jane Goodall a concentré ses efforts sur le problème des chimpanzés en captivité puisqu'ils sont utilisés dans des expériences de laboratoire en raison de leur ressemblance avec les êtres humains. Une de ses citations célèbres est : « On ne peut pas partager sa vie avec n'importe quel animal avec un cerveau bien développé sans réaliser que ces animaux ont des personnalités». Plus de détails à propos de la vie extraordinaire de Jane Goodall se trouvent dans [26].*

Chapitre 7

Variables aléatoires continues

Dans le chapitre 6, nous avons étudié les variables aléatoires discrètes, c'est-à-dire des variables à image finie ou dénombrable. Dans ce chapitre, nous considérerons des variables qui peuvent prendre des valeurs dans un intervalle de nombres réels. De telles variables sont nommées *continues*. Quelques exemples de variables aléatoires continues sont la longueur, l'aire, le volume, la pression, la température ou la masse. Ce chapitre se conclura par une introduction à la loi normale, qui joue un rôle important en statistique.

7.1 Définition

Pour spécifier les probabilités associées aux valeurs d'une variable aléatoire continue X, nous utilisons sa fonction de répartition qui est définie comme $F(x) = P(X \leq x)$ où x est un nombre réel.

Pour les variables aléatoires discrètes, la fonction de répartition est une fonction en escalier non décroissante (voir la figure 6.2, p. 64). Dans le cas d'une variable aléatoire discrète X, la somme des probabilités associées aux valeurs de X est effectuée en étapes pour calculer $F(x)$. Dans le cas d'une variable aléatoire continue, la fonction F n'a pas de sauts et elle se cumule de façon continue. La définition suivante découle de ce fait.

Soit X une variable aléatoire avec une fonction de répartition F. La variable aléatoire X est *continue* si F est une fonction continue. Sa *fonction de densité de probabilité* est définie par :

$$f(x) = \begin{cases} F'(x), & \text{si } F'(x) \text{ existe,} \\ 0, & \text{sinon,} \end{cases}$$

où F' est la dérivée de F. Autrement dit, la fonction f représente le taux auquel les probabilités se cumulent. La forme du graphique de la fonction de densité f se nomme la *loi de probabilité* de X. La fonction f a les propriétés suivantes :

$$f(x) \geq 0 \text{ pour tous } x, \quad \int_{-\infty}^{\infty} f(x)\,dx = 1.$$

En utilisant le théorème fondamental du calcul, nous obtenons une autre interprétation de la densité :

$$P(a < X \leq b) = P(X \leq b) - P(X \leq a) = F(b) - F(a) = \int_a^b f(x)\,dx.$$

Donc, la probabilité que X soit dans l'intervalle $\{x : a < x \leq b\}$ est représentée par l'aire sous la courbe de f de $x = a$ à $x = b$. Référez vous à la figure 7.1 pour un exemple graphique d'une fonction de répartition $F(x)$ d'une variable aléatoire X qui prend des valeurs dans l'intervalle $[0, 1]$ et la fonction de densité correspondante $f(x)$.

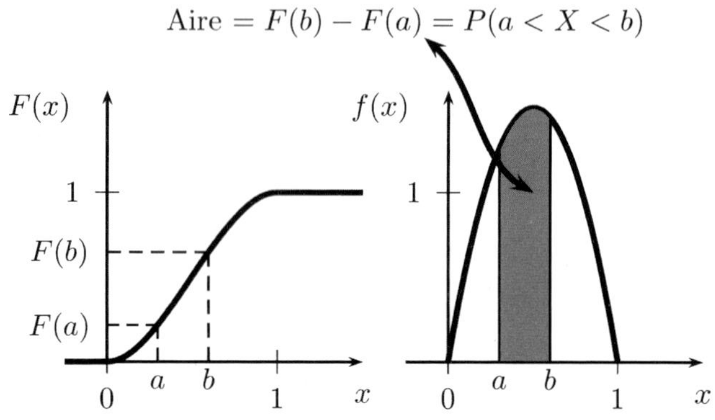

FIGURE 7.1 Une fonction de répartition et la densité correspondante

Pour une variable aléatoire continue X, nous devons assigner une probabilité de zéro à une seule valeur x (qui peut être considérée comme un intervalle de longueur zéro). Autrement dit, $P(X = x) = 0$, pour n'importe quel nombre réel x. La conséquence d'assigner des probabilités de zéro à une valeur x est que nous pouvons inclure (ou exclure) une valeur à un intervalle et la probabilité demeure la même. Ainsi,

$$F(x) = P(X \leq x) = P(X < x)$$

et

$$\begin{aligned} F(b) - F(a) &= P(a < X \leq b) = P(a < X < b) \\ &= P(a \leq X \leq b) = P(a \leq X < b). \end{aligned}$$

Comme dans le cas d'une variable discrète, la tendance centrale d'une variable aléatoire continue X est décrite par son *espérance* μ (aussi appellée la *valeur espérée* ou la *moyenne*), définie comme

$$\mu = E(X) = \int_{-\infty}^{\infty} x\, f(x)\, dx.$$

L'espérance est une moyenne pondérée des valeurs possibles que la variable aléatoire peut prendre. Plus une valeur est probable, plus sa contribution à la moyenne pondérée sera grande. En outre, l'espérance est le centre de masse de la loi de probabilité.

Pour décrire la dispersion de la variable aléatoire, nous utilisons le paramètre suivant, appellé la *variance* :

$$\sigma^2 = \mathrm{Var}(X) = E[(X - \mu)^2] = \int_{-\infty}^{\infty} (x - \mu)^2\, f(x)\, dx.$$

En variante, la variance peut être calculée comme suit :

$$\sigma^2 = \mathrm{Var}(X) = E(X^2) - \mu^2 = \int_{-\infty}^{\infty} x^2\, f(x)\, dx - \mu^2,$$

où $E(X^2)$ est l'espérance de X^2.

La variance est l'espérance du carré de l'écart entre la variable et sa moyenne. Une loi de probabilité plus dispersée devrait avoir une plus grande variance. Puisque certaines unités au carré sont difficiles à interpréter, nous calculons la racine carrée de la variance. Ce calcul donne l'*écart-type* de X, défini comme suit :

$$\sigma = \sqrt{\mathrm{Var}(X)}.$$

La figure 7.2 illustre un graphique des fonctions de densité qui correspondent à deux variables aléatoires continues. La variable aléatoire avec une moyenne de 25 a une loi de probabilité qui est moins dispersée. Ses valeurs sont plus concentrées autour de la moyenne par rapport à l'autre variable aléatoire. Cette variable a un plus petit écart-type. Plus précisément, la variable aléatoire à la gauche a une moyenne de 25 et un écart-type de 5, tandis que la variable aléatoire à la droite a une moyenne de 30 et un écart-type de 10.

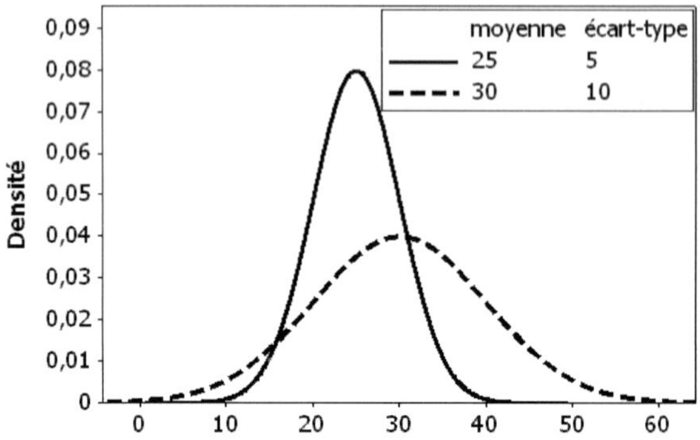

FIGURE 7.2 Des lois de probabilité avec des différentes moyennes et écarts-types

7.2 La loi normale

Dans cette section nous présentons la loi normale qui est souvent utilisée comme une approximation de la loi de probabilité d'une mesure découlant d'une expérience aléatoire. Ceci est une condition raisonnable dans la plupart des cas, mais elle ne s'applique pas toujours. Le rôle crucial que la loi normale a par rapport à l'inférence statistique sera examiné dans la section 9.2 (p. 107).

Nous disons qu'une variable aléatoire continue X suit une *loi normale* de paramètres μ et σ si sa fonction de densité est donnée par :

$$f(x) = \frac{1}{\sigma\sqrt{2\pi}}\, e^{-(x-\mu)^2/(2\sigma^2)}, \quad -\infty < x < \infty,$$

où $-\infty < \mu < \infty$ et $\sigma > 0$.

Il peut être démontré que si X est une variable aléatoire normale de paramètres μ et σ, alors

$$E(X) = \mu \quad \text{et} \quad \operatorname{Var}(X) = \sigma^2.$$

Nous utilisons la notation $X \sim N(\mu, \sigma^2)$ lorsque X suit une loi normale avec une moyenne μ et une variance σ^2.

Propriétés d'une densité normale :

- Le graphique de la densité d'une variable aléatoire normale est une courbe symétrique, en forme de cloche, centrée autour de sa moyenne μ (voir la figure 7.3).

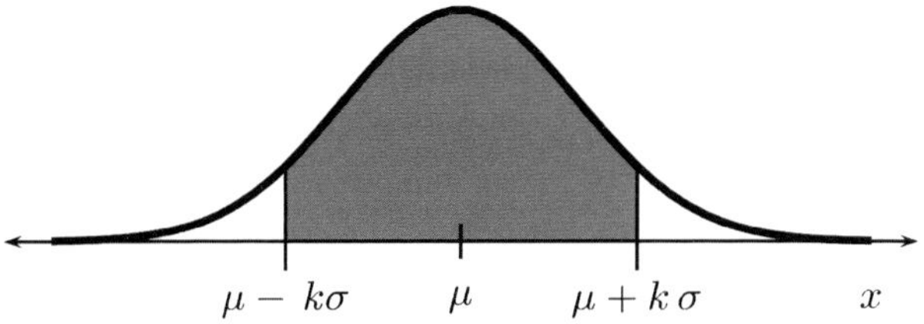

FIGURE 7.3 Une densité normale

- En utilisant la méthode de substitution avec $z = (x-\mu)/\sigma$, nous obtenons
$$\int_{\mu-k\,\sigma}^{\mu+k\,\sigma} \frac{1}{\sigma\sqrt{2\,\pi}} e^{-\frac{1}{2}\left(\frac{x-\mu}{\sigma}\right)^2} dx = \int_{-k}^{k} \frac{1}{\sqrt{2\,\pi}}\, e^{-z^2/2}\, dz \qquad (7.1)$$
Peu importent les valeurs de μ et σ, la probabilité d'obtenir une valeur qui est à k écarts-types de la moyenne est toujours la même (voir la figure 7.3 pour une représentation graphique).
- La probabilité que X soit à 1 écart-type de la moyenne est approximativement 68%. La probabilité que X soit à 2 écarts-types de la moyenne est environ 95%. La probabilité que X soit à 3 écarts-types de la moyenne est approximativement 99,7%.
- Une variable aléatoire normale Z avec une moyenne de 0 et une variance de 1 est appelée la *normale centrée et réduite*. Sa densité est donnée par :
$$f(z) = \frac{1}{\sqrt{2\,\pi}}\, e^{-z^2/2}, \quad -\infty < z < \infty.$$
Sa fonction de répartition est notée par Φ, c'est-à-dire
$$\Phi(z) = P(Z \leq z), \quad \text{où } Z \sim N(0,1).$$
Les valeurs de la fonction de répartition de la loi normale centrée et réduite sont présentées dans les tableaux 17.2 et 17.3 (p. 269-270).

Exemple 7.1. Considérons une variable aléatoire normale centrée et réduite Z. Nous calculerons la probabilité que Z tombe entre $-1{,}25$ et $0{,}5$. Référez-vous à la figure 7.4 pour une représentation graphique de l'exercice.

Lorsque nous utilisons les tableaux 17.2 et 17.3, nous arrondissons les valeurs de Z à deux décimales. Pour utiliser ces tableaux, il faut premièrement considérer la valeur à une décimale pour déterminer la rangée appropriée et ensuite la deuxième décimale pour déterminer la colonne. Du

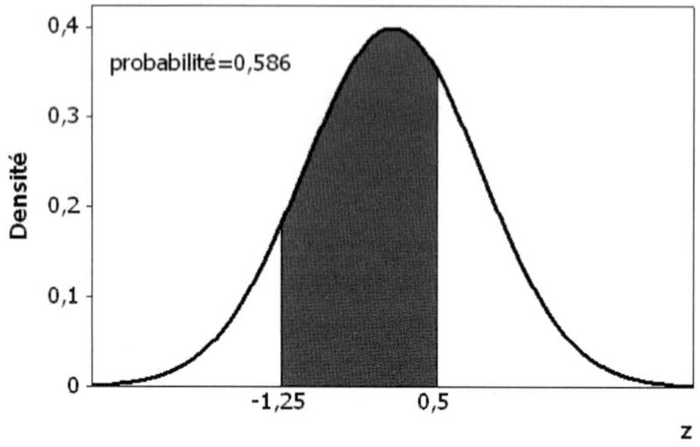

FIGURE 7.4 Aire en dessous de la densité normale centrée et réduite

tableau 17.2, nous obtenons $\Phi(-1{,}25) = 0{,}1056$. Du tableau 17.3, nous obtenons $\Phi(0{,}5) = 0{,}6915$. Donc,

$$P(-1{,}25 < Z < 0{,}5) = \Phi(0{,}5) - \Phi(-1{,}25) = 0{,}6915 - 0{,}1056 = 0{,}5859.$$

Proposition 7.1. Considérons une variable aléatoire X avec une moyenne μ et un écart-type σ. Centrer et réduire X donne

$$Z = \frac{X - \mu}{\sigma}.$$

La variable aléatoire centrée et réduite Z a une moyenne de zéro et une variance égale à un. En outre, si X suit une loi normale, Z est une variable aléatoire normale centrée et réduite. Par conséquent,

$$P(X \leq a) = P\left(Z \leq \frac{a - \mu}{\sigma}\right) = \Phi\left(\frac{a - \mu}{\sigma}\right).$$

Exemple 7.2. Supposons que la longueur des poissons d'une certaine cohorte suit une loi normale avec une moyenne de 40 cm et un écart-type de 3 cm.

(a) Quel pourcentage des poissons de cette cohorte sont plus longs que 45 cm ?

(b) Quelle est la probabilité qu'un poisson de cette cohorte choisi au hasard mesure entre 37 cm et 43 cm de longueur ?

(c) Trouvez la longueur x_0 d'un poisson considérant que 25% des poissons sont plus petits que x_0.

Solutions : Soit X qui représente la longueur d'un poisson de cette cohorte. Nous avons $X \sim N(40, 3^2)$.

(a) Le pourcentage de poissons de cette cohorte qui sont plus longs que 45 cm est

$$\begin{aligned} P(X > 45) &= 1 - P(X \leq 45) \\ &= 1 - \Phi\left(\frac{45-40}{3}\right) \\ &= 1 - \Phi(1{,}67) = 1 - 0{,}9525 = 0{,}0475. \end{aligned}$$

(b) La probabilité qu'un poisson choisi au hasard parmi cette cohorte mesure entre 37 cm et 45 cm est égale à

$$\begin{aligned} P(37 < X < 43) &= \Phi\left(\frac{43-40}{3}\right) - \Phi\left(\frac{37-40}{3}\right) \\ &= \Phi\left(1{,}00\right) - \Phi\left(-1{,}00\right) \\ &= 0{,}8413 - 0{,}1587 = 0{,}6826. \end{aligned}$$

(c) Résoudre

$$0{,}25 = P(X < x_0) = \Phi\left(\frac{x_0 - 40}{3}\right).$$

En utilisant le tableau 17.2, nous obtenons $(x_0 - 40)/3 = -0{,}675$. Donc, 25% des poissons sont plus petits que $x_0 = -0{,}675(3) + 40 = 37{,}975$ cm. [Dans le tableau 17.2, nous utilisons le fait que $\Phi(-0{,}67) = 0{,}2514$ et $\Phi(-0{,}68) = 0{,}2483$. Puisque 0,25 est entre 0,2483 et 0,2514, nous prenons le point milieu entre $-0{,}67$ et $-0{,}68$, c'est-à-dire que nous utilisons le fait que $\Phi(-0{,}675) = 0{,}25$.]

7.3 Exercices

Exercice 7.1. Supposons que la hauteur d'un jeune garçon de 8 ans suit une loi normale avec une moyenne de 125 cm et un écart-type de 8 cm.
(a) Quelle est la probabilité qu'un garçon de 8 ans choisi au hasard soit plus petit que 122 cm ?
(b) Quelle est la probabilité qu'un garçon de 8 ans choisi au hasard ait une hauteur entre 122 cm et 130 cm ?
(c) Nous voulons déclarer que 95% des garçons de 8 ans sont plus petits qu'une hauteur h. Quelle est la valeur de h ?

Exercice 7.2. La baleine bleue est un mammifère marin appartenant au sous-ordre des cétacés à fanons et elle représente le plus grand animal qui ait jamais vécu sur la Terre. En sachant que la longueur d'une baleine bleue est une variable aléatoire distribuée normalement avec une moyenne de 33 m et un écart-type de 4 m, trouvez le pourcentage de baleines bleues qui ont une longueur de plus de 35 m.

Exercice 7.3. La croissance de semis de tomates durant un mois est une variable aléatoire normale X avec une moyenne de 2 cm et un écart-type de 0,7 cm.
(a) Quelle est la probabilité qu'un semis ne germine pas (c'est-à-dire $X \leq 0$) ?
(b) Dans une serre, les semis de tomates sont arrangés dans des plateaux comprenant chacun 25 petits compartiments. Un semis est planté dans chaque compartiment. Un tel plateau est choisi au hasard. Quelle est la probabilité que, dans ce plateau, tous les compartiments contiennent un semis qui a germiné ?

Exercice 7.4. Soit Z une variable aléatoire normale centrée et réduite. Utilisez le tableau 17.2 et le tableau 17.3 pour calculer les probabilités suivantes :
(a) $P(Z > 1{,}96)$ (b) $P(Z < -0{,}05)$ (c) $P(1{,}1 < Z < 2{,}5)$
(d) $P(Z < 0{,}96)$ (e) $P(Z > -2{,}35)$ (f) $P(-2{,}23 < Z < 2{,}23)$.
Si vous avez accès à un logiciel de calcul statistique, utilisez un ordinateur pour déterminer les probabilités ci-dessus et comparez ces valeurs avec celles obtenues à l'aide des tableaux.

Exercice 7.5. Soit X une variable aléatoire normale avec une moyenne de 100 et un écart-type de 36. Utilisez le tableau 17.2 et le tableau 17.3 pour calculer les probabilités suivantes en arrondissant à deux décimales :
(a) $P(X > 105)$ (b) $P(X < 98)$ (c) $P(93{,}5 < X < 112)$
(d) $P(X < 121{,}5)$ (e) $P(X > 90)$ (f) $P(82{,}5 < X < 117{,}5)$
Si vous avez accès à un logiciel de calcul statistique, utilisez un ordinateur pour déterminer les probabilités ci-dessus et comparez ces valeurs avec celles obtenues à l'aide des tableaux.

Exercice 7.6. Supposons que X est une variable aléatoire normale avec une moyenne de 100 et un écart-type de 36. Utilisez le tableau 17.2 et le tableau 17.3 pour trouver x_0 tel que

(a) $P(X > x_0) = 0{,}05$ (b) $P(X < x_0) = 0{,}05$
(c) $P(-x_0 < X - 100 < x_0) = 0{,}95$ (d) $P(X < x_0) = 0{,}90$
(e) $P(X > x_0) = 0{,}99$ (f) $P(|X - 100| > 6\,x_0) = 0{,}05$.
Si vous avez accès à un logiciel de calcul statistique, utilisez un ordinateur pour déterminer les quantités ci-dessus et comparez ces valeurs avec celles obtenues à l'aide des tableaux.

Exercice 7.7. La tension artérielle est une mesure de la force que le sang exerce sur les parois des artères. La plus grande valeur représente la pression lorsque le cœur pompe et pousse le sang à travers le corps (systolique) et la plus petite valeur est la pression la plus basse lorsque le cœur relâche entre les battements (diastolique). Une tension artérielle qui est constamment plus élevée que 140/90 mm Hg est considérée comme étant une hypertension, mais cette valeur est 130/80 mm Hg chez les gens faisant du diabète. Une tension artérielle normale se situe en dessous de 120/80 mm Hg (source : <http://www.heartandstroke.com>). Considérons une population d'hommes non diabétiques avec une tension artérielle systolique moyenne de 115 mm Hg, dans laquelle 19% sont classifiés comme ayant une haute tension artérielle (c'est-à-dire plus de 140 mm Hg). Supposons que la tension artérielle systolique X est distribuée normalement.
(a) Calculez l'écart-type de la tension artérielle systolique de X.
(b) Calculez la médiane, le premier quartile et le troisième quartile de X. Indice : La médiane de X est une valeur a pour laquelle $P(X < a) = 0{,}5$. Le premier quartile et le troisième quartile de X représentent les valeurs b et c pour lesquelles $P(X < b) = 0{,}25$ et $P(X < c) = 0{,}75$, respectivement.
(c) Les auteurs de [14] définissent l'hypertension de niveau 1 comme étant une tension artérielle systolique se situant entre 140 mm Hg et 160 mm Hg ou une pression sanguine diastolique entre 90 mm Hg et 100 mm Hg. Calculez la probabilité qu'un individu choisi au hasard parmi cette population soit classifié comme faisant de l'hypertension de niveau 1 selon la valeur de sa pression sanguine systolique (ignorant la valeur de la tension artérielle diastolique).
(d) L'hypertension de niveau 2 est définie comme étant une tension artérielle systolique plus élevée que 160 mm Hg ou une tension artérielle diastolique plus élevée que 100 mm Hg. Calculez la probabilité qu'un individu choisi au hasard parmi cette population soit classifié comme faisant de l'hypertension de niveau 2 selon sa tension artérielle systolique (ignorant la valeur de la tension artérielle diastolique).

Exercice 7.8. L'ours grizzly (*Ursus arctos horribilis*) est une gros animal qui vit généralement dans les hautes terres de l'ouest de l'Amérique du Nord. Son poids dépend de sa localisation. Il est estimé qu'un ours grizzly mâle adulte de la région de la péninsule de l'Alaska a un poids moyen de 357 kg avec un écart-type de 21 kg (voir [51]). Supposons que le poids d'un ours grizzly mâle adulte suit une loi normale.
(a) Quelle est la probabilité qu'un ours grizzly mâle adulte de la région de la péninsule de l'Alaska pèse plus de 420 kg ?
(b) Quelle est la probabilité qu'un ours grizzly mâle adulte de la région de la péninsule de l'Alaska pèse plus de 300 kg ?
(c) Trouvez le poids x_0 (en kg) considérant que 5% des ours grizzly mâles adultes de la région de la péninsule de l'Alaska pèsent moins que x_0.
(d) Trouvez le poids y_0 (en kg) considérant que 75% des ours grizzly mâles adultes de la région de la péninsule de l'Alaska pèsent moins que y_0.
(e) Si nous sélectionnons 6 ours grizzly mâles adultes de la région de la péninsule de l'Alaska, quelle est la probabilité qu'au plus 2 ours pèsent moins de 300 kg ?

Saviez-vous que ? *La théorie selon laquelle la Terre est sphérique a initialement été suggérée par les philosophes grecs au 6e siècle av. J.-C. ; elle se fondait sur le mysticisme et elle a été rationalisée par Aristote au 4e siècle av. J.-C. Ce fait est devenu largement accepté après l'expédition de Magellan autour du monde (1519-1522). Cependant, le fait que la Terre a un bourrelet équatorial (et par conséquent, n'est pas parfaitement sphérique) est devenu le sujet d'une controverse scientifique au 17e siècle. Initialement suggérée par Isaac Newton et plus tard contestée par un astronome français nommé Jean Cassini, l'existence du bourrelet équatorial a été prouvée en 1735 par deux expéditions françaises qui ont pris des mesures précises de la courbure de la surface de la Terre, près de l'Équateur et près du pôle Nord. Ces expéditions ont prouvé que le bourrelet équatorial se situe 13 milles plus haut que le niveau de la mer. Les difficultés éprouvées lors de ces deux expéditions ont entraîné une réforme de la norme des mesures qui a mené à l'établissement du système métrique par les scientifiques français en 1796. Plus de détails à propos de cette histoire peuvent être trouvés dans* [6].

Chapitre 8

Exercices supplémentaires (Probabilité)

Exercice 8.1. Considérez la séquence d'ARN, GGGAAACCC. Puisque GGG est le code pour la glycine (*gly*), AAA est le code pour la lysine (*lys*) et CCC est le code pour la proline (*pro*), cette séquence est un des codes possibles pour *gly-lys-pro*. Il y a 4 synonymes pour la glycine (GGG, GGC, GGU, GGA), 2 synonymes pour la lysine (AAA, AAG) et 4 synonymes pour la proline (CCC, CCU, CCA, CCG). Combien y a-t-il de codes pour *gly-lys-pro* ?

Exercice 8.2. Une femme et un homme appartiennent au groupe sanguin A et B, respectivement. Cependant, ils ne connaissent pas leurs génotypes.
(a) Dressez une liste de tous les croisements de génotypes possibles pour ce couple.
(b) Pour chaque cas dans la liste de (a), créez un carré de Punnett qui donne tous les génotypes et phénotypes de leurs futurs enfants.
(c) Est-il possible que leurs enfants appartiennent au groupe sanguin O ? Justifiez cette réponse en utilisant (b).

Exercice 8.3. Un des symptômes communs de la maladie d'Alzheimer est une perte de mémoire qui perturbe la vie quotidienne. Ce symptôme n'est qu'un des 10 signes avant-coureurs de cette maladie. Un autre signe fréquemment rencontré consiste à avoir de la difficulté à accomplir des tâches familières. Parmi un grand groupe de patients au premier stade de la maladie d'Alzheimer, 85% des patients souffrent de pertes de mémoire, 78% ont de la difficulté à accomplir des tâches familières et 67% souffrent des deux symptômes.
(a) Quelle est la probabilité qu'un patient au premier stade de la maladie d'Alzheimer souffre d'au moins un de ces symptômes ?

(b) Quelle est la probabilité qu'un patient au premier stade de la maladie d'Alzheimer ne démontre aucun de ces deux signes ?

Exercice 8.4. En raison d'une chasse massive, les loups gris étaient considérés comme une espèce en voie d'extinction à la fin du 20e siècle. En 1995, 14 loups du Canada ont été réintroduits dans le parc national Yellowstone, suivi de 17 autres loups l'année suivante. Le programme de réintroduction a été une telle réussite qu'aujourd'hui la population de loups aux États-Unis est estimée à 4 500. Malgré son succès, le programme est fortement critiqué, en raison de pertes de bétail dans les régions affectées. Dans un sondage effectué auprès de 850 participants, incluant 250 fermiers et 600 non-fermiers, 189 fermiers et 433 non-fermiers ont dit qu'ils voudraient voir une augmentation du quota de la chasse au loup dans leur État.
(a) En utilisant les données de ce sondage, estimez le pourcentage de gens en faveur de l'augmentation du quota de la chasse au loup.
(b) Quelle est la probabilité qu'une personne choisie au hasard dans les régions affectées ne soit pas en faveur de l'augmentation du quota de la chasse ?

Exercice 8.5. Selon des estimations récentes, seulement 45% des gens en Afrique ont accès à de l'eau potable sécuritaire, ceci étant la cause de plusieurs maladies hydriques. Le taux d'incidence de maladies hydriques dans les communautés qui n'ont pas accès à de l'eau potable sécuritaire est de 88%, tandis que chez les communautés qui ont accès à de l'eau potable sécuritaire, ce taux est de 32%.
(a) Quel est le taux d'incidence de maladies hydriques en Afrique ?
(b) Un patient souffrant d'une maladie hydrique est choisi au hasard dans une clinique d'un village africain. Quelle est la probabilité que ce patient n'ait pas eu accès à de l'eau potable sécuritaire ?

Exercice 8.6. L'arthrite rhumatoïde (AR) est une maladie inflammatoire chronique qui affecte les articulations synoviales. Environ 1% de la population mondiale souffre de cette maladie. Un test sérologique pour détecter la présence de protéines anticorps anti-citrullinées est couramment utilisé lorsque l'arthrite rhumatoïde est soupçonnée. Ce test est positif chez une proportion de 67% de tous les cas d'AR et est négatif dans 95% des cas où l'AR n'est pas présente.
(a) Quelle est la sensibilité et la spécificité de ce test ?
(b) Quelle est la valeur prédictive positive et la valeur prédictive négative de ce test ?

Exercice 8.7. (a) Un laboratoire a une population de 25 drosophiles. Parmi cette population, 5 sont noires et 20 sont grises. Un échantillon de 2 drosophiles est sélectionné. Est-ce que l'événement que la deuxième drosophile sélectionnée soit noire est indépendant de l'événement que la première soit noire ?
(b) Supposont maintenant qu'il y a 10 000 drosophiles dans le laboratoire, dont 2 000 sont noires et 8 000 sont grises. Un échantillon de 2 drosophiles est sélectionné. Est-ce que l'événement que la deuxième drosophile sélectionnée soit noire est indépendant de l'événement que la première soit noire ?

Exercice 8.8. Selon un rapport de l'Organisation mondiale de la Santé effectué en 2004, le nombre moyen de cas de leucémie au Canada est de 6 par 100 000 habitants. Supposons que le nombre de cas de leucémie suit une loi de Poisson. Quelle est la probabilité que, parmi 10 000, il y ait au moins une personne souffrant de leucémie ?

Exercice 8.9. L'hémophilie est un trouble génétique qui nuit à la capacité du corps à contrôler la coagulation du sang. Les gens affectés par ce trouble génétique peuvent avoir des saignements internes et externes. Il est estimé qu'une personne sur 10 000 souffre d'hémophilie. Supposons que le nombre de cas d'hémophilie suit une loi de Poisson.
(a) Quel est le nombre moyen de cas d'hémophilie dans la population canadienne de 35 260 000 habitants (à compter de septembre 2010) ?
(b) Quelle est la probabilité que, dans une communauté de 15 000 personnes, il y ait au moins deux cas d'hémophilie ?

Exercice 8.10. Le dernier recensement effectué sur les gorilles de montagne dans le parc national Virunga (Congo) a été complété en 2010. En comptant les gorilles de montagne, les primatologues essaient d'éviter le contact direct avec les animaux et se basent plutôt sur des échantillons de matières fécales. Supposons que, dans une journée, une équipe de primatologues collectionnent et analysent des échantillons de matières fécales jusqu'à ce qu'ils obtiennent un échantillon de chaque sexe ou un maximum de trois échantillons.
(a) Soit X le nombre d'échantillons de matières fécales collectionnés en une journée. Trouvez la loi de probabilité de X. Calculez la valeur espérée de X.
(b) Soit Y le nombre d'échantillons de matières fécales provenant de femelles. Trouvez la loi de probabilité de Y. Calculez la valeur espérée de Y.

Exercice 8.11. Considérons un groupe de recherche de 6 professeurs et 20 étudiants. Un comité doit être formé, comportant 3 professeurs et 5 étudiants.
(a) De combien de manières différentes pouvons-nous sélectionner les membres de ce comité ?
(b) Un des trois professeurs sélectionnés occupera le rôle de président. De combien de façons différentes pouvons-nous sélectionner les membres de ce comité, incluant l'affectation du président ?

Exercice 8.12. Vingt bénévoles participent à une expérience. Nous voulons les séparer en cinq groupes de traitement de taille égale. Chaque groupe recevra un traitement différent. Ceci est appelé un plan d'étude équilibré.
(a) Combien existe-t-il de manières différentes d'accomplir cette tâche ? *Indice* : Séparez l'affectation des sujets par groupe de traitement en étapes et utilisez le principe de la multiplication.
(b) Seulement quatre bénévoles sont âgés de plus de soixante ans. Nous voulons séparer les bénévoles plus vieux pour qu'ils soient dans des groupes différents. Combien existe-t-il de manières différentes pour diviser les vingt bénévoles en cinq groupes de traitement, si les quatre bénévoles âgés doivent être dans des groupes différents ?

Exercice 8.13. Considérez un grand lac dans lequel 23% des poissons ont des tumeurs, 5% des poissons sont jeunes et 0,5% des poissons sont jeunes et ont des tumeurs. Quelle est la probabilité qu'un poisson choisi au hasard dans ce lac :
(a) soit jeune ou ait des tumeurs ?
(b) soit jeune, mais n'ait pas de tumeurs ?
(c) ait des tumeurs, mais ne soit pas jeune ?

Exercice 8.14. Un centre de collecte de sang a colligé des données pendant plusieurs années. Les chercheurs ont remarqué que 1% de tous les donneurs sont séropositifs et que 2% des donneurs sont positifs pour l'herpès. Si 1,5% de tous les donneurs sont positifs pour seulement une de ces conditions (mais non les deux), quelle est la probabilité qu'un donneur choisi au hasard ne souffre d'aucune de ces conditions ?

Exercice 8.15. Référez-vous aux exercices 4.7 et 4.8 (p. 50-51). Une personne de ce pays est choisie au hasard. Soient A l'événement que la personne est infectée par le VIH et B l'événement que cette personne est infectée par la tuberculose. Est-ce que les événements A et B sont mutuellement exclusifs ? Est-ce qu'ils sont indépendants ?

Exercice 8.16. Supposons que la probabilité qu'un enfant soit une fille est 0,5. Un couple a trois enfants.
(a) Quelle est la probabilité que les trois enfants soient des filles ?
(b) Sachant que l'enfant aîné et l'enfant le plus jeune sont des filles, calculez la probabilité que tous les enfants soient des filles.
(c) Calculez la probabilité qu'au moins un enfant soit une fille.

Exercice 8.17. Les auteurs de [63] discutent d'une épidémie de bilharziose chez les oies de Brant (*Branta bernicla Hrota*). Ils définissent que le déplacement des oies de leur habitat naturel à un étang pourrait être la cause de leur exposition à des parasites. Supposons que 5% des oies dans une région donnée soient infectées par la bilharziose. Cinq oies de cette région sont choisies au hasard.
(a) Calculez le nombre espéré d'oies qui ne sont pas infectées par la bilharziose.
(b) Calculez la probabilité qu'au moins une des oies ne soit pas infectée par la bilharziose.

PARTIE 2
Statistique

Chapitre 9

Introduction à la statistique

La statistique représente une des plus vieilles disciplines en science. Ses origines peuvent être retracées au 17e siècle lorsque l'administration britannique avait besoin d'outils pour analyser diverses données démographiques et économiques. La portée de la discipline est devenue plus grande au 19e siècle incluant alors l'analyse de données en général. Aujourd'hui, la statistique est employée par des gens travaillant dans divers domaines tels que l'économie, l'ingénierie, les sciences sociales et les sciences naturelles.

Dans ce chapitre, nous discutons de plusieurs méthodes pour analyser des données en utilisant des sommaires numériques et des graphiques. Nous mettons l'accent sur la distinction entre une population et un échantillon aléatoire provenant d'une population. Nous expliquons comment un échantillon aléatoire peut être utilisé pour estimer des paramètres de la population et nous discutons aussi de manières de mesurer l'erreur d'estimation. Finalement, ce chapitre se conclut par une discussion sur la distribution d'échantillonage des estimateurs, qui inclut une introduction à la loi T. Nous présentons aussi le théorème central limite (ou de la limite centrale) qui soutient que la distribution de la moyenne d'un échantillon peut être approximée par une loi normale.

9.1 Échantillonage aléatoire et description de données

Dans cette section, nous apprenons à décrire des données en utilisant des sommaires numériques (appelés statistiques descriptives) et des représentations graphiques. Nous considérons les données comme des observations d'une variable aléatoire. L'ensemble de ces observations se nomme un *échantillon aléatoire*. La technique que nous utilisons pour décrire l'échantillon dépend du type de la variable.

Si les valeurs de cette variable représentent des catégories, nous pouvons dire que la variable est *catégorique*. Le tableau ci-dessous contient des exemples de variables catégoriques.

Variable	Catégories
couleur d'une cosse de pois	jaune, verte
type de poisson	brochet, truite arc-en-ciel, barbotte
taille	petit, moyen, grand

Une variable est dite *quantitative* (ou *numérique*) si elle représente une quantité numérique. La température (en Kelvin), l'aire (en cm^2), le volume (en m^3), la grandeur (en cm) et le nombre d'individus affectés par une maladie sont des exemples de variables quantitatives.

Pour les variables catégoriques, une façon rapide et efficace de décrire les données est de présenter une *distribution de fréquences* ou une *distribution de fréquences relatives*. Lorsque nous définissons les catégories, nous devons être prudents en définissant des classes mutuellement exclusives, autrement les fréquences relatives ne s'additionnent pas à la somme de 1. La distribution de fréquences (relatives) peut être présentée comme un tableau ou graphiquement avec un diagramme à barres.

Exemple 9.1. Une enquête sur les tumeurs de poissons a été effectuée dans un certain système de rivières. Les tumeurs au foie et à la bouche étaient particulièrement ciblées. Un échantillon aléatoire de $n = 123$ poissons a été capturé, classifié et relâché. La distribution de fréquences est présentée ci-dessous dans un tableau et un diagramme à barres dans la figure 9.1.

Classification des tumeurs	Fréquence	Fréquence relative
seulement le foie	35	28,5%
seulement la bouche	10	8,1%
le foie et la bouche	3	2,4%
aucune tumeur	75	61,0%
Total	123	100%

Plusieurs études biologiques sont comparatives par nature. Ces études examinent couramment deux variables ou plus. Dans le cas de deux variables catégoriques, nous commençons en classifiant les observations selon les catégories communes des deux variables. Le tableau qui en résulte est appelé un tableau de contingence et il affiche la *distribution des fréquences (relatives) communes* des deux variables.

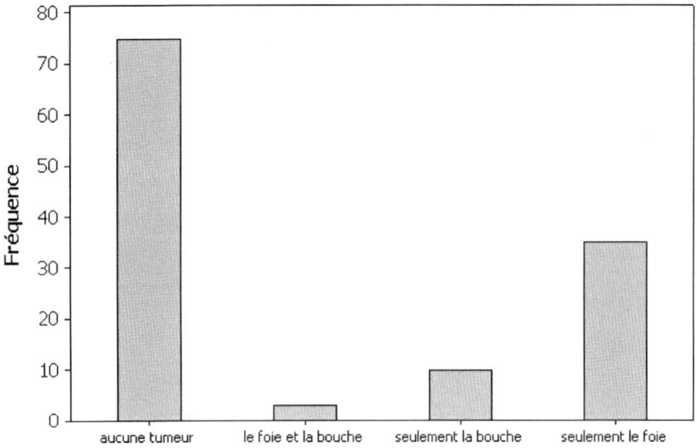

FIGURE 9.1 Distribution des tumeurs de poissons

Pour décrire l'association entre les deux variables, nous pouvons calculer les *distributions des fréquences relatives conditionnelles* pour une variable conditionnée sur les catégories de l'autre variable. La distribution des fréquences relatives conditionnelles peut être présentée avec un diagramme à barres où les résultats des deux variables sont présentés côte à côte.

Exemple 9.2. Considérons une enquête portant sur les tumeurs de poissons similaire à celle présentée dans l'exemple 9.1. Nous voulons comparer les distributions de tumeurs de poissons dans deux systèmes de rivières. Un résumé des données est présenté dans le tableau de contingence suivant, qui est une classification des poissons selon la catégorie de tumeur et le système de rivières. Chaque cellule représente une fréquence commune. Dans les parenthèses, nous avons calculé la fréquence relative conditionnelle pour la variable de la tumeur conditionnée par rapport au système de rivières.

Système de rivières	Catégorie de tumeur				
	seulement le foie	seulement la bouche	le foie et la bouche	aucune tumeur	Total
1	35 (28,5%)	10 (8,1%)	3 (2,4%)	75 (61%)	123
2	15 (5,36%)	8 (2,86%)	2 (0,71%)	255 (91,07%)	280

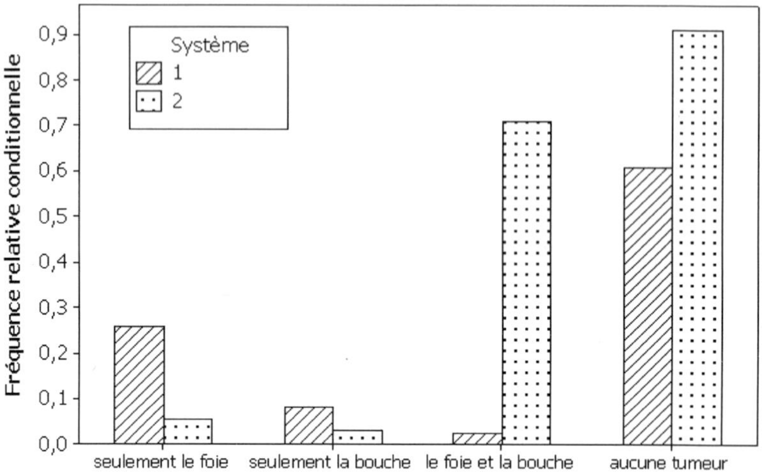

FIGURE 9.2 Distribution conditionnelle des tumeurs de poissons

Dans la figure 9.2, nous retrouvons un diagramme à barres où les distributions conditionnelles pour les tumeurs selon le système sont présentées côte à côte. La distribution des tumeurs semble être hétérogène. En fait, il semble que les poissons du deuxième système de rivières sont plus susceptibles de ne pas avoir de tumeur.

La distribution de fréquences est un outil important pour décrire l'échantillon aléatoire d'une variable quantitative. Cette distribution peut être présentée en forme de tableau ou par une représentation graphique appelée un *histogramme*.

Pour créer un histogramme de la distribution de fréquences, nous divisons l'étendue de l'échantillon en intervalles de longueur égale (nommés *classes*). Pour créer l'histogramme, nous devons dessiner un rectangle pour chaque classe dont la hauteur peut représenter soit la fréquence (dans le cas d'un histogramme de fréquences), soit la fréquence relative (dans le cas d'un histogramme de fréquences relatives). Si les classes sont de longueur égale, l'aire du rectangle est proportionnelle à la fréquence relative. Nous pouvons aussi produire un histogramme de densité de probabilités dans lequel la hauteur du rectangle est égale à la fréquence relative divisée par la longueur de l'intervalle. Pour un histogramme de densité de probabilités, l'aire de chaque rectangle est égale à la fréquence relative.

Lorsque nous créons un histogramme avec des classes inégales, nous suggérons d'utiliser un histogramme de densité de probabilités. Autrement, l'aire d'un rectangle n'est pas nécessairement proportionnelle à sa fréquence relative. Ceci veut dire que certaines valeurs peuvent sembler être plus fréquentes qu'elles ne le sont vraiment.

Il existe plusieurs règles pour déterminer le nombre de classes d'un histogramme. Une règle qui fonctionne bien est d'utiliser entre 5 et 20 classes. En outre, le nombre de classes devrait être approximativement égal à $\sqrt{n}$ où n est la taille de l'échantillon. L'utilisation d'un logiciel de calcul statistique est recommandée pour la création de graphiques. Pour la plupart de ces logiciels, le nombre de classes par défaut fonctionne bien.

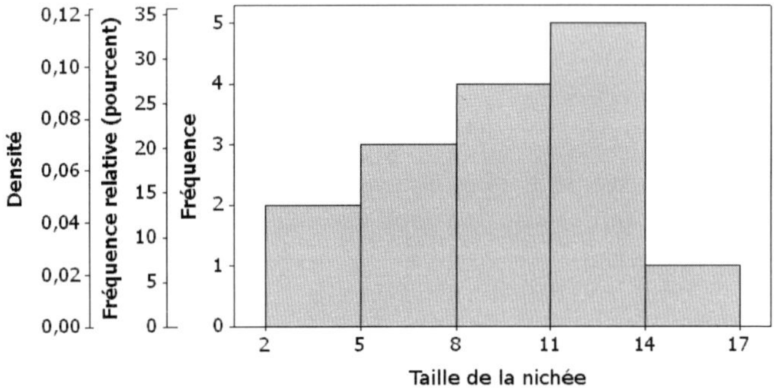

FIGURE 9.3 Histogramme de la taille des nichées

Exemple 9.3. Considérons les données suivantes, qui donnent les tailles de nichées de $n = 15$ colverts pour une région et une année particulières.

11	12	11	9	11	2	6	3
17	6	10	10	8	11	5	

Pour produire la distribution de fréquences, nous divisons l'étendue de l'échantillon en 5 classes de longueur égale. Pour chaque classe, nous calculons la fréquence, la fréquence relative et la densité de probabilités. En utilisant la distribution de fréquences, nous produisons l'histogramme correspondant (voir la figure 9.3). La distribution des tailles de nichées semble avoir une faible asymétrie négative.

x = Taille de la nichée	Fréquence	Fréquence relative	Densité de probabilité
$2 \leq x < 5$	2	$2/15 = 13{,}33\%$	$(2/15)/3 = 0{,}0444$
$5 \leq x < 8$	3	$3/15 = 20\%$	$(3/15)/3 = 0{,}0667$
$8 \leq x < 11$	4	$4/15 = 26{,}67\%$	$(4/15)/3 = 0{,}0889$
$11 \leq x < 14$	5	$5/15 = 33{,}33\%$	$(5/15)/3 = 0{,}1111$
$14 \leq x \leq 17$	1	$1/15 = 6{,}67\%$	$(1/15)/3 = 0{,}0222$

Pour bien décrire la distribution de fréquences d'une variable quantitative, nous considérons sa forme, sa tendance centrale et sa dispersion.

Quelques exemples d'histogrammes qui ont une asymétrie approximative ou qui ont une asymétrie positive ou négative se retrouvent ci-dessous. L'*asymétrie* va dans la direction des valeurs atypiques.

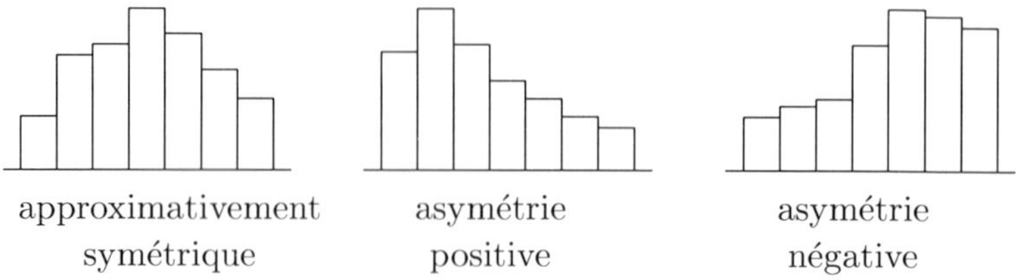

Avant de présenter les différentes mesures descriptives de la tendance centrale et de la dispersion, nous introduisons la notion des quantiles d'échantillons. Les quantiles sont des valeurs qui nous permettent de diviser les données ordonnées en sous-ensembles de taille approximativement identique.

Un quantile qui divise l'échantillon en deux sous-ensembles de données de taille approximativement identique est appelé une *médiane.* Une manière d'obtenir une médiane $\tilde{x}$ pour l'échantillon $x_1, \ldots, x_n$ est de placer les valeurs de l'échantillon en ordre croissant $y_1 \leq y_2 \leq \ldots \leq y_n$ et de calculer

$$\tilde{x} = \begin{cases} y_{\{(n+1)/2\}}, & \text{si } n \text{ est impair} \\ (y_{\{n/2\}} + y_{\{n/2+1\}})/2, & \text{si } n \text{ est pair.} \end{cases}$$

Exemple 9.3 (suite). Puisque la taille de l'échatillon $n = 15$ est impair, la $(n+1)/2 = 8^{\text{e}}$ valeur dans l'échantillon ordonné est la médiane. Nous plaçons ces données en ordre croissant comme suit :

2	3	5	6	6	8	9	10
10	11	11	11	11	12	17	

Donc, $\tilde{x} = 10$ est la médiane pour cet échantillon.

Des quantiles qui divisent l'échantillon en quatre sous-ensembles de données de taille approximativement identique sont nommés des *quartiles*. Il y a trois quartiles que nous notons $q_1, q_2 = \tilde{x}, q_3$ pour le premier, deuxième et troisième quartile, respectivement. Notons que le deuxième quartile est la médiane.

Une façon d'obtenir le premier quartile q_1 pour l'échantillon $x_1, \ldots, x_n$ est de placer les données de l'échantillon en ordre croissant $y_1 \leq y_2 \leq \ldots \leq y_n$, de calculer $(n+1)/4$ et de représenter cette quantité comme une partie entière r et une partie fractionnelle a/b. Par exemple, pour $n = 14$, nous obtenons $(n+1)/4 = 3{,}75$. La partie entière est $r = 3$ et la partie fractionnelle est $a/b = 0{,}75$. Si la partie fractionnelle est zéro, r est le rang du premier quartile. Si la partie fractionnelle n'est pas zéro, le premier quartile est une moyenne pondérée des $r^{\text{ième}}$ et $(r+1)^{\text{ième}}$ valeurs ordonnées. Nous calculons le premier quartile de la façon suivante :

$$q_1 = \begin{cases} y_r, & \text{si } a/b = 0 \\ (1 - a/b)\, y_r + (a/b)\, y_{r+1}, & \text{si } a/b \neq 0 \end{cases}$$

Pour le troisième quartile, les calculs sont les mêmes, sauf que nous calculons son rang comme suit, $(3/4)(n+1) = r + a/b$.

Exemple 9.3 (suite). Le rang du premier quartile est $(15+1)/4 = 4$. Alors, le premier quartile est la 4e valeur ordonnée qui est égale à $q_1 = y_4 = 6$. Le troisième quartile est $q_3 = y_{12} = 11$.

Il n'existe pas de façon unique de calculer les quartiles. Dans l'exemple 9.3, n'importe quelle valeur entre 5 et 6 peut être utilisée pour le premier quartile, puisqu'approximativement 25% des observations de l'échantillon sont plus petites qu'elle. Par conséquent, différents logiciels de calcul statistique peuvent produire des quartiles différents. Cependant, pour de grands échantillons, les différences ne sont souvent pas importantes.

Pour décrire les tendances centrales et la dispersion de l'échantillon, il est souvent utile de créer le *résumé de 5 nombres* suivant : la valeur minimale, la valeur maximale et les trois quartiles. Pour l'exemple 9.3, le résumé de 5 nombres est

$$\min = y_1 = 2, \; q_1 = 6, \; \tilde{x} = 10, \; q_3 = 11, \; \max = y_n = 17.$$

La médiane $\tilde{x} = 10$ peut être utilisée comme une indication de la tendance centrale. Une mesure naturelle de la dispersion est l'*étendue de l'échantillon*

$$R = y_n - y_1.$$

L'étendue de l'échantillon est considérée comme une estimation de la dispersion puisque elle est basée sur les valeurs extrêmes de l'échantillon. Pour obtenir une autre mesure de la dispersion (qui n'est pas basée sur les valeurs extrêmes), nous considérons la *distance interquartile*

$$\mathrm{DIQ} = q_3 - q_1.$$

Pour l'exemple 9.3, DIQ $= 11 - 6 = 5$.

Une représentation graphique qui est souvent associée au résumé de 5 nombres est appelée le *diagramme en boîte à moustaches.* C'est un outil utile pour présenter le centre et la dispersion des données et il peut être utilisé pour identifier les anomalies par rapport à la symétrie et les valeurs aberrantes. Des diagrammes en boîtes à moustaches côte à côte sont aussi utiles pour comparer deux distributions ou plus, comme nous le démontrerons dans l'exemple 9.4.

Pour créer une diagramme en boîte à moustaches, il faut prolonger la boîte à partir du premier quartile jusqu'au troisième quartile. La boîte représente la distance interquartile. Dans la boîte, une ligne représente la médiane. Des clôtures imaginaires sont placées à une distance de 1,5 DIQ au-delà du troisième quartile et sous le premier quartile. Des moustaches se prolongent à partir des extrémités de la boîte à la plus petite et la plus grande valeur à l'intérieur des clôtures imaginaires. Les valeurs à l'extérieur des clôtures se nomment des *observations aberrantes.* Chaque observation aberrante est représentée par un point. Parfois, un symbole différent est utilisé pour des observations aberrantes extrêmes qui sont au moins 3 DIQ au-delà de q_3 ou sous q_1.

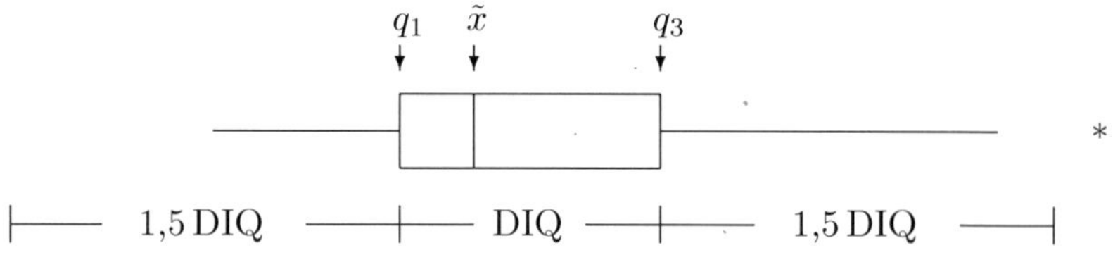

Exemple 9.4. Nous utilisons des diagrammes en boîte à moustaches côte à côte pour comparer la distribution des tailles de nichées de colverts de l'exemple 9.3 à l'échantillon suivant est qui constitué de tailles de nichées de colverts d'une autre région.

6	7	8	8	8	9	9	9	9	9
10	10	10	10	10	10	10	11	12	14

Pour ce jeu de données, $\tilde{x} = (y_{10} + y_{11})/2 = 9{,}5, q_1 = (0{,}75)\, y_5 + (0{,}25)\, y_6 = 8{,}25$, $q_3 = (0{,}25)\, y_{15} + (0{,}75)\, y_{16} = 10$ et $\text{DIQ} = 1{,}75$. Les diagrammes en boîte à moustaches sont présentés dans la figure 9.4. Les échantillons semblent avoir des tendances centrales similaires. Les tailles de nichées de la deuxième région sont moins dispersées comparativement à celles de la première région. En outre, la taille de la nichée de 14 dans l'échantillon 2 est une observation aberrante lorsqu'on la compare aux autres tailles de nichées de la même région, puisqu'elle excède la clôture située à $q_3 + 1{,}5\,\text{DIQ} = 12{,}625$.

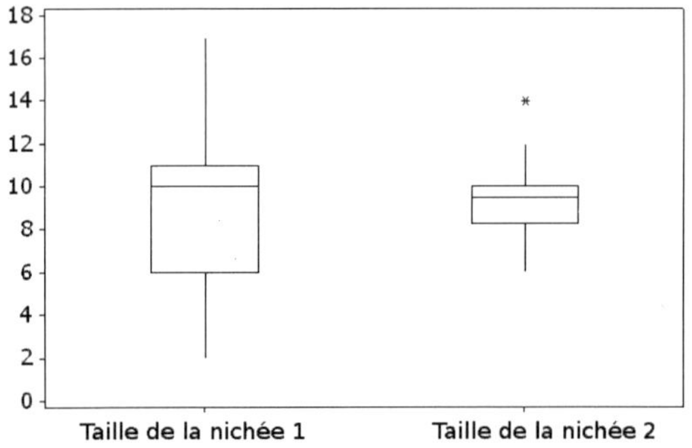

FIGURE 9.4 Diagrammes en boîte à moustaches côte à côte

Une autre mesure commune pour la tendance centrale de la distribution est la *moyenne de l'échantillon* $\overline{x}$ définie comme la moyenne arithmétique des n observations :

$$\overline{x} = \frac{x_1 + \ldots + x_n}{n} = \frac{\sum_{i=1}^{n} x_i}{n}.$$

Si nous plaçons une masse de $1/n$ à la valeur de x_i, la moyenne de l'échantillon peut être interprétée comme le centre de masse.

Pour des distributions symétriques ou faiblement asymétriques, la moyenne est souvent l'indication la plus commune de la tendance centrale puisque toutes les valeurs ont un effet sur la valeur de la moyenne. Alors, pourquoi devrions-nous examiner la médiane ? La moyenne peut être affectée par des valeurs extrêmes, c'est-à-dire que la valeur de la moyenne peut être décalée vers ces extrêmes. Donc, il est possible que la moyenne ne donne pas une représentation précise du centre de la distribution dans la présence de valeurs extrêmes. La figure 9.5 démontre cette idée.

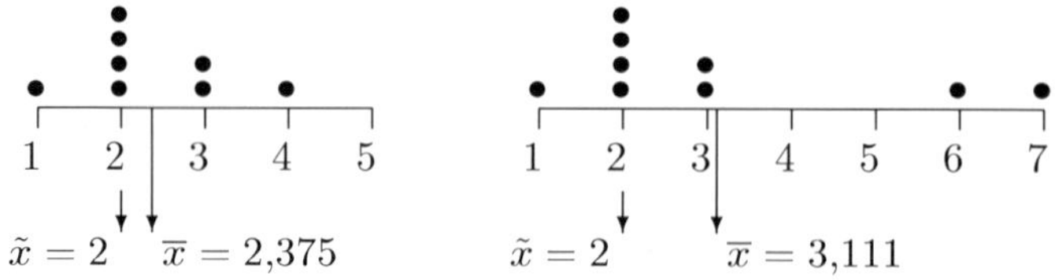

FIGURE 9.5 Tendances centrales

Puisque seulement les valeurs du milieu ont un effet sur la médiane, la médiane n'est pas affectée par les valeurs extrêmes. Ceci veut dire que, pour des distributions qui sont grandement asymétriques ou des distributions avec des valeurs extrêmes, la médiane est souvent la mesure la plus adéquate pour définir la tendance centrale.

Lorsque la moyenne est utilisée comme une indication du centre, nous considérons habituellement la variance de l'échantillon et/ou l'écart-type comme une mesure de la dispersion ou de la variabilité. La *variance de l'échantillon* est définie comme suit :

$$s^2 = \frac{\sum_{i=1}^{n}(x_i - \overline{x})^2}{n-1} = \frac{(\sum_{i=1}^{n} x_i^2) - (\sum_{i=1}^{n} x_i)^2/n}{n-1}.$$

Pour une distribution plus dispersée, les déviations au carré plus grandes (en moyenne) se traduisent en de plus grandes variances.

La variance est mesurée en unités au carré. Pour obtenir une mesure de la dispersion mesurée dans les mêmes unités que la variable, nous calculons la racine carrée de la variance. Le résultat est appelé l'*écart-type de l'échantillon* et est noté par s. Parfois la moyenne et l'écart-type sont combinés pour créer un intervalle d'un écart-type autour de la moyenne : $\overline{x} \pm s$.

Exemple 9.5. Référons-nous aux exemples 9.3 et 9.5 sur les tailles de nichées de colverts. Pour l'échantillon 1, la taille moyenne de la nichée est $\overline{x}_1 = \sum_{i=1}^{15} x_i/15 = 132/15 = 8{,}8$ et l'écart-type est

$$s_1 = \sqrt{\frac{(1372) - (132)^2/15}{15-1}} = 3{,}88.$$

Donc, la taille d'une nichée typique dans cette région se situe entre $\overline{x}_1 - s_1 = 8{,}8 - 3{,}88 = 4{,}92$ et $\overline{x}_1 + s_1 = 8{,}8 + 3{,}88 = 12{,}68$. Des calculs similaires pour l'échantillon 2 donnent $\overline{x}_2 = 9{,}45$ et $s_2 = 1{,}731$. Donc, la taille d'une nichée typique pour la deuxième région se situe entre 7,719 et 11,181. Les tailles de nichées ont tendance à être plus grandes dans la région 2 et sont beaucoup moins dispersées. Ceci est cohérent avec notre description dans l'exemple 9.4.

Souvent les scientifiques travaillent avec des unités logarithmiques telles que le pH, les décibels et l'échelle de Richter. L'application de la transformation logarithmique peut parfois être utile lorsque nous analysons et décrivons des données. Si la distribution de fréquences a une asymétrie positive, l'application d'une transformation logarithmique aux observations change la forme de la distribution. Avec un peu de chance, la distribution des valeurs sur une échelle logarithmique peut être approximativement symétrique. Si c'est le cas, la moyenne et l'écart-type sont des mesures signifiantes du centre et de la dispersion de la variable transformée, respectivement. En calculant l'exponentielle de ces statistiques, nous obtenons la *moyenne géométrique* :

$$g = e^{\overline{y}} = e^{\frac{1}{n}(\ln(x_1)+\ln(x_2)+\ldots+\ln(x_n))} = e^{\ln(x_1\, x_2 \cdots x_n)^{1/n}} = (x_1\, x_2 \cdots x_n)^{1/n}$$

et l'*écart-type géométrique* e^{s_y} où

$$s_y = \sqrt{\frac{1}{n-1}\sum_{i=1}^{n}(y_i - \overline{y})^2}$$

est l'écart-type des mesures logarithmiques $y_i = \ln x_i, i = 1, \ldots, n$. Pour résumer la moyenne géométrique et l'écart-type géométrique avec un intervalle, nous créons premièrement l'intervalle $\overline{y} \pm s_y$ d'un écart-type de la moyenne pour les valeurs $y_1, \ldots, y_n$ et nous calculons ensuite l'exponentielle. Nous obtenons $g\, e^{\pm s_y} = [g/e^{s_y}, g\, e^{s_y}]$.

Exemple 9.6. Considérons un échantillon de $n = 250$ temps de survie après le diagnostic d'un certain type de cancer. Les données se trouvent dans le fichier *SurvivalTimes.txt*. Habituellement, la distribution de temps de survie a une asymétrie positive. Nous voulons décrire les tendances centrales et la dispersion de ces temps de survie. La figure 9.6 présente l'histogramme des temps de survie en mois. La moyenne est 16,24 mois et l'écart-type est 21,46 mois. La médiane est 9,45 mois et la distance interquartile est 13,45 mois. La distribution est grandement asymétrique, et la moyenne est presque deux fois plus grande que la médiane.

Puisque la distribution est fortement asymétrique, nous utilisons une transformation logarithmique naturelle des observations et nous produisons l'histogramme dans la figure 9.7. La distribution du log naturel semble

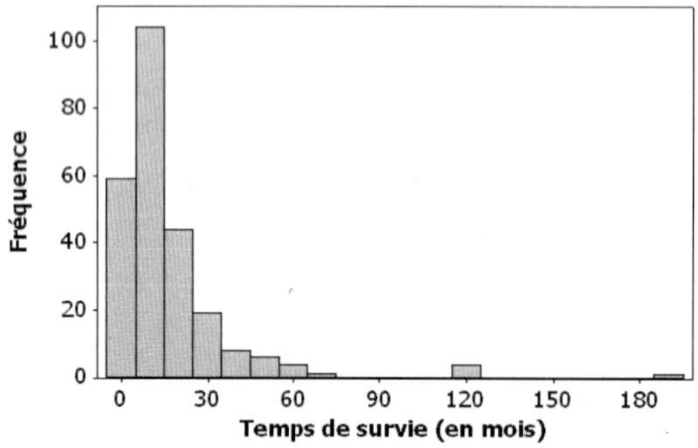

FIGURE 9.6 Distribution des temps de survie

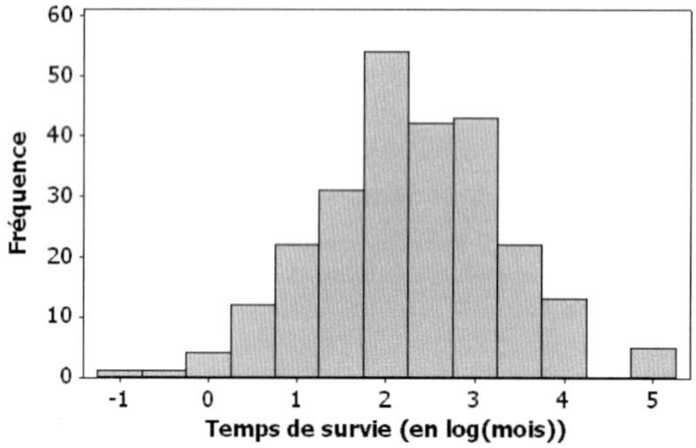

FIGURE 9.7 Distribution des logarithmes des temps de survie

être approximativement symétrique. Sa moyenne est 2,2659 et son écart-type est 1,0306. Lorsque nous prenons l'exponentielle des statistiques des valeurs logarithmiques, nous obtenons les mesures sur l'échelle originale. Les résultats sont une moyenne géométrique de $g = e^{2,2659} = 9{,}64$ mois et un écart-type géométrique de $e^{s_y} = 2{,}80$ mois. Donc, les temps de survie typiques sont entre $g/e^{s_y} = 3{,}44$ mois et $g\,e^{s_y} = 26{,}99$ mois.

Nous terminons cette section avec des techniques qui décrivent les associations entre deux variables quantitatives. Nous considérons deux exemples. Dans l'exemple 9.7, nous décrivons l'association entre la grandeur des mères et de leurs filles. Ceci est un exemple d'association linéaire positive dans lequel les grandeurs des filles ont tendance à augmenter avec celles des mères. Dans l'exemple 9.8, nous examinons la relation entre le nombre de grippes et le dosage de vitamine C. Ceci est un exemple d'association linéaire négative. Au fur et à mesure que le dosage de vitamine C augmente, le nombre de grippes a tendance à diminuer en moyenne.

Considérons n observations jumelées (x_i, y_i), pour $i = 1, \ldots, n$, d'une paire (X, Y) de variables aléatoires. Pour décrire l'association linéaire entre les deux variables, nous utilisons la *covariance de l'échantillon*

$$s_{xy} = \frac{\sum_{i=1}^{n}(x_i - \overline{x})(y_i - \overline{y})}{n-1} = \frac{(\sum_{i=1}^{n} x_i\, y_i) - (1/n)(\sum_{i=1}^{n} x_i)(\sum_{i=1}^{n} y_i)}{n-1}.$$

S'il y a une association linéaire positive entre X et Y, pour les valeurs x_i qui sont plus grandes (ou respectivement plus petites) que $\overline{x}$, les valeurs y_i correspondantes devraient avoir tendance à être plus grandes (ou respectivement plus petites) que $\overline{y}$, ce qui indique que la covariance devrait être positive. Cependant, pour une association linéaire négative, les valeurs x_i qui sont plus grandes (ou respectivement plus petites) que $\overline{x}$ auront tendance à correspondre à des valeurs y_i qui sont plus petites (ou respectivement plus grandes) que $\overline{y}$, ce qui indique que la covariance devrait être négative. Une meilleure interprétation est obtenue en utilisant une statistique alternative basée sur la covariance, appelée la *corrélation de l'échantillon* :

$$r_{xy} = \frac{s_{xy}}{s_x\, s_y},$$

où s_x et s_y sont les écarts-types respectifs des échantillons. La corrélation de l'échantillon est aussi nommée la *corrélation de Pearson*. La corrélation de l'échantillon satisfait aux propriétés suivantes qui justifient sa pertinence comme mesure descriptive d'association linéaire :

- Elle est invariable aux transformations linéaires. Autrement dit, la corrélation demeure la même, même si nous mesurons la hauteur en millimètres, en centimètres ou en mètres.
- Elle a le même signe que la covariance. Donc, elle est négative pour les associations linéaires négatives et positive pour les associations linéaires positives.
- Une corrélation se situe toujours entre -1 et 1. Elle est égale à 1 ou -1 si et seulement si les points $(x_1, y_1), \ldots, (x_n, y_n)$ sont exactement sur une droite. En outre, s'il n'y a pas d'association entre X et Y, la corrélation devrait être près de 0. Dans la section 15.1, nous démontrerons comment interpréter des corrélations qui ne sont pas près de 0 ou ± 1, en utilisant une mesure qui se nomme le *coefficient de détermination*.

ATTENTION : Si la relation entre X et Y n'est pas linéaire, une simple corrélation n'a aucune signification. Dans la section 15.2, nous examinerons un exemple dans lequel il y a une forte association entre deux variables, mais où la corrélation est près de zéro.

Exemple 9.7. Les données ci-dessous représentent les grandeurs (en cm) pour un échantillon de $n = 12$ paires de mères et filles.

	Grandeur					
Fille	160	165	156	169	152	156
Mère	163	165	162	161	161	160
Fille	162	156	161	160	164	162
Mère	164	159	164	161	163	168

La figure 9.8 présente le nuage de points de la grandeur Y de la fille contre la grandeur X de la mère. Il semble y avoir une association linéaire positive entre ces deux variables. La covariance de l'échantillon est $s_{xy} =$ 4,9318, et les écarts-types respectifs sont $s_x = 2{,}4664$ et $s_y = 4{,}6928$. La corrélation de l'échantillon entre la grandeur des filles et des mères est égale à $r_{xy} = s_{xy}/(s_x\, s_y) = 0{,}426$.

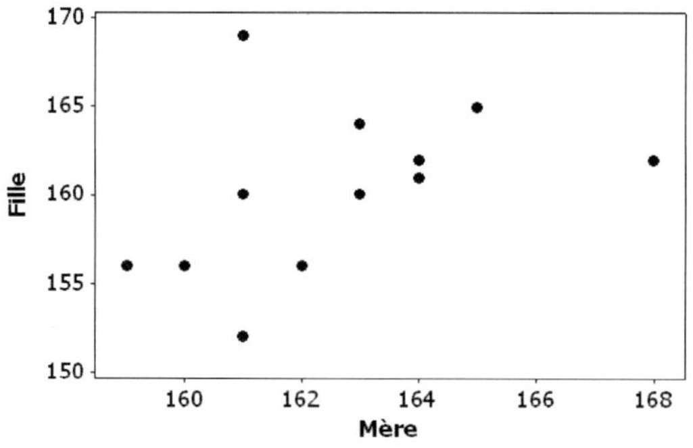

FIGURE 9.8 Nuage de points pour les grandeurs de mères et filles (paires)

Exemple 9.8. Considérons une expérience dans laquelle différents dosages de vitamine C (en mg) ont été donnés aléatoirement aux sujets. Pour chaque sujet, nous comptons le nombre de fois que cette personne contracte un rhume pendant une période de trois ans. Voici les données :

Dosage (en mg)	Nombre de rhumes				
0	12	10	10	15	14
15	14	7	8	11	9
30	10	12	9	8	11
50	7	10	8	4	6

La figure 9.9 présente le diagramme de dispersion du nombre Y de rhumes par rapport au dosage quotidien X de vitamine C. Il semble y avoir une association linéaire négative entre X et Y. La covariance de l'échantillon est $s_{xy} = -34{,}0132$ et les écarts-types respectifs sont $s_x = 18{,}9789$ et $s_y = 2{,}8074$. La corrélation de l'échantillon entre ces deux variables est égale à $r_{xy} = -0{,}638$.

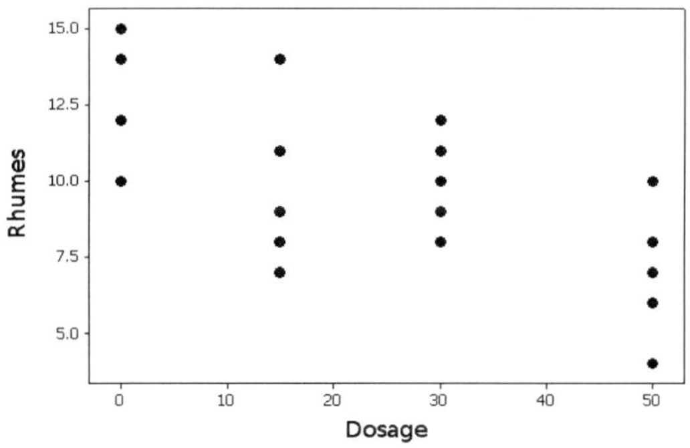

FIGURE 9.9 Nombre de rhumes par rapport au dosage de vitamine C

9.2 Distribution d'échantillonage et estimation ponctuelle

Dans le cadre de la méthode scientifique, les chercheurs considèrent des hypothèses qui doivent être testées avec des expériences. Ce processus implique souvent de prendre n mesures indépendantes ou de créer un échantillon aléatoire de taille n. Par exemple, nous choisissons n sujets et identifions leur groupe sanguin ou nous choisissons n petites surfaces dans un champ et nous comptons le nombre de larves de coléoptères.

Définition 9.1. Nous modélisons chaque observation comme une variable aléatoire. Nous notons la variable aléatoire pour la $i^{\text{ième}}$ épreuve par X_i. Nous supposons que les variables aléatoires sont indépendantes. Si nous répétons la même expérience pour chaque épreuve, nous disons que les variables aléatoires $X_1, X_2, \ldots, X_n$ sont distribuées de façon identique. La loi de probabilité commune est appelée la **population**. Si $X_1, \ldots, X_n$ sont indépendants et distribués de façon identique, nous disons qu'elles sont un **échantillon aléatoire** de taille n d'une population donnée.

Nous nous intéressons souvent à l'estimation de certains paramètres de la population. Voici quelques exemples de paramètres :
- la moyenne μ de la population ;
- la variance σ^2 (ou l'écart-type σ) de la population ;
- la proportion p d'individus de la population qui démontrent une certaine caractéristique.

Pour estimer un paramètre θ de la population, nous utilisons une fonction de l'échantillon aléatoire $X_1, \ldots, X_n$. La définition suivante découle de ce fait.

Définition 9.2. Une fonction d'un échantillon aléatoire $X_1, \ldots, X_n$ est appelée une **statistique**. Si la statistique

$$\widehat{\Theta} = h(X_1, X_2, \ldots, X_n)$$

est utilisée pour estimer le paramètre θ de la population, nous disons que $\widehat{\Theta}$ est un **estimateur ponctuel** de θ. Notons que $\widehat{\Theta}$ est une variable aléatoire puisqu'elle est une fonction de variables aléatoires et suit une loi de probabilité. La loi de probabilité d'une statistique est nommée la **distribution d'échantillonage**. La valeur observée de la variable aléatoire $\widehat{\Theta}$, qui est $\widehat{\theta} = h(x_1, x_2, \ldots, x_n)$, est appelée une **estimation ponctuelle** de θ.

Voici quelques statistiques communes :
- Un estimateur ponctuel pour la moyenne μ de la population est la *moyenne de l'échantillon* $\overline{X}$, définie comme :

$$\overline{X} = \frac{\sum_{i=1}^{n} X_i}{n}.$$

- Un estimateur ponctuel pour la variance σ^2 de la population est la *variance de l'échantillon* S^2, définie comme :

$$S^2 = \frac{\sum_{i=1}^{n}(X_i - \overline{X})^2}{n-1} = \frac{(\sum_{i=1}^{n} X_i^2) - (\sum_{i=1}^{n} X_i)^2/n}{n-1}.$$

- Un estimateur ponctuel pour l'écart-type σ de la population est l'*écart-type de l'échantillon* $S = \sqrt{S^2}$.
- Un estimateur ponctuel pour la proportion p est la *proportion de l'échantillon* $\widehat{p}$, définie comme suit :

$$\widehat{p} = \frac{Y}{n},$$

où Y est le nombre d'individus dans l'échantillon qui ont la caractéristique désirée et où n est la taille de l'échantillon.

Exemple 9.9. Considérons les données sur les tailles de nichées présentées dans l'exemple 9.3. Un estimateur ponctuel pour la taille moyenne de la nichée de la population est $\hat{\mu} = \overline{x} = 8{,}8$ et un estimateur ponctuel pour l'écart-type des tailles de nichées de la population est $\widehat{\sigma} = \sqrt{s^2} = 3{,}88$. Un estimateur ponctuel pour la proportion p de la population des tailles de nichées de moins de 6 est $\widehat{p} = y/n = 3/15 = 0{,}2$, où $y = 3$ représente le nombre observé de nichées de moins de 6 et $n = 15$ est la taille de l'échantillon.

Voici un résumé concernant certaines propriétés de l'espérance et de la variance. Les résultats sont utilisés pour étudier les propriétés des estimateurs.

Proposition 9.1. Considérons les variables aléatoires $X_1, X_2, \ldots, X_n$ et les constantes réelles $c_0, c_1, \ldots, c_n$. Soit $Y = c_1 X_1 + \ldots + c_n X_n$, donc

$$E(Y) = c_1 E(X_1) + \ldots + c_n E(X_n).$$

Par ailleurs, si $X_1, X_2, \ldots, X_n$ sont indépendants, alors

$$\mathrm{Var}(Y) = c_1^2 \mathrm{Var}(X_1) + \ldots + c_n^2 \mathrm{Var}(X_n).$$

Comme cas spécial, si X est une variable aléatoire,

$$E(c_0 X) = c_0 E(X) \quad \text{et} \quad \mathrm{Var}(c_0 X) = c_0^2 \mathrm{Var}(X).$$

Exemple 9.10. Considérons un échantillon aléatoire $X_1, \ldots, X_n$ d'une population avec une moyenne μ et une variance σ^2, c'est-à-dire $E(X_i) = \mu$ et $\mathrm{Var}(X_i) = \sigma^2$, pour $i = 1, \ldots, n$. Alors,

$$\begin{aligned} E(\overline{X}) &= E\left(\frac{1}{n}X_1 + \ldots + \frac{1}{n}X_n\right) \\ &= \frac{1}{n}E(X_1) + \cdots + \frac{1}{n}E(X_n) \\ &= n\,\frac{1}{n}\mu = \mu \end{aligned}$$

et

$$\begin{aligned}\operatorname{Var}(\overline{X}) &= \operatorname{Var}\left(\frac{1}{n}X_1 + \ldots + \frac{1}{n}X_n\right) \\ &= \left(\frac{1}{n}\right)^2 \operatorname{Var}(X_1) + \cdots + \left(\frac{1}{n}\right)^2 \operatorname{Var}(X_n) \\ &= n\left(\frac{1}{n}\right)^2 \sigma^2 = \frac{\sigma^2}{n}.\end{aligned}$$

Exemple 9.11. Soit Y le nombre d'individus qui ont une certaine caractéristique dans un échantillon de taille n. Puisque chaque individu a la même probabilité p d'avoir cette caractéristique, Y suit une loi binomiale de n épreuves et de probabilité p de succès. Soit $\hat{p} = Y/n$. Donc,

$$E(\hat{p}) = \frac{1}{n}E(Y) = \frac{1}{n}n\,p = p$$

et

$$\operatorname{Var}(\hat{p}) = \frac{1}{n^2}\operatorname{Var}(Y) = \frac{1}{n^2}n\,p\,(1-p) = \frac{p\,(1-p)}{n}.$$

Lorsque la valeur espérée d'un estimateur est égale à la valeur du paramètre qu'il estime, nous disons que l'estimateur est *non biaisé*. Les exemples 9.10 et 9.11 démontrent que la moyenne de l'échantillon $\overline{X}$ est un estimateur non biaisé de la moyenne μ de la population et que la proportion de l'échantillon $\widehat{p}$ est un estimateur non biaisé de la proportion p de la population. Il peut aussi être démontré que la variance de l'échantillon S^2 est un estimateur non biaisé de la variance σ^2 de la population.

Notons que $\operatorname{Var}(\overline{X})$ et $\operatorname{Var}(\widehat{p})$ deviennent très petits au fur et à mesure que la taille de l'échantillon augmente. Ceci veut dire que la loi de probabilité de l'estimateur devient plus concentrée autour de la valeur du paramètre inconnu, au fur et à mesure que la taille de l'échantillon augmente.

Lorsque nous faisons une estimation, il est important de donner une mesure de l'erreur. Une manière commune de mesurer l'erreur de l'estimation est d'utiliser l'écart-type de l'estimateur. Ceci s'appelle l'*erreur-type de l'estimateur*. L'erreur-type est souvent une fonction de certains paramètres inconnus. Si nous substituons le paramètre inconnu par son estimateur ponctuel, nous obtenons l'*erreur-type estimée*, que nous notons par $s\{\widehat{\Theta}\}$. L'erreur-type estimée pour la moyenne et la proportion sont, respectivement :

$$s\{\overline{X}\} = \frac{s}{\sqrt{n}} \quad \text{et} \quad s\{\widehat{p}\} = \sqrt{\frac{\widehat{p}\,(1-\widehat{p})}{n}}.$$

Cette section se conclut par une discussion des distributions d'échantillonage. Nous verrons, dans les sections suivantes, que si nous connaissons (ou que nous connaissons approximativement) la distribution d'échantillonage d'un estimateur, nous pouvons établir des estimations par intervalle (dites intervalles de confiance). Ces intervalles nous donnent un meilleur aperçu de l'erreur de l'estimation par rapport à l'erreur-type.

Proposition 9.2. Soit $X_1, X_2, \ldots, X_n$ des variables aléatoires normales indépendantes. Donc, $Y = c_1\, X_1 + \ldots + c_n\, X_n$ est aussi une variable aléatoire normale.

La loi normale est souvent utilisée comme modèle de population. Cette hypothèse de normalité est souvent raisonnable. Dans la section 9.3, nous discuterons de quelques techniques graphiques pour vérifier cette hypothèse. Le prochain résultat démontre que, si une population est normale, la moyenne de l'échantillon suit aussi une loi normale.

Proposition 9.3. Considérons un échantillon aléatoire $X_1, \ldots, X_n$ d'une population normale avec une moyenne μ et une variance σ^2. En lien avec la proposition 9.2, la moyenne de l'échantillon $\overline{X}$ suit une loi normale, c'est-à-dire que

$$\overline{X} = \frac{X_1 + \ldots + X_n}{n} \sim N\left(\mu, \sigma^2/n\right) \quad \text{et} \quad \frac{\overline{X} - \mu}{\sigma/\sqrt{n}} \sim N(0,1).$$

Notons qu'en centrant et en réduisant la moyenne de l'échantillon, nous avons utilisé l'écart-type de la population σ. Puisque σ est généralement inconnu, nous utilisons plutôt l'écart-type de l'échantillon S. Dans ce cas, nous appellons le processus de centralisation et de réduction une *studentisation*, qui est

$$T = \frac{\overline{X} - \mu}{S/\sqrt{n}}.$$

Proposition 9.4. Si $X_1, \ldots, X_n$ est un échantillon aléatoire d'une population normale, la variable studentisée T suit une **loi T** avec $n - 1$ degrés de liberté. Nous notons cette loi par $T(n-1)$.

Dans la figure 9.10, une superposition de la densité de quelques lois T avec des degrés de liberté différents est présentée. La loi T a une densité symétrique semblable à la loi normale, mais la loi de T est plus dispersée que la loi normale centrée et réduite. Au fur et à mesure que les degrés de

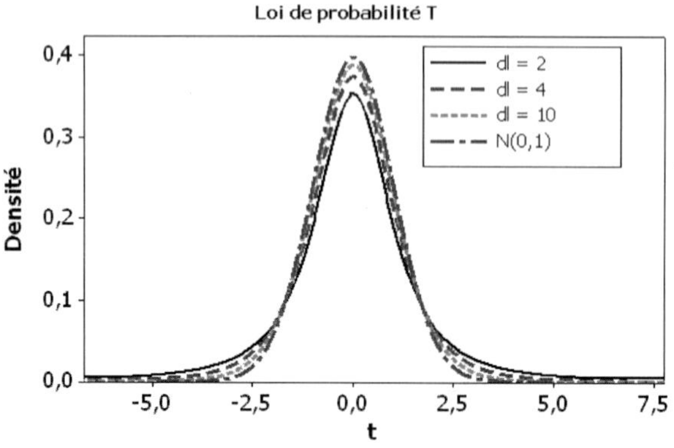

FIGURE 9.10 Densité pour la loi T avec plusieurs degrés de liberté

liberté augmentent, la loi T devient plus concentrée autour de la moyenne de zéro. En effet, au fur et à mesure que les degrés de liberté augmentent, la loi T se rapproche de la loi normale.

Le tableau 17.4 présente des quantiles pour la loi T. Par exemple, dans la rangée pour $\nu = 5$ degrés de liberté, nous trouvons le quantile supérieur $t_{0,05;\nu} = 2{,}015$. Référez-vous à la figure 9.11 pour l'illustration de ce quantile. Nous interprétons le quantile de la façon suivante : si T suit une loi $T(5)$, alors $P(T > 2{,}015) = 0{,}05$. Notons que le tableau contient seulement les quantiles positifs. Puisque la loi est symétrique, nous pouvons conclure que $P(T < -2{,}015) = 0{,}05$. Nous pouvons donc obtenir les probabilités associées aux valeurs négatives en utilisant un argument provenant de la symétrie.

Exemple 9.12. Supposons que le gain de poids en 14 jours pour un rat suivant une certaine diète peut être modélisé comme une variable aléatoire normale avec une moyenne de 100 grammes et un écart-type de 30 grammes. Supposons que nous avons un échantillon aléatoire de $n = 25$ rats.

Nous voulons trouver la probabilité que le gain de poids moyen pour ces 25 rats soit de plus de 110 grammes. Selon la proposition 9.3, nous savons que la moyenne de l'échantillon $\overline{X}$ suit une loi normale avec une moyenne $\mu = 100$ grammes et un écart-type $\sigma/\sqrt{n} = 30/\sqrt{25} = 6$. En utilisant la

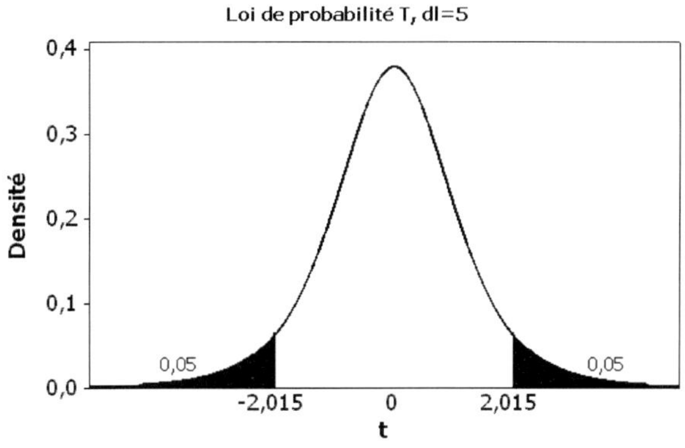

FIGURE 9.11 Un quantile inférieur et supérieur de la loi T

proposition 7.1 et le tableau 17.3, nous pouvons calculer la probabilité que la moyenne de l'échantillon du gain de poids $\overline{X}$ soit plus grande que 110 grammes :

$$P(\overline{X} > 110) = 1 - \Phi\left(\frac{110 - 100}{6}\right) = 1 - \Phi(1{,}67) = 0{,}0475.$$

Notons que $(110 - 100)/6 = 1{,}66667$, qui est arrondi à 1,67. En utilisant un logiciel de calcul statistique, nous obtenons une réponse encore plus précise : $P(\overline{X} > 110) = 0{,}04779035$.

Nous voulons trouver la probabilité que la studentisation du gain de poids moyen soit inférieure à $-2{,}5$. La studentisation de la moyenne de l'échantillon $\overline{X}$ est $T = (\overline{X} - \mu)/(S/\sqrt{n})$, qui suit une loi de $T(24)$. Nous voulons calculer la probabilité $p = P(T < -2{,}5)$. Nous pouvons calculer cette probabilité en utilisant un logiciel de calcul statistique. Dans ce cas, la réponse est $p = 0{,}009827$. D'une façon alternative, nous pouvons utiliser le tableau 17.4 pour estimer cette probabilité. Premièrement, nous commençons avec un argument de symétrie, puisque la loi T est symétrique autour de 0, $p = P(T > 2{,}5)$. Nous utilisons la rangée $\nu = 24$ degrés de liberté et nous essayons ensuite de trouver les quantiles les plus près de 2,5. Nous trouvons $t_{0{,}01;24} = 2{,}492$ et $t_{0{,}005;24} = 2{,}797$. Ceci veut dire que $P(T > 2{,}492) = 0{,}01$ et $P(T > 2{,}797) = 0{,}005$. Donc, $0{,}005 < p < 0{,}01$.

Rappelons-nous que la distribution d'échantillonage de la moyenne de l'échantillon est normale lorsque nous travaillons avec un échantillon aléatoire provenant d'une population normale et que sa studentisation suit une loi T. Pouvons-nous déclarer quelque chose à propos de la distribution d'échantillonage de la moyenne de l'échantillon dans le cas où la loi normale n'est pas un modèle raisonnable pour la population ? Étonnamment, la réponse est OUI, tant et aussi longtemps que l'échantillon est assez grand. Plus précisément, nous avons le résultat suivant.

Proposition 9.5. Considérons un échantillon aléatoire $X_1, \ldots, X_n$ d'une population inconnue avec une moyenne μ et une variance σ^2. Considérons la moyenne de l'échantillon centrée et réduite ainsi que la studentisation de cette moyenne

$$Z_n = \frac{\overline{X} - \mu}{\sigma/\sqrt{n}} \quad \text{et} \quad T_n = \frac{\overline{X} - \mu}{S/\sqrt{n}},$$

respectivement. Lorsque $n \to \infty$, la distribution limite de Z_n et T_n est la normale centrée et réduite.

Le résultat pour Z_n est dit le **théorème central limite (ou de la limite centrale)**. Essentiellement, le théorème 9.5 indique que nous pouvons utiliser l'approximation normale pour calculer les probabilités associées avec la moyenne de l'échantillon :

$$P(\overline{X} \leq a) \approx \Phi\left(\frac{a - \mu}{\sigma/\sqrt{n}}\right).$$

Est-ce que l'approximation normale est bonne ? Cela dépend de la forme de la population et de la taille de l'échantillon. Si la population suit une loi normale, l'approximation est bonne même pour de petits échantillons. Cependant, si la population dévie grandement de la loi normale, une grande taille d'échantillon est requise.

Pour voir le théorème central limite en action, nous utilisons des données qui proviennent d'une loi exponentielle. Notons que cette densité a une grande asymétrie positive (voir le graphique en haut et à gauche dans la figure 9.12). Nous avons généré un échantillon aléatoire d'une taille de 5 000 et nous avons créé un histogramme. Chaque observation peut être considérée comme une moyenne d'échantillon pour un échantillon de taille $n = 1$. Nous avons superposé une densité normale sur l'histogramme pour comparer la distribution d'échantillonage des moyennes d'échantillons de taille $n = 1$ à une loi normale. Nous pouvons observer que la loi normale ne correspond pas très bien aux données (voir le graphique en haut et à droite dans la figure 9.12).

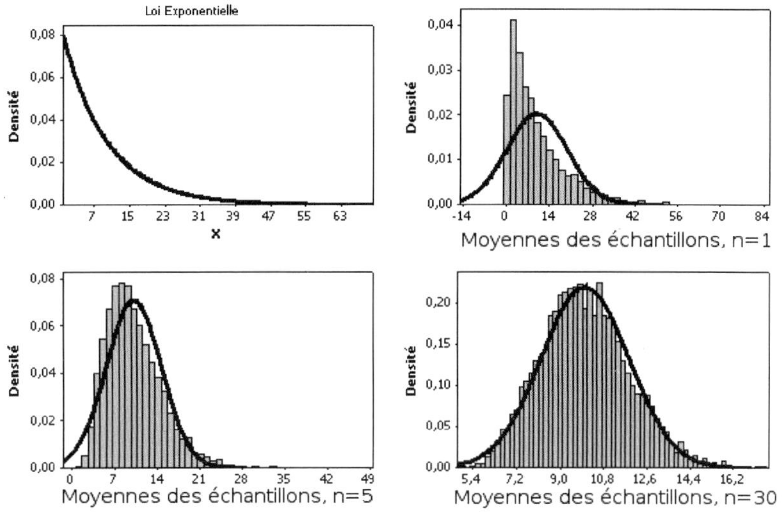

FIGURE 9.12 Distributions d'échantillonage

Pour obtenir la distribution d'échantillonage pour un échantillon de taille $n = 5$, nous avons généré $n = 5$ observations de la même loi exponentielle et nous avons calculé la moyenne. Nous avons répliqué ce processus 5 000 fois et nous avons graphiquement représenté ces 5 000 moyennes d'échantillons de taille $n = 5$. Le résultat est le graphique en bas et à gauche dans la figure 9.12. Nous voyons que dans ce cas, la loi normale correspond mieux à la distribution d'échantillonage de la moyenne d'échantillon. Cependant, la distribution d'échantillonage a une faible asymétrie positive.

Finalement, le même processus est répété dans le graphique en bas et à droite dans la figure 9.12, pour obtenir la distribution d'échantillonage pour une moyenne d'échantillon de taille $n = 30$. Dans ce cas, la distribution d'échantillonage semble suivre approximativement une loi normale. Ceci veut dire que, même si la population a une grande asymétrie positive, avec un échantillon de taille suffisante, la distribution d'échantillonage de la moyenne d'échantillon est approximativement normale.

Exemple 9.13. Supposons que nous mesurons la croissance de $n = 25$ plantes qui ont poussé dans certaines conditions pendant un mois. Supposons qu'une telle croissance peut être modélisée comme une variable aléatoire avec une moyenne de 7 cm et un écart-type de 1,5 cm. La probabilité approximative que la croissance moyenne des 25 plantes soit entre 6 cm et 8 cm est

$$\begin{aligned} P(6 < \overline{X} < 8) &\approx \Phi\left(\frac{8-7}{1{,}5/\sqrt{25}}\right) - \Phi\left(\frac{6-7}{1{,}5/\sqrt{25}}\right) \\ &= \Phi(3{,}33) - \Phi(-3{,}33) = 0{,}9992. \end{aligned}$$

Nous avons utilisé le fait que $\Phi(3{,}33) = 0{,}9996$ et $\Phi(-3{,}33) = 0{,}0004$ du tableau 17.3 et du tableau 17.2, respectivement.

9.3 Vérifier la normalité

Dans les prochains chapitres, nous utiliserons fréquemment une loi normale comme modèle de la vraie distribution d'une variable. Dans cette section, nous discutons de certaines techniques pour évaluer la validité d'une telle hypothèse.

Les deux techniques dont nous discutons sont visuelles : l'histogramme et la *diagramme quantile-quantile.* Nous débutons la discussion avec l'histogramme puisque ce concept nous est familier. Si la variable suit une loi normale, nous nous attendons à ce que la forme de l'histogramme soit unimodale et symétrique. Pour faciliter la visualisation de la courbe normale, nous pouvons superposer la fonction de densité d'une variable aléatoire normale avec la même moyenne et variance que l'échantillon sur un histogramme de densité.

Exemple 9.14 (Abondance des espèces). L'abondance des espèces est un index pour décrire une communauté biologique et est définie comme le nombre d'individus par espèces. Nous avons créé un échantillon de $n = 500$ espèces dans une forêt donnée. La figure 9.13 présente l'histogramme pour l'abondance des espèces. L'histogramme est hautement asymétrique. L'abondance des espèces ne semble pas suivre une loi normale. Ci-dessous se trouve un résumé des données :

Abondance des espèces	Fréquence	Abondance des espèces	Fréquence
1	90	10	8
2	111	11	8
3	83	12	3
4	60	13	1
5	48	14	3
6	32	15	1
7	23	16	1
8	13	18	2
9	12	21	1

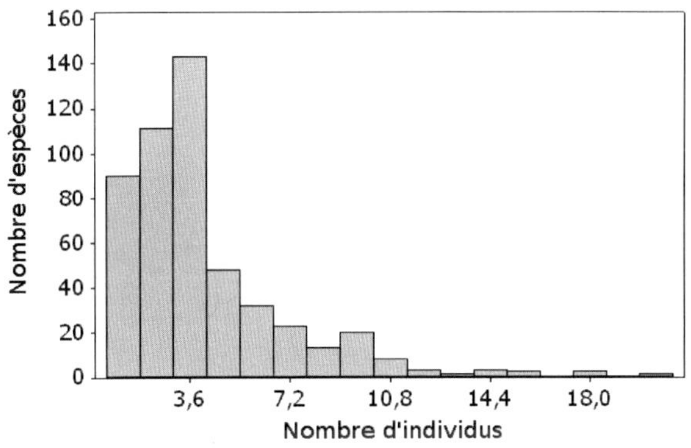

FIGURE 9.13 Histogramme pour l'abondance des espèces

Un autre outil visuel qui est utile pour évaluer la normalité est appelé le *diagramme quantile-quantile* (ou un diagramme à échelle fonctionnelle normale). Supposons que nous pouvons modéliser la distribution d'une variable aléatoire X avec une loi normale, c'est-à-dire $X \sim N(\mu, \sigma^2)$. Selon la proposition 7.1,

$$Z = \frac{X - \mu}{\sigma} = \frac{1}{\sigma}X - \frac{\mu}{\sigma} \sim N(0, 1).$$

Ceci démontre qu'il y a un lien linéaire entre X et Z. Si un échantillon $x_1, \ldots, x_n$ est généré à partir d'une loi normale, il devrait être possible d'observer cette relation linéaire.

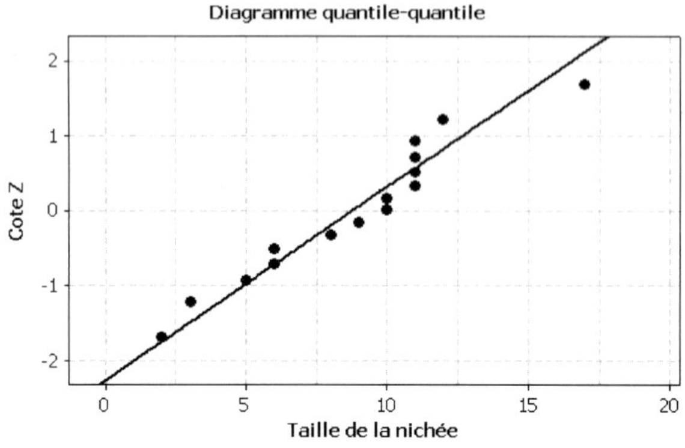

FIGURE 9.14 Diagramme quantile-quantile pour la taille d'une nichée de l'exemple 9.3

Supposons que nous avons un échantillon $x_1, \ldots, x_n$. Les statistiques d'ordre $y_1 \leq y_2 \leq \cdots \leq y_n$ sont obtenues en réarrangeant les observations en ordre croissant. L'*ordre relatif* de la $i^{\text{ème}}$ statistique d'ordre est défini comme

$$p_i = \frac{i - 3/8}{n + 1/4}.$$

Considérons la variable des tailles de nichées de l'exemple 9.3. La valeur de la statistique de 3e ordre est $y_3 = 5$ qui a un ordre relatif de $p_3 = (3 - 3/8)/(15 + 1/4) = 0{,}172131$. Ceci veut dire qu'approximativement 17,21% des observations sont inférieures ou égales à 5.

Soit z_i un quantile de la loi normale centrée et réduite d'ordre p_i pour $i = 1, \ldots, n$, c'est-à-dire que z_i est une valeur telle que $P(Z \leq z_i) = p_i$. Nous créons le diagramme quantile-quantile en dessinant les points (y_i, z_i) pour $i = 1, \ldots, n$. Si les données suivent une loi normale, il devrait y avoir une tendance linéaire. Pour aider à identifier cette tendance linéaire, nous pouvons ajouter la droite d'ajustement avec une pente de $1/s$ et un point d'intersection $-\overline{x}/s$, où $\overline{x}$ et s représentent la moyenne de l'échantillon et l'écart-type de l'échantillon, respectivement.

Dans la figure 9.14, nous avons présenté le diagramme quantile-quantile pour les tailles de nichées de l'exemple 9.3. Puisque la tendance dans un diagramme quantile-quantile semble être linéaire, il est raisonnable d'utiliser la loi normale comme modèle de probabilité pour les tailles de nichées.

Il existe un graphique équivalent au diagramme quantile-quantile qui s'appelle le *diagramme à échelle fonctionnelle normale*. Au lieu de présenter le quantile z_i, on présente souvent la probabilité cumulative associée à z_i, en tenant compte que nous devons garder l'échelle des quantiles et non celle des probabilités. Dans la figure 9.15, nous avons produit un diagramme à échelle fonctionnelle normale de l'abondance des espèces de l'exemple 9.14. Parce qu'il semble y avoir une tendance systématique de déviation de la courbe normale, nous avons ainsi des preuves contre la normalité de l'abondance des espèces.

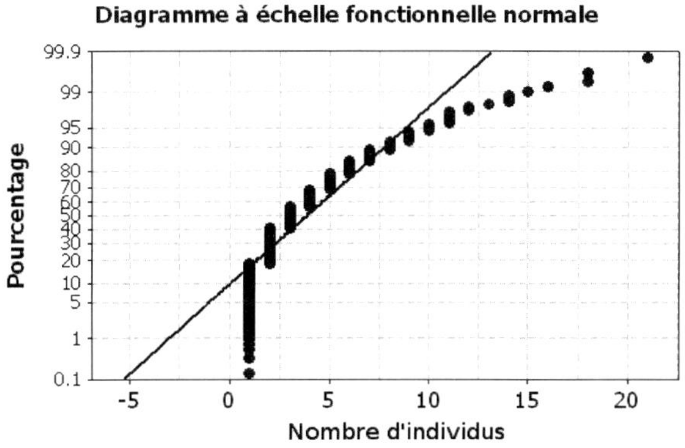

FIGURE 9.15 Diagramme à échelle fonctionnelle normale pour l'abondance des espèces de l'exemple 9.14

Lors de la comparaison des moyennes de plusieurs populations indépendantes, les statisticiens font fréquemment la supposition que les populations ont des variances égales. Un diagramme quantile-quantile ou un diagramme à échelle fonctionnelle normale peuvent être utilisés pour vérifier cette hypothèse de la constance des variances. Si nous examinons la pente d'un lien linéaire entre la variable aléatoire normale X et la variable aléatoire centrée et réduite Z, nous remarquons qu'elle dépend de l'écart-type σ de la population. En réalité, la pente est $1/\sigma$. Les diagrammes quantile-quantile et les diagrammes à échelle fonctionnelle normale des deux échantillons peuvent être utilisés pour comparer les variances.

Exemple 9.15. Nous étudions les effets de différentes méthodes d'irrigation sur le rendement des plantes de bleuets. Dix lots de plantes de bleuets sont retenus pour chaque méthode. Les données de rendement (en kg) sont présentées ci-dessous.

Méthode d'irrigation 1									
7,3	6,5	9,4	7,2	8,4	5,5	5,6	9,7	4,5	5,3

Méthode d'irrigation 2									
20,6	5,4	8,4	8,9	14,0	12,9	10,9	5,8	4,2	13,4

Comme il est démontré par les diagrammes en boîte à moustaches dans la figure 9.16, les rendements pour les différentes méthodes d'irrigation semblent avoir des variances différentes. La deuxième variable de rendement semble être plus dispersée. Nous pouvons aussi comparer les variances avec un diagramme à échelle fonctionnelle normale (voir le diagramme de droite dans la figure 9.16). Les droites ajustées ont des pentes différentes, ce qui constitue des preuves additionnelles que les variances des données des variables de rendement sont différentes.

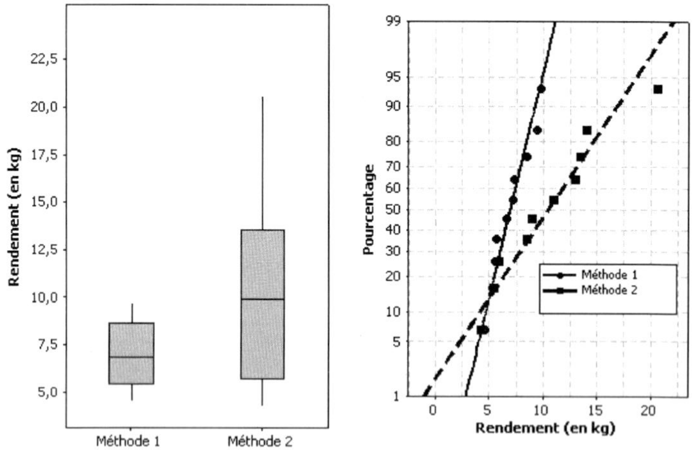

FIGURE 9.16 Diagrammes pour le rendement de l'exemple 9.15

9.4 Exercices

Exercice 9.1. L'île de la Georgie du Sud est située près de la côte ouest de l'Antarctique et est l'habitat de trois espèces de pingouins : le manchot royal, le manchot papou et le manchot à jugulaire. Les données suivantes représentent les grandeurs de 33 pingouins mesurés de l'extrémité de leur bec à l'extrémité de leur queue, chez un oiseau étendu :

Royal	Papou	Jugulaire	Royal	Papou	Jugulaire
93,2	78,5	73,2	93,1	80,4	72,5
91,2	79,2	76,3	89,5	77,3	76,3
94,1	81,2	74,5	92,1	78,4	74,9
89,3	83,5	74,9	86,7	82,3	75,2
88,6	79,1	75,2	91,3	80,4	73,7
90,5	81,5	73,1			

(a) Calculez la moyenne et l'écart-type pour chaque groupe.
(b) Trouvez la médiane, les quartiles et la distance interquartile pour chaque groupe.
(c) Créez des diagrammes en boîtes à moustaches pour les trois groupes. Qu'observez-vous ?
(d) Créez les histogrammes pour les trois groupes. Qu'observez-vous ?

Exercice 9.2. Les séquoias Redwood sont les arbres les plus gros et les plus grands sur la Terre. Ils peuvent vivre jusqu'à 3 000 ans ou plus. Le tableau suivant présente les grandeurs et les diamètres à la hauteur de poitrine (en mètres) pour un échantillon de 10 gros séquoias dans le parc national et d'État de Redwood en Californie du Nord.

Grandeur	Diamètre	Grandeur	Diamètre
93,57	7,22	80,47	6,16
91,44	6,25	95,71	6,00
97,54	7,92	99,06	6,90
103,94	7,10	65,53	5,79
87,17	7,22	77,72	6,40

(a) Calculez la moyenne et l'écart-type des grandeurs et des diamètres.
(b) Créez le nuage de points des grandeurs (x) par rapport aux diamètres (y).
(c) Calculez la covariance de l'échantillon et la corrélation de l'échantillon entre les grandeurs et les diamètres.

Exercice 9.3. «Abeille à sueur» est le nom commun pour n'importe quelle abeille qui est attirée par la sueur humaine. Les espèces les plus communes sont vertes ou rouges. Les données suivantes représentent la couleur et la longueur (en mm) de 15 abeilles à sueur :

Longueur	Couleur	Longueur	Couleur	Longueur	Couleur
7,5	rouge	7,3	rouge	9,1	vert
5,6	vert	8,2	vert	7,3	vert
6,7	rouge	7,3	rouge	5,6	rouge
6,9	rouge	8,6	vert	6,6	rouge
5,4	vert	4,8	rouge	7,5	rouge

(a) Calculez la longueur moyenne ainsi que la longueur médiane. Produisez l'histogramme et le diagramme en boîte à moustaches pour les longueurs (sans tenir compte des couleurs).
(b) Divisez les données en 2 groupes formés des abeilles vertes et des abeilles rouges. Calculez la moyenne et la médiane pour chaque groupe. Produisez les histogrammes et les diagrammes en boîte à moustaches pour chaque groupe. Qu'observez-vous ?

Exercice 9.4. Les données suivantes représentent la glycémie (en mmol/L) pour 12 personnes souffrant d'hypoglycémie (basse concentration de glucose dans le sang), avant le premier repas de la journée :

4,2 4,6 4,7 4,5 4,3 4,2 5,1 4,9 4,4 4,6 4,9 5,6

(a) Trouvez la médiane et les quartiles.
(b) Calculez la distance interquartile. Y-a-t-il des observations aberrantes ?

Exercice 9.5. Henry Cavendish a effectué une série d'expériences à la fin du 18e siècle pour mesurer la densité de la Terre (voir [37]). Ses mesures de densité de la Terre se retrouvent ci-dessous (source : Tableau 8 dans [52]).

5,50	5,55	5,57	5,34	5,42	5,30
5,61	5,36	5,53	5,79	5,47	5,75
4,88	5,29	5,62	5,10	5,63	5,68
5,07	5,58	5,29	5,27	5,34	5,85
5,26	5,65	5,44	5,39	5,46	

(a) Calculez la moyenne et la médiane pour ce jeu de données.
(b) Créez un diagramme en boîte à moustaches, un histogramme (utilisez 6 classes) et un diagramme quantile-quantile pour ces données. Commentez ces graphiques.

(c) Cavendish a effectué des changements sur ses appareils après la sixième mesure. Il considérait ces changements comme potentiellement importants. Omettez les six premières observations à partir de 5,50 à 5,55 et créez un diagramme en boîte à moustaches, un histogramme (utilisez 6 classes) et un diagramme quantile-quantile avec les données restantes. Est-ce que l'omission des six premières observations semble avoir affecté la forme de la distribution ?

Exercice 9.6. Le monoxyde de carbone est un gaz qui est hautement toxique. Les auteurs de [15] ont observé qu'il était possible d'avoir une plus haute concentration moyenne de monoxyde de carbone aux intersections urbaines, par rapport aux autoroutes qui ont des volumes de trafic plus important. Le tableau ci-dessous présente les mesures en ppm (parties par millions) pendant une période de temps fixe à deux endroits différents.

Endroit 1

7,6	13,0	8,9	9,4	7,5	8,0	11,2
11,3	10,7	10,9	12,2	11,3	11,9	12,9
11,1	10,4	6,8	9,6	10,3	11,8	11,1
11,3	7,4	8,7	8,5	7,2	7,3	8,4
13,9	10,5	10,6	11,3	11,4	15,6	
11,0	13,8	8,1	10,4	9,1	12,0	

Endroit 2

10,3	10,6	16,9	7,3	12,3	7,4	16,8
14,0	14,4	19,0	15,4	10,9	13,5	15,4
11,6	16,4	18,9	10,3	15,6	15,2	23,9
16,6	13,7	13,8	11,3	22,2	10,4	6,9
18,3	19,7	16,4	18,6	14,9	14,8	
17,0	16,5	9,4	18,5	14,2	11,3	

(a) Créez des diagrammes en boîte à moustaches côte à côte pour les concentrations de monoxyde de carbone. Décrivez ce que vous observez dans ces diagrammes.
(b) Produisez des diagrammes quantile-quantile (ou diagrammes à échelle fonctionnelle normale) superposés en utilisant chaque échantillon. Pouvez-vous comparer les variances des variables de concentration de monoxyde de carbone avec ces diagrammes ? Si oui, quelles sont vos observations ?
(c) Est-il raisonnable de supposer que la concentration de monoxyde de carbone suit une loi normale ?

Exercice 9.7. Considérez l'exemple 9.6 de temps de survie.
(a) Créez un diagramme quantile-quantile (ou un diagramme à échelle fonctionnelle normale) des temps de survie. Est-ce que le temps de survie semble suivre une loi normale ?
(b) Produisez un histogramme des temps de survie. Commentez la forme de l'histogramme.
(c) Appliquez une transformation logarithmique sur ces données. Créez un diagramme quantile-quantile (ou un diagramme à échelle fonctionnelle normale) des temps de survie transformés. Est-ce que le temps de survie transformé semble suivre une loi normale ?
(d) Produisez un histogramme des temps de survie transformés. Commentez la forme de l'histogramme.

Exercice 9.8. Ci-dessous, nous fournissons les poids d'ours grizzly femelles de différentes régions.

Endroit 1						
191	192	193	197	204	210	218
221	223	229				

Endroit 2						
159	187	196	200	204	213	219
223	242	249	276	287		

(a) Calculez la moyenne, l'écart-type, la médiane et la distance interquartile pour chaque groupe. Y-a-t-il des observations aberrantes ?
(b) Créez un histogramme pour chaque groupe et produisez des diagrammes en boîte à moustaches côte à côte. Décrivez ce que vous observez dans ces diagrammes.
(c) Produisez les diagrammes quantile-quantile pour chaque échantillon. Est-ce que les variables de poids semblent suivre une loi normale ? Démontrez comment les diagrammes quantile-quantile peuvent être utilisés pour comparer les variances des deux variables. Est-ce que vos conclusions sont en accord avec votre observation en (b) ?

Exercice 9.9. Nous voulons décrire le lien entre la masse corporelle moyenne (en kg) d'ours grizzly femelles (y) et le pourcentage de viande dans leur diète (x). Les données pour $n = 12$ différentes régions se retrouvent ci-dessous.

x	y	x	y
5	120	42	169
6	122	42	171
7	117	60	201
11	129	76	210
12	132	77	225
26	139	79	220

(a) Calculez la moyenne et l'écart-type pour la masse corporelle moyenne des ours grizzly femelles ainsi que pour le pourcentage de viande dans leur diète.
(b) Créez un nuage de points de la masse corporelle moyenne par rapport au pourcentage de viande dans la diète.
(c) Calculez la covariance de l'échantillon et la corrélation de l'échantillon entre le pourcentage de viande dans la diète et la masse corporelle moyenne chez les ours grizzly femelles.

Chapitre 10

Intervalles de confiance

Dans ce chapitre, nous développons une méthode pour estimer un paramètre inconnu dans une population donnée. Ce paramètre peut être la moyenne μ de la population, la variance σ de la population ou la proportion p d'individus avec une certaine caractéristique. Contrairement à la méthode d'estimation ponctuelle, la nouvelle méthode fournit une gamme (ou un intervalle) de valeurs possibles qui contient le paramètre inconnu avec une grande probabilité.

10.1 Intervalles de confiance pour la moyenne : σ^2 connue

Dans cette section, nous présentons la méthode d'estimation avec des intervalles de confiance pour la moyenne μ de la population, lorsque la variance σ^2 de la population est connue.

Dans chacun des exemples suivants, nous notons par X une mesure aléatoire, dont la valeur ne peut pas être prédite avec certitude, avant que la mesure actuelle ne soit prise. La valeur numérique de X (que nous enregistrons lorsque nous prenons la mesure) est notée par x. Nous notons par μ, la moyenne de X et par σ^2, la variance de X. C'est-à-dire :

$$\mu = E(X), \quad \sigma^2 = \text{Var}(X).$$

Selon la définition 9.1, un échantillon aléatoire de taille n (sélectionné d'une population) est une collection de n mesures aléatoires, notées par $X_1, X_2, \ldots, X_n$. Ces mesures sont indépendantes et distribuées de façon identique. Les valeurs numériques observées (enregistrées respectivement pour $X_1, X_2, \ldots, X_n$) sont notées par $x_1, x_2, \ldots, x_n$.

Exemple 10.1. Un projet de recherche, soutenu en partie par la Fédération canadienne de la faune, démontre que, dans les dernières années, un nombre accru d'ours polaires de la mer de Beaufort mangent moins, possiblement en raison de la diminution du nombre de phoques annelés (la principale source de nourriture des ours), durant une période critique de nourrissage au printemps. (Des informations supplémentaires à propos du projet peuvent être retrouvées dans [53]). Une autre indication que les ours jeûnent repose sur la diminution du poids des oursons à la naissance. Les données suivantes représentent les poids à la naissance (en grammes), pour un échantillon de $n = 5$ oursons :

$$x_1 = 785, \quad x_2 = 825 \quad x_3 = 671 \quad x_4 = 981 \quad x_5 = 732.$$

Le poids moyen de ces 5 oursons est :

$$\bar{x} = \frac{785 + 825 + 671 + 981 + 732}{5} = 798,8 \text{ g.}$$

La variance de l'échantillon pour ces données est :

$$s^2 = \frac{1}{5-1}[(785 - 798{,}8)^2 + (825 - 798{,}8)^2 + (671 - 798{,}8)^2 + (981 - 798{,}8)^2 + (732 - 798{,}8)^2] = 13\ 717{,}2.$$

L'écart-type de l'échantillon est $s = \sqrt{13\ 717{,}2} = 117{,}1205$ g. Dans cet exemple, X représente le poids d'un ourson (choisi aléatoirement) à la naissance. Nous voulons estimer la moyenne μ et la variance σ^2 de X. D'un point de vue pratique, μ peut être interprétée comme le poids moyen des oursons à la naissance pour la population entière d'ours polaires dans la mer de Beaufort, tandis que σ donne une indication de la variabilité du poids des oursons à la naissance. Un estimateur ponctuel pour σ est $s = 117{,}1205$ g.

Exemple 10.2. Dans la plupart des villes, l'eau potable distribuée par l'entremise du réseau d'approvisionnement municipale est sans plomb. Cependant, il est possible que des traces de plomb se dissolvent en raison du contact avec des conduites de branchement en plomb, qui étaient couramment utilisées avant 1955. La concentration maximale acceptée par Santé Canada est 10 ppM (partie par milliard). Le plomb a été identifié comme un agent cancérogène pour les humains. Être exposé à de bas niveaux de plomb au cours de longues périodes peut causer de la haute pression artérielle, de l'anémie et des dommages au système nerveux périphérique. L'eau potable dans 8 résidences situées dans des quartiers différents à Ottawa a été testée pour vérifier la présence de plomb. Pour chaque résidence, la mesure x représente la concentration de plomb dans l'eau potable (en ppM).

$$x_1 = 2{,}1, \quad x_2 = 1{,}9, \quad x_3 = 2{,}7, \quad x_4 = 3{,}1$$

$$x_5 = 5{,}6, \quad x_6 = 3{,}3, \quad x_7 = 1{,}5, \quad x_8 = 0{,}4.$$

Pour ces 8 résidences, la concentration moyenne de plomb dans l'eau potable est :

$$\bar{x} = \frac{2{,}1 + 1{,}9 + 2{,}7 + 3{,}1 + 5{,}6 + 3{,}3 + 1{,}5 + 0{,}4}{8} = 2{,}575,$$

ce qui est en dessous des normes admissibles. La variance de l'échantillon est :

$$s^2 = \frac{1}{8-1}\left[(2{,}1 - 2{,}575)^2 + \ldots + (0{,}4 - 2{,}575)^2\right] = 2{,}362.$$

L'écart-type de l'échantillon est $s = \sqrt{2{,}362} = 1{,}537$. Dans cet exemple, X représente la concentration de plomb dans l'eau potable dans une maison (choisie au hasard) à Ottawa. Nous voulons estimer le paramètre $\mu = E(X)$ qui est interprété comme la concentration moyenne de plomb dans l'eau potable pour la ville entière, et le paramètre $\sigma^2 = \text{Var}(X)$ qui donne une indication de la variabilité de la concentration de plomb. Des estimateurs ponctuels pour μ et σ sont $\bar{x} = 2{,}575$ et $s = 1{,}537$, respectivement.

Dans les exemples précédents, $\bar{x}$ est la valeur observée pour la mesure aléatoire :

$$\bar{X} = \frac{X_1 + X_2 + \ldots + X_n}{n},$$

alors que s^2 est la valeur observée de la mesure aléatoire :

$$S^2 = \frac{(X_1 - \bar{X})^2 + (X_2 - \bar{X})^2 + \ldots + (X_n - \bar{X})^2}{n-1}.$$

$\bar{X}$ et S^2 sont tous les deux des fonctions de l'échantillon aléatoire $X_1, X_2, \ldots, X_n$. Ils sont utilisés pour estimer les paramètres μ et σ^2, respectivement. Selon la définition 9.2, $\bar{X}$ et S^2 sont des estimateurs de μ et σ^2, tandis que $\bar{x}$ et s^2 sont des estimations de μ et σ^2.

À chaque fois qu'un nouvel échantillon est tiré d'une population, les valeurs (numériques) observées $x_1, x_2, \ldots, x_n$ changent, mais nous gardons la même notation pour les valeurs (théoriques) $X_1, X_2, \ldots, X_n$. Une manière de tenir compte de toutes les valeurs (numériques) possibles de $\bar{x}$ et s^2 observées pour des échantillons différents est d'examiner le comportement probabilistique des estimateurs $\bar{X}$ et S^2. Malgré que la valeur observée d'un estimateur ne peut pas être prédite avec certitude, lorsque la taille de l'échantillon devient grande, la fluctuation des ces valeurs possibles devient moins mystérieuse. Dans le cas de $\bar{X}$, cette fluctuation est décrite ainsi : (voir la proposition 9.5)

$$\frac{\bar{X}-\mu}{\sigma/\sqrt{n}} \text{ suit approximativement une loi } N(0,1), \tag{10.1}$$

si n est assez grand. Notons que si X suit une loi normale avec une moyenne μ et une variance σ^2, alors selon la proposition 9.3,

$$\frac{\bar{X}-\mu}{\sigma/\sqrt{n}} \text{ suit une loi } N(0,1), \text{ pour toutes les tailles } n \text{ d'échantillons.} \tag{10.2}$$

Dans cette section, nous supposons que la variance σ^2 est connue et nous voulons estimer μ. Malgré que dans la plupart des cas ceci n'est pas une hypothèse pratique, elle nous aide à comprendre le processus général.

Soit Z une variable aléatoire qui suit une loi $N(0,1)$. Nous sommes premièrement intéressés à trouver un point z tel que $P(-z \leq Z \leq z) = 0{,}95$. C'est-à-dire que $P(Z > z) = (1 - 0{,}95)/2 = 0{,}025$ et, par conséquent, que $P(Z \leq z) = 1 - 0{,}025 = 0{,}975$.

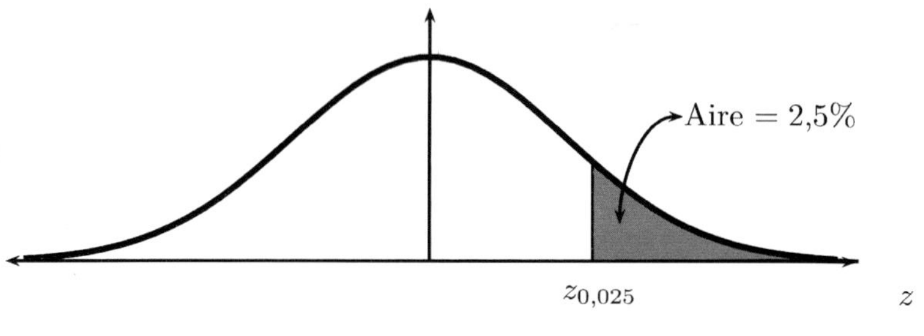

FIGURE 10.1 Loi $N(0,1)$

À partir du tableau 17.3, nous déterminons que $z = 1{,}96$, c'est-à-dire :

$$P(-1{,}96 \leq Z \leq 1{,}96) = 0{,}95.$$

En utilisant (10.1), on peut remplacer Z par le rapport $(\bar{X}-\mu)/(\sigma/\sqrt{n})$, et alors :

$$P\left(-1{,}96 \leq \frac{\bar{X}-\mu}{\sigma/\sqrt{n}} \leq 1{,}96\right) = 0{,}95. \tag{10.3}$$

Nous effectuons maintenant un peu d'algèbre sur la double inégalité qui caractérise l'événement ci-dessus. Notons que l'inégalité

$$\frac{\bar{X}-\mu}{\sigma/\sqrt{n}} \leq 1{,}96$$

est équivalente à $\bar{X} \leq \mu + (1{,}96)(\sigma/\sqrt{n})$, qui peut être exprimée comme $\mu \geq \bar{X} - (1{,}96)(\sigma/\sqrt{n})$. D'autre part, l'inégalité

$$\frac{\bar{X} - \mu}{\sigma/\sqrt{n}} \geq -1{,}96$$

nous dit que $\bar{X} \geq \mu - (1{,}96)(\sigma/\sqrt{n})$, qui peut être exprimée comme $\mu \leq \bar{X} + (1{,}96)(\sigma/\sqrt{n})$. Donc, (10.3) devient

$$P\left(\bar{X} - (1{,}96)\frac{\sigma}{\sqrt{n}} \leq \mu \leq \bar{X} + (1{,}96)\frac{\sigma}{\sqrt{n}}\right) = 0{,}95. \qquad (10.4)$$

Puisque nous supposons que la variance σ^2 est connue, nous concluons que le paramètre inconnu μ se situe, avec une probabilité de 95%, entre les limites :

$$L_1 = \bar{X} - (1{,}96)\frac{\sigma}{\sqrt{n}} \quad \text{et} \quad L_2 = \bar{X} + (1{,}96)\frac{\sigma}{\sqrt{n}}.$$

Les deux limites peuvent être calculées à partir des valeurs observées de l'échantillon, puisqu'elles dépendent seulement de $\bar{X}$ et de n. En effet, chaque fois que nous sélectionnons un nouvel échantillon, nous obtenons des valeurs nouvelles pour L_1 et L_2, ce qui mène à un nouvel intervalle $[L_1, L_2]$. La probabilité qu'un tel intervalle aléatoire contienne le paramètre μ est 95%.

Définition 10.1. La méthode d'**estimation par intervalle** donne un intervalle $[L_1, L_2]$ de valeurs tel que la probabilité que le paramètre inconnu se trouve dans cet intervalle soit très grande et fixe (typiquement 95%), et les limites L_1 et L_2 peuvent être calculées à partir de l'échantillon.

Le calcul précédent démontre qu'un intervalle de confiance à un seuil de 95% pour μ est :

$$\left[\bar{X} - (1{,}96)\frac{\sigma}{\sqrt{n}}, \quad \bar{X} + (1{,}96)\frac{\sigma}{\sqrt{n}}\right].$$

D'une façon semblable, pour dériver l'intervalle de confiance à un seuil de 90% pour μ, nous devons trouver le point z tel que $P(-z \leq Z \leq z) = 0{,}90$. Ceci veut dire que $P(Z > z) = (1 - 0{,}90)/2 = 0{,}05$ et par conséquent $P(Z \leq z) = 1 - 0{,}5 = 0{,}95$. À partir du tableau 17.3, nous trouvons $P(Z < 1{,}64) = 0{,}9495$ et $P(Z < 1{,}65) = 0{,}9505$. Nous considérons z comme le point milieu entre 1,64 et 1,65, c'est-à-dire $z = 1{,}645$. Maintenant, en utilisant le fait que

$$P(-1{,}645 \leq Z \leq 1{,}645) = 0{,}90,$$

nous concluons qu'un intervalle de confiance à un seuil de 90% pour μ est :

$$\left[\bar{X} - (1{,}645)\frac{\sigma}{\sqrt{n}},\quad \bar{X} + (1{,}645)\frac{\sigma}{\sqrt{n}}\right].$$

Pour trouver un intervalle de confiance à un seuil de 99%, nous devons trouver le point z tel que $P(-z \leq Z \leq z) = 0{,}99$. Ceci veut dire que $P(Z > z) = (1 - 0{,}99)/2 = 0{,}005$ et par conséquent $P(Z \leq z) = 1 - 0{,}005 = 0{,}995$. En utilisant le tableau 17.3, nous trouvons que $P(Z \leq 2{,}57) = 0{,}9949$ et $P(Z \leq 2{,}58) = 0{,}9951$. Nous choisissons $z = 2{,}575$. En utilisant la même logique que ci-dessus et le fait que

$$P(-2{,}575 \leq Z \leq 2{,}575) = 0{,}99,$$

nous pouvons démontrer qu'un intervalle de confiance à un seuil de 99% pour μ est :

$$\left[\bar{X} - (2{,}575)\frac{\sigma}{\sqrt{n}},\quad \bar{X} + (2{,}575)\frac{\sigma}{\sqrt{n}}\right].$$

En général, si z est le nombre que nous trouvons dans le tableau 17.3, tel que

$$P(-z \leq Z \leq z) = 1 - \alpha,$$

alors un intervalle de confiance à un seuil de $100(1 - \alpha)\%$ pour μ est :

$$\left[\bar{X} - z\frac{\sigma}{\sqrt{n}},\quad \bar{X} + z\frac{\sigma}{\sqrt{n}}\right].$$

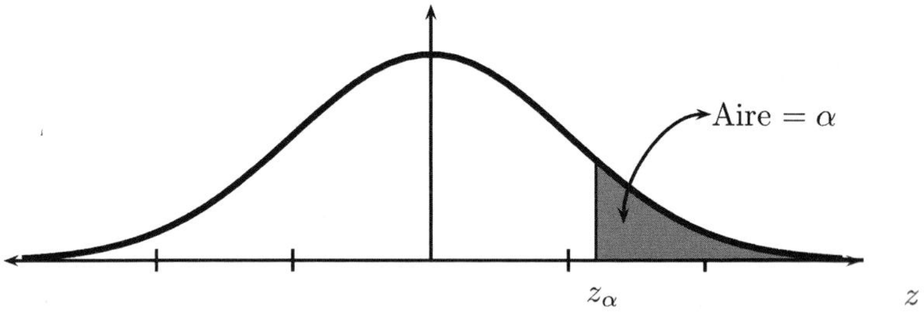

FIGURE 10.2 Loi $N(0, 1)$

L'intervalle peut être interprété en disant que nous sommes $100(1-\alpha)\%$ confiant que la moyenne de la population μ se situe entre $\bar{x} - z(\sigma/\sqrt{n})$ et $\bar{x} + z(\sigma/\sqrt{n})$. En variante, nous avons l'interprétation suivante : si les échantillons sont tirés de la population à répétition et que l'intervalle de confiance correspondant à chaque échantillon est calculé, nous nous attendons qu'approximativement $100(1-\alpha)\%$ de ces intervalles contiennent la vraie moyenne μ, $100(1-\alpha)\%$ étant le niveau de confiance utilisé pour calculer les intervalles.

Notons que, pour une taille n d'échantillons identiques, les intervalles deviennent plus longs lorsque nous augmentons la probabilité. Malheureusement, un intervalle long n'est pas très utile, malgré le fait qu'il contienne le paramètre avec une très grande probabilité. Habituellement, nous voulons balancer les effets négatifs d'un intervalle trop long avec le fait positif qu'il contienne le paramètre avec une grande probabilité. Cet équilibre est généralement atteint pour un intervalle de confiance à un seuil de 95%.

Nous observons aussi que l'intervalle devient moins large au fur et à mesure que n devient plus grand, puisque la longueur de l'intervalle est proportionelle à $\sigma/\sqrt{n}$.

Exemple 10.1 (suite). Supposons que le poids X d'un ourson à la naissance est une variable aléatoire normale avec un écart-type $\sigma = 115$ g. La formule générale pour l'intervalle de confiance à un seuil de 95% est

$$\bar{x} \pm 1{,}96\left(\frac{\sigma}{\sqrt{n}}\right).$$

Puisque X suit une loi normale, la construction de l'intervalle est justifiée par la déclaration (10.2), même si la taille de l'échantillon est petite. Nous savons que $n = 5$, $\bar{x} = 798{,}8$ g et $\sigma = 115$ g. Un intervalle de confiance à un seuil de 95% pour le poids moyen μ d'un ourson à la naissance est

$$798{,}8 \pm 1{,}96\left(\frac{115}{\sqrt{5}}\right) = 798{,}8 \pm 100{,}8 = [698{,}0;\ 899{,}6].$$

Nous sommes confiants à 95% que le poids moyen des oursons se situe entre 698,0 g et 899,6 g.

Supposons maintenant que le poids X des oursons à la naissance a un écart-type de $\sigma = 123$ g. Un nouvel échantillon de 45 oursons est sélectionné, produisant une moyenne d'échantillon $\bar{x} = 715$ g. Même si X ne suit pas nécessairement une loi normale, la taille de l'échantillon est assez grande et la construction de l'intervalle est justifiée par (10.1). Le calcul de l'intervalle est basé sur $n = 45, \bar{x} = 715$ et $\sigma = 123$. En utilisant ces nouvelles données, nous concluons qu'un intervalle de confiance à un seuil de 95% pour le poids moyen des oursons à la naissance est :

$$715 \pm 1.96\left(\frac{123}{\sqrt{45}}\right) = 715 \pm 35{,}94 = [679{,}06;\ 750{,}94].$$

Cet intervalle est moins large que celui trouvé dans le premier cas, surtout en raison de la plus grande taille de l'échantillon.

Exemple 10.2 (suite). Suposons que la concentration de plomb X est une variable aléatoire normale avec un écart-type de $\sigma = 1{,}4$ ppM. Nous produisons un intervalle de confiance de 90% pour la concentration moyenne de plomb μ.

La formule pour l'intervalle est :

$$\bar{x} \pm 1{,}645\left(\frac{\sigma}{\sqrt{n}}\right).$$

La taille de l'échantillon est petite, mais la mesure X suit une loi normale. Donc, le calcul de l'intervalle est justifié par (10.2). Nous avons : $n = 8, \bar{x} = 2{,}575$ et $\sigma = 1{,}4$. Un intervalle de confiance à un seuil de 90% est :

$$2{,}575 \pm (1{,}645)\left(\frac{1{,}4}{\sqrt{8}}\right) = 2{,}575 \pm 0{,}814 = [1{,}76;\ 3{,}39].$$

Supposons maintenant que la concentration de plomb X a un écart-type de $\sigma = 2{,}6$ppM. Un nouvel échantillon de 105 résidences est sélectionné, produisant une moyenne d'échantillon $\bar{x} = 4{,}15$ppM. Dans ce cas, la taille de l'échantillon est grande, et le calcul de l'intervalle est justifié par (10.1). Supposons que nous voulons trouver un intervalle de confiance de 97% pour la concentration moyenne de plomb μ, basé sur ce nouvel échantillon. Pour faire cela, nous devons trouver une valeur z telle que

$$P(-z \leq Z \leq z) = 0{,}97.$$

Ceci veut dire que $P(Z > z) = (1 - 0{,}97)/2 = 0{,}015$ et, par conséquent, $P(Z \leq z) = 1 - 0{,}015 = 0{,}985$. En utilisant le tableau 17.3, nous trouvons $z = 2{,}17$. La formule pour l'intervalle de confiance de 97% est :

$$\bar{x} \pm 2{,}17\left(\frac{\sigma}{\sqrt{n}}\right).$$

Dans notre cas, $n = 105$, $\bar{x} = 4{,}15$ et $\sigma = 2{,}6$. L'intervalle est :

$$4{,}15 \pm 2{,}17\left(\frac{2{,}6}{\sqrt{105}}\right) = 4{,}15 \pm 0{,}55 = [3{,}6;\ 4{,}7].$$

Nous sommes confiants à 97% que la concentration moyenne de plomb μ dans l'eau potable dans la ville d'Ottawa est entre 3,6 ppM et 4,7 ppM. Si nous sélectionnons des échantillons de 105 résidences à répétition et que nous calculons l'intervalle pour chacun des ces échantillons, nous nous attendons à ce que 97% de ces intervalles contiennent la valeur μ.

10.2 Intervalles de confiance pour la moyenne : σ^2 inconnue

Dans la section 10.1, nous avons vu comment construire un intervalle de confiance pour la moyenne inconnue μ d'une population. Afin de construire cet intervalle, il était essentiel de connaître la valeur théorique σ^2 de la variance de la population. Ceci n'est pas une hypothèse pratique, puisque dans la plupart des cas σ^2 est inconnue.

Dans cette section, nous verrons comment éviter cette difficulté, c'est-à-dire comment créer un intervalle de confiance pour la moyenne qui est basé seulement sur des valeurs numériques qui peuvent être calculées à partir de l'échantillon.

Exemple 10.3. Une étude a tenté de déterminer si un médicament appelé ≪dobutamine≫ pouvait être utilisé de façon effective dans un test pour mesurer le risque qu'un patient ait une crise cardiaque ou un ≪événement cardiaque≫. (Plus de détails à propos de cette étude peuvent être trouvés dans [23].) Pour les patients plus jeunes, un test typique pour calculer ce risque est appelé une ≪échocardiographie d'effort≫. Le test consiste à augmenter la fréquence cardiaque avec de l'exercice (notamment en faisant courir un patient sur un tapis roulant) et à prendre ensuite des mesures diverses à partir de la fréquence cardiaque. La mesure X représente la fréquence cardiaque maximale pour un patient auquel le médicament est administré. Les données suivantes représentent la fréquence cardiaque maximale pour un échantillon de 10 patients qui ont participé à cette étude :

$$x_1 = 130, \quad x_2 = 73, \quad x_3 = 156, \quad x_4 = 123, \quad x_5 = 140$$

$$x_6 = 146, \quad x_7 = 116, \quad x_8 = 136, \quad x_9 = 110, \quad x_{10} = 108.$$

La fréquence cardiaque maximale moyenne pour cet échantillon est

$$\bar{x} = \frac{130 + 73 + 156 + 123 + 140 + 146 + 116 + 136 + 110 + 108}{10} = 123{,}8,$$

et la variance de l'échantillon est :

$$s^2 = \frac{1}{10-1}\left[(130 - 123{,}8)^2 + \ldots + (108 - 123{,}8)^2\right] = 562{,}4.$$

L'écart-type de l'échantillon est $s = \sqrt{562{,}4} = 23{,}714$. Nous voulons estimer la fréquence cardiaque maximale moyenne pour les patients auxquels ce médicament est administré.

Exemple 10.4. L'archipel de Galápagos, situé dans l'océan Pacifique, au large de la côte est de l'Équateur, est reconnu pour la richesse de sa biodiversité. En raison de sa proximité avec l'équateur, l'archipel a un climat ayant peu de variations de température quotidienne au cours de l'année. Pendant la saison sèche (juin-décembre), la température quotidienne moyenne se situe entre 21 ° et 23 °C, tandis que pendant la saison chaude (janvier-mai), la température quotidienne moyenne se situe entre 25 ° et 28 °C. Les données suivantes représentent la température quotidienne moyenne sur l'île San Cristóbal pour 7 jours pendant la saison sèche :

$$x_1 = 23 \quad x_2 = 20{,}5, \quad x_3 = 23, \quad x_4 = 19, \quad x_5 = 21, \quad x_6 = 22, \quad x_7 = 22.$$

La température moyenne pour cet échantillon est

$$\bar{x} = \frac{23 + 20{,}5 + 23 + 19 + 21 + 22 + 22}{7} = 21{,}5,$$

et la variance de l'échantillon est :

$$s^2 = \frac{1}{7-1}\left[(23 - 21{,}5)^2 + (20{,}5 - 21{,}5)^2 + \ldots + (22 - 21{,}5)^2\right] = 2{,}083.$$

L'écart-type de l'échantillon est $s = \sqrt{2{,}083} = 1{,}443$. Nous voulons estimer la température quotidienne moyenne sur l'île San Cristóbal durant la saison sèche.

Dans la section 9.2, nous avons vu qu'un estimateur pour l'écart-type σ est l'écart-type S de l'échantillon. Si nous remplaçons σ par son estimateur S, la formule (10.1) ne peut pas être utilisée. Cependant, si nous supposons que la mesure X suit une loi normale, le comportement de la studentisation $(\bar{X} - \mu)/(S/\sqrt{n})$ est bien connu. Plus précisément, selon la proposition 9.4

$$\frac{\bar{X} - \mu}{S/\sqrt{n}} \quad \text{suit une loi} \quad T(n-1).$$

L'intervalle de confiance pour μ est construit en utilisant les mêmes techniques que celles de la section 10.1. Plus précisément, soit T une variable aléatoire suivant une loi $T(9)$ (qui correspond à un échantillon de taille $n = 10$). En utilisant le tableau 17.4, nous savons que

$$P(-2{,}262 \leq T \leq 2{,}262) = 0{,}95.$$

(Notons que l'aire à la droite du point 2,262 est $(1 - 0{,}95)/2 = 0{,}025$.) En remplaçant T par le rapport $(\bar{X} - \mu)/(S/\sqrt{n})$, nous inférons que :

$$P\left(-2{,}262 \leq \frac{\bar{X} - \mu}{S/\sqrt{n}} \leq 2{,}262\right) = 0{,}95, \tag{10.5}$$

qui peut être écrit comme suit :

$$P\left(\bar{X} - (2{,}262)\frac{S}{\sqrt{n}} \leq \mu \leq \bar{X} + (2{,}262)\frac{S}{\sqrt{n}}\right) = 0{,}95. \tag{10.6}$$

Notons que les limites peuvent être calculées à partir des valeurs observées de $\bar{X}$ et S. En conclusion, lorsque X suit une loi normale et que nous utilisons un échantillon de taille $n = 10$, un intervalle de confiance à un seuil de 95% pour la moyenne μ est :

$$\left[\bar{X} - (2{,}262)\frac{S}{\sqrt{n}},\ \bar{X} + (2{,}262)\frac{S}{\sqrt{n}}\right].$$

Pour un échantillon de taille n, si T est une variable aléatoire qui suit une loi $T(n-1)$ et t est la valeur trouvée dans le tableau 17.4 tel que

$$P(-t \leq T \leq t) = 1 - \alpha$$

(pour une petite valeur de α), un intervalle de confiance à un seuil de $100(1-\alpha)$% pour μ est :

$$\left[\bar{X} - t\frac{S}{\sqrt{n}},\quad \bar{X} + t\frac{S}{\sqrt{n}}\right]. \tag{10.7}$$

On peut alors remarquer que la longueur de l'intervalle est proportionelle à l'erreur-type estimé de la moyenne $s\{\bar{X}\} = s/\sqrt{n}$.

Exemple 10.1 (suite). Supposons que la fréquence cardiaque maximale X suit une loi normale avec une variance σ^2 inconnue. Nous voulons trouver l'intervalle de confiance à un seuil de 95% pour la fréquence cardiaque maximale moyenne μ.

À partir des données, nous obtenons l'estimation $\bar{x} = 123{,}8$ pour la moyenne μ, l'estimation $s = 23{,}714$ pour l'écart-type σ et l'estimation $s^2 = 562{,}4$ pour la variance σ^2. Ce sont toutes des estimations ponctuelles.

Dans ce cas, l'intervalle de confiance est basé sur une variable aléatoire T suivant une loi $T(9)$. Pour un niveau de confiance de 95%, nous utilisons $t = 2{,}262$. Donc, un intervalle de confiance à un seuil de 95% pour μ est

$$123{,}8 \pm 2{,}262\left(\frac{23{,}714}{\sqrt{10}}\right) = 123{,}8 \pm 16{,}96 = [106{,}84;\ 140{,}76].$$

Supposons que, pour un nouvel échantillon de 25 patients, la moyenne de l'échantillon est $\bar{x} = 115{,}0$ et que la variance d'échantillon est $s^2 = 643{,}5$. Nous voulons trouver un intervalle de confiance à un seuil de 90% pour μ.

Cet intervalle de confiance est basé sur la variable aléatoire T suivant une loi $T(24)$. Pour un niveau de confiance de 90%, nous devons trouver une valeur t telle que $P(-t \leq T \leq t) = 0{,}90$. Donc, $P(T \geq t) = (1 - 0{,}90)/2 = 0{,}05$ et, par conséquent, $P(T \leq t) = 1 - 0{,}05 = 0{,}95$. En utilisant le tableau 17.4, nous trouvons la valeur $t = 1{,}711$. Alors, un intervalle de confiance à un seuil de 90% pour μ est

$$115{,}0 \pm 1{,}711 \left(\frac{\sqrt{643{,}5}}{\sqrt{25}} \right) = 115{,}0 \pm 8{,}68 = [106{,}32;\ 123{,}68].$$

Exemple 10.4 (suite). Supposons que la température quotidienne X (durant la saison sèche) suit une loi normale. Nous voulons trouver un intervalle de confiance à un seuil de 90% pour la température quotidienne moyenne μ durant la saison sèche.

Nous avons $\bar{x} = 21{,}5$ et $s^2 = 2{,}083$. L'intervalle de confiance est basé sur une variable aléatoire T qui suit une loi $T(6)$. Pour construire cet intervalle, nous devons premièrement trouver la valeur t telle que $P(-t \leq T \leq t) = 0{,}90$, où T est une variable aléatoire qui suit une loi $T(6)$. Donc, $P(T > t) = (1 - 0{,}90)/2 = 0{,}05$ et, par conséquent, $P(T \leq t) = 1 - 0{,}05 = 0{,}95$. En utilisant le tableau 17.4, nous trouvons $t = 1{,}943$. Un intervalle de confiance à un seuil de 90% pour μ est

$$21{,}5 \pm 1{,}943 \left(\frac{\sqrt{2{,}083}}{\sqrt{7}} \right) = 21{,}5 \pm 1{,}06 = [20{,}44;\ 22{,}56].$$

Nous devrions mentionner qu'en pratique, si la taille de l'échantillon est grande (c'est-à-dire $n \geq 40$), nous pouvons remplacer la valeur t dans (10.7) par la valeur z, telle que $P(-z \leq Z \leq z) = 1 - \alpha$. Ceci est nommé un *intervalle de grand échantillon* et est justifié par le fait que la distribution d'échantillonage de la moyenne de l'échantillon studentisée suit approximativement une loi normale centrée et réduite, quand n est grand (voir la proposition 9.5).

10.3 Intervalles de confiance pour la proportion

Dans cette section, nous discutons d'une méthode d'estimation par intervalles de confiance, lorsque le paramètre qui nous interesse est la proportion p d'individus qui possèdent une certaine caractéristique. En termes probabilistes, p est la proportion de « succès » dans une population donnée. Par exemple, p peut être la proportion de voteurs favorables à un certain candidat politique, la proportion de gens affectés par une maladie ou la proportion de patients qui souffrent d'effets secondaires liés à d'un médicament.

Supposons qu'un échantillon aléatoire de n individus est sélectionné d'une population et que cet échantillon contient Y individus qui possèdent la caractéristique. Notons que Y est une mesure aléatoire, puisqu'elle dépend de l'échantillon aléatoire : chaque fois qu'un nouvel échantillon est sélectionné, la valeur de Y change. Soit p la proportion d'individus d'une population qui possèdent la caractéristique, supposons que p est inconnue. Un estimateur de p est :

$$\hat{p} = \frac{Y}{n}.$$

Notons que l'estimateur $\hat{p}$ est un cas particulier de l'estimateur $\bar{X}$. Pour démontrer cela, nous associons une mesure X qui peut seulement prendre les valeurs 0 ou 1 pour chaque individu. Plus précisément, pour le $i^{\text{ème}}$ individu dans l'échantillon, nous définissons la mesure aléatoire :

$$X_i = \begin{cases} 1 \text{ si l'individu } i \text{ est un « succès »,} \\ 0 \text{ si l'individu } i \text{ est un « échec ».} \end{cases}$$

Puisque $\sum_{i=1}^{n} X_i = Y$, la moyenne de l'échantillon $X_1, \ldots, X_n$ est :

$$\bar{X} = \frac{1}{n}\sum_{i=1}^{n} X_i = \frac{1}{n}Y = \hat{p}.$$

Donc, le processus d'estimation que nous développons dans cette section est un cas particulier de la méthode développée dans la section 10.1.

Exemple 10.5. Pendant une campagne électorale, nous voulons estimer le pourcentage de voteurs qui sont en faveur d'un certain candidat politique. Dans un échantillon de $n = 300$ voteurs choisis au hasard, il y a $y = 21$ personnes en faveur du candidat. L'estimation pour la proportion (inconnue) p des voteurs qui sont en faveur du candidat est :

$$\hat{p} = \frac{21}{300} = 0{,}07 \quad \text{ou} \quad 7\%.$$

Exemple 10.6. Un médecin veut estimer la proportion p de patients traités avec un certain médicament qui souffrent d'effets secondaires indésirables. Dans un échantillon de $n = 200$ patients, $y = 5$ patients souffrant d'effets secondaires. Une estimation pour p est :

$$\hat{p} = \frac{5}{200} = 0{,}025 \quad \text{ou} \quad 2,5\%.$$

Exemple 10.7. Selon un article publié dans la revue *National Geographic* (septembre 2007), une mutation serait la cause du gène responsable des cheveux roux chez les humains. Cette mutation aurait eu lieu au nord de l'Europe, il y a des milliers d'années. Il est estimé que les gens aux cheveux roux disparaîtront d'ici l'an 2100, puisque le gène est récessif et le pourcentage de gens qui possèdent ce gène dans le monde est très bas (approximativement 4%). Le pays ayant le plus haut pourcentage de gens avec les cheveux roux est l'Écosse. Dans un échantillon de 2 500 Écossais, 325 ont les cheveux roux. Basée sur ces données, une estimation du pourcentage p de la population écossaise qui a les cheveux roux est :

$$\hat{p} = \frac{325}{2\,500} = 0{,}13 \quad \text{ou} \quad 13\%.$$

Exemple 10.8. Une des difficultés rencontrées dans la lutte contre le SIDA est que le nombre de gens infectés par le VIH dans le monde est inconnu. Selon un rapport sur l'épidémie de VIH publié en 2007 par l'Organisation des Nations Unies, l'Afrique du Sud est le pays ayant le plus grand nombre de gens infectés par le VIH au monde. Dans un échantillon de 8 500 Sud-Africains, 935 étaient infectés par le VIH. Basée sur ces données, la proportion de la population sud-africaine infectée par le VIH est :

$$\hat{p} = \frac{935}{8\ 500} = 0{,}11 \quad \text{ou} \quad 11\%.$$

Pour créer un intervalle de confiance pour la proportion p de « succès » dans une population, nous devons avoir une meilleure compréhension des fluctuations de $\hat{p}$. Une telle compréhension est fournie par la déclaration suivante, qui est un cas particulier de (10.1) :

$$\frac{\hat{p} - p}{\sqrt{p(1-p)/n}} \quad \text{suit approximativement une loi } N(0,1), \quad \text{si } n \text{ est grand.}$$

Si la taille de l'échantillon est très grande (c'est-à-dire plus grande que 100), nous pouvons remplacer la valeur inconnue $p(1-p)$ sous la racine carré ci-dessus, par son estimateur $\hat{p}(1-\hat{p})$ sans que la loi $N(0,1)$ soit altérée. Plus précisément,

$$\frac{\hat{p} - p}{\sqrt{\hat{p}(1-\hat{p})/n}} \quad \text{suit approximativement une loi } N(0,1), \qquad (10.8)$$

si n est très grand. Rappelons-nous que si Z est une variable aléatoire qui suit une loi $N(0,1)$, alors

$$P(-1{,}96 \leq Z \leq 1{,}96) = 0{,}95.$$

Selon (10.8), nous pouvons remplacer Z par le rapport $(\hat{p} - p)$ $/\sqrt{\hat{p}(1 - \hat{p})/n})$, inférant que :

$$P\left(-1{,}96 \leq \frac{\hat{p} - p}{\sqrt{\hat{p}(1 - \hat{p})/n}} \leq 1{,}96\right) = 0{,}95, \tag{10.9}$$

qui peut être écrit comme suit :

$$P\left(\hat{p} - (1{,}96)\sqrt{\frac{\hat{p}(1 - \hat{p})}{n}} \leq p \leq \hat{p} + (1{,}96)\sqrt{\frac{\hat{p}(1 - \hat{p})}{n}}\right) = 0{,}95. \tag{10.10}$$

Nous concluons avec une probabilité de 95% que le paramètre inconnu p se situe dans l'intervalle :

$$\left[\hat{p} - (1{,}96)\sqrt{\frac{\hat{p}(1 - \hat{p})}{n}};\ \hat{p} + (1{,}96)\sqrt{\frac{\hat{p}(1 - \hat{p})}{n}}\right]. \tag{10.11}$$

Ceci est un intervalle de confiance à un seuil de 95% pour p, puisque les limites de l'intervalle peuvent être calculées à partir des données.

En utilisant un argument similaire, nous déduisons que l'intervalle de confiance général à un seuil de $100(1 - \alpha)\%$ pour p est :

$$\hat{p} \pm z\sqrt{\frac{\hat{p}(1 - \hat{p})}{n}},$$

où z est choisi du tableau 17.3 tel que $P(-z \leq Z \leq z) = 1 - \alpha$.

Exemple 10.5 (suite). Nous voulons trouver un intervalle de confiance à un seuil de 95% pour la proportion p de voteurs qui sont en faveur du candidat. En utilisant la formule (10.11), l'intervalle est :

$$0{,}07 \pm 1{,}96\sqrt{\frac{(0{,}07) \cdot (0{,}93)}{300}} = 0{,}07 \pm 0{,}029 = [0{,}041;\ 0{,}099].$$

Nous sommes confiants à 95% que p se situe entre 4,1% et 9,9%. En variante, le résultat peut être interprété comme suit : si des échantillons de 300 voteurs sont sélectionnés à répétition et que l'intervalle correspondant à chaque échantillon est calculé, alors 95% de ces intervalles contiennent la proportion p de voteurs qui sont en faveur du candidat. L'intervalle est annoncé aux nouvelles comme suit : la proportion de voteurs qui sont en faveur du candidat est 7% avec une marge d'erreur de 2,9%, le résultat étant valide 19 fois sur 20.

Exemple 10.6 (suite). Un intervalle de confiance à un seuil de 90% pour la proportion p de patients qui souffrent d'effets secondaires liés à un médicament est :

$$0{,}025 \pm 1{,}645\sqrt{\frac{(0{,}025)\cdot(0{,}975)}{200}} = 0{,}025 \pm 0{,}018 = [0{,}007;\ 0{,}043].$$

Le résultat peut être interprété de la façon suivante : si des échantillons de 200 patients sont utilisés à répétition pour tester ce médicament et que l'intervalle correspondant à chaque échantillon est calculé, alors 90% de ces intervalles contiennent la proportion p de patients qui souffrent d'effets secondaires.

Exemple 10.7 (suite). Nous voulons trouver un intervalle de confiance à un seuil de 98% pour la proportion p des habitants de l'Écosse ayant les cheveux roux.

Nous devons premièrement trouver le point z tel que $P(-z \leq Z \leq z) = 0{,}98$. Ceci veut dire que $P(Z > z) = (1 - 0{,}98)/2 = 0{,}01$ et $P(Z \leq z) = 1 - 0{,}1 = 0{,}99$. Dans le tableau 17.3, nous trouvons $z = 2{,}33$. Un intervalle de confiance à un seuil de 98% est :

$$0{,}13 \pm 2{,}33\sqrt{\frac{(0{,}13)\cdot(0{,}87)}{2\ 500}} = 0{,}13 \pm 0{,}016 = [0{,}114;\ 0{,}146].$$

Nous sommes confiant à 98% que la proportion p se situe entre 11,4% et 14,6%.

Exemple 10.8 (suite). Selon la formule (10.11), un intervalle de confiance à un seuil de 95% pour la proportion p de gens infectés par le VIH en Afrique du Sud en 2007 est :

$$0{,}11 \pm 1{,}96\sqrt{\frac{(0{,}11)\cdot(0{,}89)}{8\ 500}} = 0{,}11 \pm 0{,}0067 = [0{,}1033;\ 0{,}1167].$$

Nous sommes confiants à 95% que p se situe entre 10,33% et 11,67%.

La population de l'Afrique du Sud était de 47,9 millions en 2007. En utilisant cette information, nous pouvons donner un intervalle de confiance à un seuil de 95% pour le nombre de gens infectés par le VIH en Afrique du Sud en 2007. La limite inférieure pour le nombre estimé de gens infectés par le VIH est $(47{,}9)(0{,}1033) = 4{,}95$ millions. La limite supérieure est $(47{,}9)(0{,}1167) = 5{,}59$ millions. En conclusion, nous sommes confiants à 95% que le nombre de gens infectés par le VIH en Afrique du Sud en 2007 se situait entre 4,95 millions et 5,59 millions.

10.4 Exercices

Exercice 10.1. Un des groupes à haut risque pour le VIH est celui des utilisateurs de drogues injectables (UDIs). Dans un groupe de 1 000 UDIs, 186 d'entre eux étaient infectés par le VIH. Trouvez un estimateur ponctuel et un intervalle de confiance à un seuil de 90% pour la proportion p de gens infectés par le VIH dans la population d'UDIs.

Exercice 10.2. Dans les dernières années, une augmentation du pourcentage de la population qui est en faveur de l'utilisation médicale de la marijuana pour les patients souffrant de maladies graves a été observée (par exemple, pour aider les patients souffrant de cancer ayant à subir un traitement de chimiothérapie). Aux États-Unis, les lois sur l'utilisation médicale de la marijuana sont différentes selon les États. Selon [45], un sondage effectué en 2002 par « Chamberlain Research Consultants » incluant 600 résidents du Wisconsin a établi que 480 d'entre eux étaient en faveur d'une loi qui permettrait aux patients gravement malades ou en phase terminale d'utiliser la marijuana pour des raisons médicales, si le traitement était suggéré par un médecin. Trouvez un intervalle de confiance à un seuil de 95% pour la proportion de la population du Wisconsin qui est en faveur de l'utilisation médicale de la marijuana. Interprétez les résultats.

Exercice 10.3. La monoamine oxidase (MAO) est une indication de l'activité de la sérotonine cérébrale. De bas niveaux de MAO sont liés à certains troubles de comportement. Dans l'étude [13], les niveaux d'activité de MAO de 30 patients souffrant de *bulimia nervosa* ont été mesurés. Le niveau d'activité moyen de MAO pour les 30 patients était 4,4 nmol/10^8 plaquettes/heure, avec un écart-type de 2,4 nmol/10^8 plaquettes/heure.
(a) En utilisant ces données, trouvez un intervalle de confiance à un seuil de 95% pour le niveau d'activité moyen de MAO des patients boulimiques. Supposez que le niveau d'activité de MAO suit une loi normale.
(b) Les niveaux normaux de MAO se situent entre 5,5 et 8,5. Comment l'intervalle produit dans la partie (a) se compare-t-il avec les niveaux normaux ? Quelles conclusions peuvent en être tirées ?

Exercice 10.4. Les données suivantes représentent le poids en grammes de 8 épis de maïs qui ont été produits en utilisant un engrais organique pour maïs :

212 234 259 189 245 176 203 215

Supposons que le poids des épis suit une loi normale avec un écart-type de $\sigma = 28$ g, trouvez un intervalle de confiance à un seuil de 96% pour le poids d'un épi moyen. Interprétez les résultats.

Exercice 10.5. La dureté de l'eau est une mesure traditionnelle de la capacité de l'eau à réagir avec le savon. La dureté de l'eau est causée par du calcium et du magnésium dissous. Elle est exprimée par la quantité équivalente de carbonate de calcium (voir [57]). Quinze mesures ont été recueillies de lacs choisis au hasard dans une certaine région. La dureté moyenne est 102,03 mg/l et l'erreur-type estimée de la moyenne est 1,378 mg/l.
(a) Trouvez l'écart-type de l'échantillon des 15 mesures de dureté.
(b) En tenant compte que la dureté de l'eau suit une loi normale, calculez un intervalle de confiance à un seuil de 95% pour la dureté moyenne de l'eau.
(c) Selon Santé Canada (source : <http://www.hc-sc.gc.ca>), l'eau avec une dureté de moins de 100 mg/l est classifiée comme étant douce et l'eau avec une dureté de plus de 180 mg/l est classifiée comme étant dure. Si la dureté se situe entre les classifications douce et dure, nous disons que l'eau est moyennement dure. Avec un niveau de confiance à un seuil de 95%, pouvons-nous classifier la dureté moyenne de l'eau dans cette région comme étant moyennement dure ?

Exercice 10.6. Un fermier a observé que, pour une certaine variété de tomates, une plante produira en moyenne 2,7 kg de fruits par année. Un peu de terroir a été traité avec un conditionneur de terre pour augmenter le rendement. Vingt plantes dans le terroir traité ont un rendement moyen de $\overline{x} = 3{,}1$ kg (par année) et un écart-type de $s = 0{,}53$ kg. Il a été vérifié que le rendement d'une plante suit une loi normale.
(a) Trouvez un intervalle de confiance à un seuil de 95% pour le rendement moyen des plants de tomates selon ces nouvelles conditions.
(b) Comparez l'estimation d'intervalle de la partie (a) avec l'ancien rendement moyen. Que pouvez-vous en conclure ?

Exercice 10.7. Le pH est le logarithme négatif de l'activité des ions d'hydrogène. Il est une mesure du niveau d'acidité ou d'alcalinité d'une substance sur une échelle de 0 à 14. Un pH de 7 est neutre ; s'il est moins que 7, il est considéré comme acidique, et s'il est plus élevé que 7, il est considéré comme alcalin. Le pH idéal pour du terroir dépend de la sorte de culture. Des niveaux se situant entre 6,5 et 7 sont considérés optimaux pour plusieurs plantes (voir [39]). Dix-huit échantillons de terroir ont été sélectionnés au hasard d'un champ et ont été envoyés à un laboratoire pour des mesures de pH. Les données se retrouvent ci-dessous.

6,11	6,26	5,67	5,76	7,30	5,68	6,57	6,57	6,07
5,76	5,91	6,16	7,02	6,35	6,77	6,65	7,05	6,85

(a) Créez un diagramme à échelle fonctionnelle normale pour cet échantillon. Est-ce que les mesures de pH semblent suivre une loi normale ?
(b) Calculez un intervalle de confiance à un seuil de 95% pour le niveau de pH moyen.

Exercice 10.8. Un nouveau médicament est testé quant à son efficacité pour traiter un certain type d'infection. Il a été efficace dans 119 cas sur 170.
(a) Construisez un intervalle de confiance à un seuil de 95% pour le taux d'efficacité du nouveau médicament servant à traiter ce type d'infection.
(b) Sans construire un intervalle de confiance de 98% pour le taux d'efficacité, vous attendez-vous que l'intervalle soit plus long ou plus court par rapport à l'intervalle de confiance à un seuil de 95% ? Pourquoi ?
(c) Construisez un intervalle de confiance à un seuil de 98% pour le taux d'efficacité du nouveau médicament servant à traiter ce type d'infection.

Saviez-vous que ? *Plusieurs espèces de l'archipel de Galápagos ont été découvertes par Charles Darwin lors de son voyage historique sur la côte de l'Amérique du Sud, à bord du navire* Beagle *(1831-1836). Cette expédition est un des épisodes les plus connus dans l'histoire de la science. En tant que naturaliste du navire, Darwin (à l'époque, un diplômé de 22 ans de l'Université de Cambridge) a visité l'archipel et a été ébloui par les créatures mystérieuses qu'il a rencontrées (par exemple, les tortues géantes et les roselins). Certaines gens croient que les origines de la théorie de l'évolution basée sur la sélection naturelle de Darwin ont été développées pendant ce voyage. (Pour plus de détails sur le voyage de Darwin aux îles Galápagos, voir [48]).*

Chapitre 11

Test d'hypothèse

Dans ce chapitre, nous présentons une autre méthode statistique pour tirer des conclusions concernant la valeur d'un paramètre. Cette méthode consiste à comparer deux hypothèses à propos des valeurs du paramètre. Elle est utilisée à l'appui (ou à titre de preuve) de la déclaration appelée «l'hypothèse de recherche» et est notée H_1. L'autre hypothèse, que nous souhaitons rejeter, est appelée «l'hypothèse nulle» et est notée H_0. Lorsque nous utilisons cette méthode, nous formulons deux hypothèses avec le but de rejeter H_0 et de prouver H_1.

11.1 Test d'hypothèse pour la moyenne : σ^2 connue

Dans cette section, nous présentons la méthode du test d'hypothèse, lorsque le paramètre qui nous intéresse est la moyenne μ de la population et que la variance σ^2 de la population est connue. L'hypothèse nulle H_0 affirme que le paramètre inconnu μ est égal à une valeur numérique spécifique μ_0 :

$$H_0 : \mu = \mu_0.$$

Selon de nouvelles conditions expérimentales, il est montré que la mesure de la moyenne μ dévie de μ_0 qui est une valeur obtenue sous les anciennes conditions. L'hypothèse alternative H_1 (celle que nous voulons prouver) spécifie la direction de ce changement de μ. Cette hypothèse peut être établie sous trois formes différentes :

(1) μ est plus grand que μ_0. Dans ce cas, nous écrivons $H_1 : \mu > \mu_0$ et disons que nous effectuons un *test unilatéral vers la droite*. Cette configuration est utilisée lorsque nous voulons prouver que μ excède la valeur hypothétique μ_0.

(2) μ est plus petit que μ_0. Dans ce cas, nous écrivons $H_1 : \mu < \mu_0$ et disons que nous effectuons un *test unilatéral vers la gauche.* Cette configuration est utilisée lorsque nous voulons prouver que μ diminue par rapport à μ_0.

(3) μ est différent que μ_0. Dans ce cas, nous écrivons $H_1 : \mu \neq \mu_0$ et nous disons que nous effectuons un *test bilatéral.* Cette configuration est utilisée lorsque la direction du changement de μ est inconnue.

La première et plus importante étape du processus de tests statistiques est de configurer l'hypothèse de la façon désirée (c'est-à-dire choisir l'hypothèse alternative H_1 appropriée, parmi les trois possibilités mentionnées ci-dessus). Avant d'effectuer le test, le statisticien doit formuler l'hypothèse alternative H_1. Cette décision détermine automatiquement lequel des trois cas ci-dessus devra être utilisé pour résoudre le problème.

La conclusion d'un test d'hypothèse est une des suivantes :

(i) Nous rejetons H_0. Dans ce cas, nous disons qu'il y a assez de preuves en faveur de H_1. (Nous pouvons dire que H_1 est vraie.)

(ii) Nous ne pouvons pas rejeter H_0. Dans ce cas, nous disons qu'il n'y a pas assez de preuves en faveur de H_1. (Nous évitons de dire que H_0 est vraie, bien que ceci pourrait appuyer la logique derrière la déclaration.)

En tant que conséquence, le test d'hypothèse peut résulter en deux types d'erreurs :

- Une *erreur de Type I* ou de première espèce (dont la probabilité est notée par α) est rencontrée si nous rejetons H_0, lorsque H_0 est vraie.
- Une *erreur de Type II* ou de deuxième espèce (dont la probabilité est notée par β) est rencontrée si nous ne rejetons pas H_0, lorsque H_1 est vraie.

Idéalement, les deux probabilités α et β devraient être petites. Le tableau ci-dessous illustre toutes les 4 possibilités.

	Rejeter H_0	Ne pas rejeter H_0
H_0 est vraie	Erreur de Type I (probabilité α)	Bonne décision (probabilité $1 - \alpha$)
H_1 est vraie	Bonne décision (probabilité $1 - \beta$)	Erreur de Type II (probabilité β)

FIGURE 11.1 Probabilités associées à un test d'hypothèse

Exemple 11.1. Les effets de l'inhalation de matières particulaires (MP) ont été étudiés de façon extensive chez les humains. Les plus petites particules MP_{10} (particules avec un diamètre de moins de 10 micromètres) sont particulièrement dangereuses et possiblement liées à l'asthme et au cancer du poumon. Le 1er janvier 2005, la Commission européenne a fixé la limite pour le MP_{10} dans l'air à 50 $\mu g/m^3$ (moyenne quotidienne). Des organisations locales de santé dans une grande ville européenne sont inquiètes que le niveau de MP_{10} dans l'air extérieur soit plus haut que la limite de 50 $\mu g/m^3$. Pour tester la validité de cette déclaration, les niveaux de MP_{10} ont été mesurés lors de 25 journées différentes. Une moyenne de $\bar{x} = 53{,}5\,\mu g/m^3$ a été obtenue.

Pour configurer les deux hypothèses correctement, nous gardons en tête que nous voulons rejeter H_0, en faveur de H_1. Par conséquent, nous établissons H_0 comme : «le niveau moyen de MP_{10} est égal à 50» et H_1 comme : «le niveau moyen de MP_{10} excède 50». Nous comparons les deux hypothèses suivantes :

$$H_0 : \mu = 50 \quad \text{contre} \quad H_1 : \mu > 50.$$

Une erreur de Type I se produit lorsque nous décidons que le niveau de MP_{10} est plus haut que 50, même s'il ne l'est pas. Ceci n'a pas un impact négatif sur la santé, mais pourrait possiblement alarmer inutilement la population.

Une erreur de Type II se produit lorsque nous sommes incapables d'obtenir des preuves que le niveau de MP_{10} est plus haut que 50, même si c'est le cas. Ceci pourrait avoir un impact négatif sur la santé de la population.

Exemple 11.2. Le cholestérol est un des gras du corps, utilisé pour créer des membranes de cellules, de la vitamine D et des hormones. Un haut niveau de cholestérol lipoprotéine de faible densité (LDL) dans le sang peut causer l'accumulation de plaque sur les murs artériels, ce qui représente un facteur de risque majeur pour les maladies du cœur et les accidents vasculaires cérébraux. La Fondation des maladies du cœur conseille une diète qui contient peu de gras saturés et de l'activité physique régulière pour aider à réduire le niveau de cholestérol LDL dans le sang. Pour obtenir des preuves en faveur de cette déclaration, nous utilisons un échantillon de 52 Canadiens ayant un haut niveau de cholestérol sanguin LDL, soit 4,0 nmol/L, suivant une diète à faible teneur en gras saturée pour une durée de 30 jours, et faisant 30 minutes d'exercice quotidiennement. Après cette période, le niveau moyen de cholestérol LDL dans le sang était $\bar{x} = 3{,}5$, ce qui est plus bas que la valeur initiale de $\mu_0 = 4{,}0$.

Nous configurons maintenant les deux hypothèses dans la direction désirée. Le but est de rejeter H_0 et de prouver H_1. L'hypothèse nulle $H_0 : \mu = 4{,}0$ affirme que malgré ces nouvelles mesures, le niveau moyen de cholestérol sanguin LDL demeure le même. L'hypothèse alternative $H_1 : \mu < 4{,}0$ affirme que le niveau de cholestérol sanguin LDL est réduit à la suite de ces nouvelles mesures. Nous comparons les deux hypothèses suivantes :

$$H_0 : \mu = 4{,}0 \quad \text{contre} \quad H_1 : \mu < 4{,}0.$$

Une erreur de Type I se produit lorsque nous décidons que la diète combinée à l'exercice réduit le niveau de cholestérol LDL dans le sang, même si en fait ce n'est pas le cas. Une erreur de Type II se produit si nous sommes incapables de prouver que la diète et l'exercice réduisent le niveau de cholestérol sanguin LDL, malgré qu'une réduction se produise.

Exemple 11.3. Des études récentes suggèrent que la vaccination contre le Bacille de Calmette et Guérin (BCG) adminitrée durant les premiers stades de vie est liée à l'asthme. Un index commun de l'asthme dans une population est le niveau du volume expiratoire maximal par seconde (VEMS). Le niveau du VEMS a été mesuré chez 36 hommes, ayant reçu le vaccin BCG à l'âge de 14 ans. Un volume moyen de $\bar{x} = 4{,}52$ BTPS a été observé. Nous voulons obtenir des preuves en faveur du fait que la vaccination BCG induit un changement dans le niveau du VEMS, la direction du changement étant inconnue. Pour les hommes, le niveau normal du VEMS est approximativement 4,00 BTPS.

Nous configurons les deux hypothèses avec le but de rejeter H_0 et de prouver H_1. L'hypothèse H_0 affirme que la vaccination BCG n'induit pas un changement signifiant dans le niveau du VEMS. L'hypothèse alternative H_1 affirme que le vaccin BCG induit une augmentation ou une diminution du niveau du VEMS. Nous voulons tester :

$$H_0 : \mu = 4{,}00 \quad \text{contre} \quad H_1 : \mu \neq 4{,}00,$$

où μ est le niveau moyen du VEMS dans la population des hommes vaccinés pour le BCG.

Une erreur de Type I se produit si nous décidons que la vaccination BCG induit un changement du niveau du VEMS, lorsque ce n'est pas le cas. Une erreur de Type II se produit si nous sommes incapables de prouver que la vaccination BCG affecte le niveau du VEMS, lorsqu'en fait elle l'affecte.

Nous traitons les trois cas séparément, en expliquant la méthode à utiliser pour chaque cas.

Cas (1). $H_0 : \mu = \mu_0$ contre $H_1 : \mu > \mu_0$

Ceci représente le cas où nous voulons prouver que la vraie moyenne de la population μ est plus grande qu'une valeur numérique μ_0. Pour avoir des preuves en faveur de H_1, nous devons premièrement nous assurer que, dans le cas de notre échantillon, sa moyenne $\bar{x}$ est plus grande que μ_0. (Si ce n'est pas le cas, il est impossible d'obtenir des preuves en faveur de H_1.)

Ensuite, nous calculons la différence $\bar{x} - \mu_0$ et espérons que cette différence est un grand nombre (positif). Si c'est le cas, nous rejetons H_0. Sinon, nous disons que nous n'avons pas assez de preuves pour rejeter H_0.

Quelle grandeur doit avoir ce nombre ? Pour répondre à cette question, la différence $\bar{x} - \mu_0$ n'est pas très utile. Nous devons calculer le rapport $z_0 = (\bar{x} - \mu_0)/(\sigma/\sqrt{n})$ et évaluer si ce rapport est grand en comparaison avec toutes les valeurs possibles qui pourraient être observées en fonction du même rapport pour d'autres échantillons. La collection de tous les échantillons est trop grande et, par conséquent, il est impossible de calculer tous les rapports correspondants. Heureusement, les fluctuations de ces rapports sont bien connues : si H_0 est vraie, alors selon la proposition 9.5,

$$Z_0 = \frac{\bar{X} - \mu_0}{\sigma/\sqrt{n}} \quad \text{suit approximativement une loi } N(0,1),$$

si n est assez grand. (Rappelons-nous que si l'échantillon est tiré d'une population normale, la déclaration précédente demeure valide pour tous n et le mot «approximativement» est remplacé par «exactement» ; voir la proposition 9.3.) Dans ce contexte, Z_0 est appelée la *statistique de test.*

La question devient : en supposant que H_0 est vraie, est-ce que nous nous attendons à rencontrer seulement rarement des moyennes d'échantillons plus grandes que $\bar{x}$ observé, ou est-ce que $\bar{x}$ est une valeur typique et que nous devrions nous attendre à observer des valeurs plus grandes fréquemment ?

Pour répondre à cette question, nous utilisons le tableau 17.3 pour calculer la probabilité qu'une variable aléatoire suivant une loi $N(0,1)$ prenne une valeur plus grande (c'est-à-dire plus extrême) que la valeur z_0 que nous avons déjà observée. Cette probablité est appelée la *valeur prédictive (valeur-p) du test unilatéral vers la droite* :

$$\text{valeur-}p = P(Z > z_0),$$

et correspond à la partie vers la droite de la densité de $N(0,1)$. Nous disons que z_0 est la *valeur observée de la statistique de test* Z_0.

Une petite valeur-p indique qu'il est peu probable que H_0 soit vraie. L'interprétation est la suivante : une petite valeur-p signifie que des valeurs plus grandes que $\bar{x}$ sont rarement observées sous H_0 et, par conséquent, il est peu probable que H_0 soit vraie. D'autre part, une grande valeur-p signifie que des valeurs plus grandes que $\bar{x}$ sont fréquemment observées sous H_0, donc qu'il est très probable que H_0 soit vraie.

Il est important d'annoncer la valeur-p dans n'importe quelle analyse statistique, puisqu'elle nous donne une mesure de la signification de nos preuves contre H_0.

Parfois, nous sommes contraints avec une valeur α a priori pour la probabilité de commettre une erreur de Type I. Dans ce cas, la règle de décision du test est basée sur la comparaison suivante entre la valeur-p et α :

$$\begin{aligned}&\text{si la valeur-}p < \alpha, \quad \text{nous rejetons } H_0,\\ &\text{si la valeur-}p > \alpha, \quad \text{nous ne pouvons pas rejeter } H_0.\end{aligned}$$

Notons qu'il y a de l'incertitude dans ce processus de décision. En effet, un statisticien n'est jamais certain à 100% de prendre la bonne décision. Les règles énoncées ci-dessus assurent que la probabilité de commettre une erreur de Type I est égale à α.

Exemple 11.1 (suite). Supposons que le niveau quotidien X de MP_{10} dans l'air extérieur de la ville est une variable aléatoire normale de moyenne inconnue μ et de variance connue $\sigma^2 = 33{,}5$. La taille de l'échantillon est $n = 25$. La moyenne de l'échantillon de $\bar{x} = 53{,}5$ indique que la moyenne inconnue μ pourrait être plus grande que le seuil $\mu_0 = 50$. Pour obtenir des preuves en faveur de cette déclaration, nous calculons le rapport suivant :

$$z_0 = \frac{\bar{x} - \mu_0}{\sigma/\sqrt{n}} = \frac{53{,}5 - 50}{\sqrt{33{,}5}/\sqrt{25}} = 3{,}02.$$

Nous ne pouvons pas affirmer que la valeur de ce rapport est grande ou petite, avant que nous la comparions avec toutes les autres valeurs possibles qui pourraient résulter d'un changement de l'échantillon. Cette comparaison est effectuée en utilisant la valeur-p. En utilisant le tableau 17.3, on a

$$\text{valeur-}p = P(Z > 3{,}02) = 1 - 0{,}9987 = 0{,}0013.$$

Cette valeur-p est très petite. À partir de cet échantillon, il est peu probable que $H_0 : \mu = 50$ soit vraie et beaucoup plus probable que $H_1 : \mu > 50$ soit vraie. Donc, nous avons assez de preuves pour rejeter H_0. Nous pouvons conclure que, dans cette ville, le niveau moyen de MP_{10} dans l'air extérieur excède le niveau permissible de 50 $\mu g/m^3$ par jour.

Cas (2). $H_0 : \mu = \mu_0$ contre $H_1 : \mu < \mu_0$

Dans ce cas, nous voulons prouver que la moyenne μ est plus petite qu'une valeur donnée μ_0. Cette fois-ci, nous devons premièrement nous assurer que la moyenne de l'échantillon $\bar{x}$ est plus petite que μ_0. Ensuite, nous calculons le même rapport $z_0 = (\bar{x} - \mu_0)/(\sigma/\sqrt{n})$, en tenant compte que ce rapport (négatif) devrait être comparé avec toutes les autres valeurs négatives dans le tableau 17.2 qui pourraient être obtenues à partir d'échantillons différents. La valeur-p est une mesure du degré de «négativité» de ce rapport lorsqu'on le compare à toutes les autres valeurs. Elle donne la probabilité que nous obtenions une valeur encore plus «négative» (ou plus extrême) dans le cas d'un autre échantillon :

$$\text{valeur-}p = P(Z < z_0).$$

Notons que cette probabilité correspond à la partie gauche de la loi $N(0, 1)$. Une petite valeur-p signifie que $\bar{x}$ est suffisamment petite par rapport à μ_0. Dans ce cas, nous rejetons H_0 et concluons qu'il y a assez de preuves que μ est inférieur à μ_0.

Comme dans le Cas (1), si une valeur α prédéfinie est fournie pour la probabilité de commettre une erreur de Type I, nous rejetons H_0 si et seulement si la valeur-p est plus petite que α.

Exemple 11.2 (suite). Soit X le niveau de cholestérol LDL dans le sang d'une personne choisie au hasard qui suit une diète faible en matières grasses pendant 30 jours combinée à un exercice quotidien. Supposons que X a un écart-type de $\sigma = 1{,}12$. La moyenne de l'échantillon $\bar{x} = 3{,}5$ est plus petite que le niveau initial de cholestérol de 4,0, donc nous pouvons effectuer le test. Nous calculons le rapport :

$$z_0 = \frac{\bar{x} - \mu_0}{\sigma/\sqrt{n}} = \frac{3{,}5 - 4{,}0}{1{,}12/\sqrt{52}} = -3{,}22.$$

Cette valeur est très extrême pour une valeur observée d'une variable aléatoire Z. Plus précisément, dans le tableau 17.2,

$$\text{valeur-}p = P(Z < -3{,}22) = 0{,}0006.$$

Ceci est une très petite probabilité. Nous rejetons H_0, en faveur de H_1. La conclusion de cette étude est qu'une diète faible en matières grasses combinée à de l'exercice est une manière efficace de réduire le niveau de cholestérol LDL dans le sang.

Cas (3). $H_0 : \mu = \mu_0$ contre $H_1 : \mu \neq \mu_0$

Dans ce cas, nous voulons démontrer que la moyenne inconnue μ est différente d'une valeur μ_0, sans préférence pour la direction de ce changement de μ par rapport à μ_0. Ce type de test peut être effectué si $\bar{x}$ est plus grande ou plus petite que μ_0. Ce qui est important est la valeur absolue de la différence $\bar{x} - \mu_0$. En effet, notre conclusion est basée sur la valeur absolue du rapport $z_0 = (\bar{x} - \mu_0)/(\sigma/\sqrt{n})$. Si cette valeur est très grande (ou extrême), alors nous rejetons H_0. Sinon, nous n'avons pas assez de preuves pour rejeter H_0.

Le calcul de la valeur-p prend en considération le fait que la même valeur absolue $|z_0|$ peut être observée dans deux situations différentes : lorsque $\bar{x}$ est plus grande que μ_0 ou lorsque $\bar{x}$ est plus petite que μ_0. Avant de choisir l'échantillon, nous ne savons pas laquelle de ces deux situations nous rencontrerons. Pour cette raison, le calcul de la valeur-p considère les deux extrémités sous la densité $N(0, 1)$:

$$\text{valeur-}p = 2P(Z > |z_0|).$$

La valeur 2 dans la formule ci-dessus est expliquée par la symétrie de la densité de la loi $N(0, 1)$ autour de $z = 0$.

Comme dans les deux cas précédents, nous rejetons H_0 si la valeur-p est petite. Sinon, nous n'avons pas assez de preuves pour rejeter H_0. Si une valeur de α est fournie a priori, nous rejetons H_0 si et seulement si la valeur-p est plus petite que α.

Exemple 11.3 (suite). Soit X le niveau du VEMS chez la population d'hommes vaccinés pour le BCG. Nous supposons que X suit une loi normale avec une variance connue $\sigma^2 = 2{,}1$. Premièrement, nous calculons la valeur absolue :

$$|z_0| = \left|\frac{\bar{x} - \mu_0}{\sigma/\sqrt{n}}\right| = \left|\frac{4{,}52 - 4{,}00}{\sqrt{2{,}1}/\sqrt{36}}\right| = 2{,}15.$$

Dans le tableau 17.3, nous trouvons

$$\text{valeur-}p = 2P(Z > 2{,}15) = 2(1 - 0{,}9842) = 2(0{,}0158) = 0{,}0316.$$

Si la valeur de α est fournie comme $\alpha = 0{,}01$ (c'est-à-dire que nous sommes prêts à accepter seulement un risque de 1% d'effectuer une erreur de Type I), alors nous rejetons H_0 et concluons qu'il n'y a pas assez de preuves que la vaccination BCG affecte le niveau du VEMS. Cependant, si la valeur α fournie est $\alpha = 0{,}05$ (c'est-à-dire que nous sommes prêts à accepter un risque de 5% d'effectuer une erreur de Type I), alors nous rejetons H_0 et concluons que la vaccination BCG peut affecter le niveau du VEMS.

11.2 Test d'hypothèse pour la moyenne : σ^2 inconnue

Dans cette section, nous modifions la procédure développée dans la section précédente pour effectuer un test sur la moyenne μ de la population, lorsque la variance σ^2 de la population est inconnue et que la mesure X suit une loi normale.

Nous considérons trois cas séparément :

Cas (1). $H_0 : \mu = \mu_0$ contre $H_1 : \mu > \mu_0$

Cette méthode est très semblable à celle présentée dans la section 11.1, soit qu'une grande valeur de $\bar{x}$ (comparativement à μ_0) est une indication que H_0 n'est pas vraie. La seule différence est que maintenant il n'est plus pratique d'utiliser (d'approximer) la loi normale du rapport $(\bar{X} - \mu_0)/(\sigma/\sqrt{n})$, puisque le rapport dépend de la quantité inconnue σ.

Pour éviter cette difficulté, nous utilisons la même idée que dans la section 10.2, en remplaçant σ par son estimation s (l'écart-type de l'échantillon) et la loi normale centrée et réduite $N(0,1)$ par la loi $T(n-1)$. Plus précisément, nous utilisons le fait suivant : si H_0 est vraie, donc en raison de la proposition 9.4

$$T_0 = \frac{\bar{X} - \mu_0}{S/\sqrt{n}} \text{ suit une loi } T(n-1).$$

Ce test est basé sur le calcul du rapport studentisé $t_0 = (\bar{x} - \mu_0)/(s/\sqrt{n})$. Dans ce cas, t_0 est la valeur observée de la statistique de test T_0. Une grande valeur (positive) de ce rapport indique que H_0 n'est pas vraie. Pour voir si ce rapport est très grand (par rapport avec d'autres valeurs observées de différents échantillons), nous considérons le fait suivant :

$$\text{valeur-}p = P(T > t_0),$$

où T est une variable aléatoire suivant une loi $T(n-1)$.

Une petite valeur-p est une indication que $\bar{x}$ est suffisament grande. Dans ce cas, nous rejetons H_0. Sinon, nous ne pouvons pas rejeter H_0. Si une valeur de α est fournie, nous rejetons H_0 si et seulement si la valeur-p est plus petite que α.

Nous devons expliquer le calcul de la valeur-p dans ce cas. En raison des limitations du tableau 17.4, qui présente seulement les valeurs t correspondant à un nombre restreint de probabilités $P(T \leq t)$, nous sommes contraints, dans les exemples ci-dessous, de seulement trouver un intervalle dans lequel la valeur-p se situe. Pour effectuer cela, nous devons placer le rapport t_0 entre certaines valeurs que nous identifions dans le tableau 17.4, dans la rangée $\nu = n - 1$. Dans certains exemples, ceci signifie que deux valeurs $t_1 < t_2$ doivent être trouvées (dont les aires correspondantes vers la droite sont $\alpha_1 > \alpha_2$), tel que :

$$t_1 < t_0 < t_2.$$

Dans ce cas, nous déclarons que :

$$\alpha_2 < \text{ valeur-}p < \alpha_1.$$

Dans d'autres exemples, nous pouvons trouver seulement une valeur t_1 (dont l'aire correspondante vers la droite est α_1), tel que :

$$t_0 > t_1.$$

Dans ce cas, nous déclarons que la valeur-$p < \alpha_1$. Notons qu'en raison des limitations de ce processus, une comparaison avec une valeur α n'est pas toujours possible. En pratique, la valeur-p exacte est obtenue en utilisant un logiciel de calcul statistique.

Exemple 11.4. Les tortues luths sont parmi les tortues de mer les plus grosses et vivant dans les eaux les plus profondes. Leur masse immense, pouvant aller jusqu'à 2 000 livres, les aide à maintenir leur corps chaud dans les eaux glaciales. Dans les dernières années, le nombre et la taille des tortues luths dans l'Atlantique ont augmenté, en raison de la population abondante de méduses au large des côtes de la Nouvelle-Écosse, où les tortues se nourrissent après avoir fait leur nid sur les plages de Trinidad. La déclaration est que la masse moyenne d'une tortue luth de l'Atlantique est maintenant plus grande que 1 000 livres. Nous voulons tester cette déclaration, en utilisant l'hypothèse

$$H_0 : \mu = 1\,000 \quad \text{contre} \quad H_1 : \mu > 1\,000,$$

où μ est la masse moyenne d'une tortue luth de l'Atlantique.

Une erreur de Type I se produit lorsque nous décidons que la masse moyenne d'une tortue luth de l'Atlantique est plus grande que 1 000 livres, même si ce n'est pas le cas. Une erreur de Type II se produit lorsque nous concluons qu'il n'y a pas assez de preuves que la masse moyenne est plus grande que 1 000 livres quand elle l'est véritablement.

Nous utilisons un échantillon de 7 tortues luths, dont la masse moyenne est $\bar{x} = 1\,045$ livres avec un écart-type de $s = 67$ livres. Nous supposons que la masse X d'une tortue luth de l'Atlantique choisie au hasard suit une loi normale. Pour effectuer ce test, nous calculons le rapport :

$$t_0 = \frac{\bar{x} - \mu_0}{s/\sqrt{n}} = \frac{1\,045 - 1\,000}{67/\sqrt{7}} = 1{,}78.$$

Pour décider si cette valeur de 1,78 est suffisament grande pour une variable aléatoire T suivant une loi $T(6)$, nous considérons :

$$\text{valeur-}p = P(T > 1{,}78).$$

En cherchant dans la rangée $\nu = 7 - 1 = 6$ du tableau 17.4 pour une valeur près de 1,78, nous trouvons que 1,78 se situe entre 1,440 et 1,943, dont les aires correspondantes vers la droite sont respectivement 0,10 et 0,05.

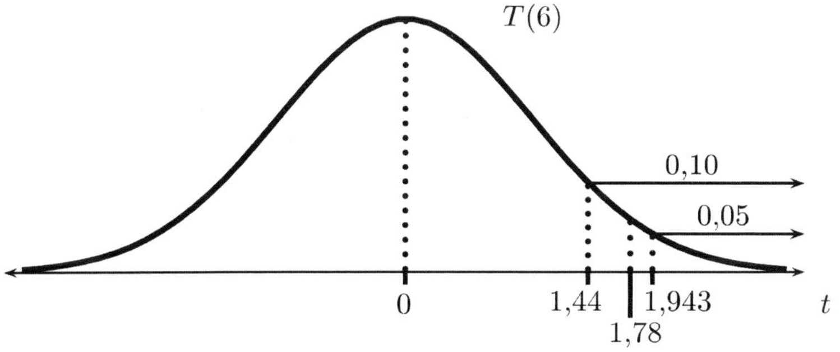

FIGURE 11.2 Loi $T(6)$

Nous concluons que :

$$0{,}05 < \text{valeur-}p < 0{,}10.$$

En utilisant un logiciel de calcul statistique, nous trouvons que la valeur-p=0,063.

Premièrement, supposons que la valeur de α est 0,05, c'est-à-dire que nous sommes prêts à accepter un risque de 5% d'effectuer une erreur de Type I. Puisque la valeur-p est plus grande que 0,05, nous ne pouvons pas rejeter H_0 et nous concluons qu'il n'y a pas assez de preuves pour prouver que la masse moyenne des tortues luths de l'Atlantique est plus grande que 1 000 livres.

Ensuite, supposons que nous sommes prêts à accepter un risque de 10% d'effectuer une erreur de Type I (c'est-à-dire $\alpha = 0{,}10$). Dans ce cas, puisque la valeur-p est plus petite que 0,10, nous rejetons H_0 en faveur de H_1 et concluons que la masse moyenne des tortues luths de l'Atlantique est plus grande que 1 000 livres.

Cas (2). $H_0 : \mu = \mu_0$ contre $H_1 : \mu < \mu_0$

Ce test est aussi basé sur le calcul du même rapport $t_0 = (\bar{x} - \mu_0)/(s/\sqrt{n})$. Une valeur négative de ce rapport indique que H_1 peut être vraie. Pour démontrer que ce rapport est loin de 0 (par rapport à d'autres valeurs observées dans d'autres échantillons), nous considérons le fait suivant :

$$\text{valeur-}p = P(T < t_0),$$

où T est une variable aléatoire suivant une loi $T(n-1)$. Si la valeur-p est petite, nous rejetons H_0. Sinon, nous ne pouvons pas rejeter cette hypothèse.

Exemple 11.5. Plus de 20% de l'oxygène de la planète est produit dans la forêt tropicale de l'Amazone. L'arbre kapok géant (*Ceiba pentandra*) est l'arbre le plus grand de la forêt de l'Amazone avec une hauteur pouvant aller jusqu'à 200 pieds et un diamètre de tronc de 9 ou 10 pieds. Cet arbre est l'hôte de nombreuses plantes aériennes, d'insectes et d'oiseaux. Le taux de croissance moyen pour l'arbre kapok géant est de 10 pieds par année. Des chercheurs craignent que, durant les dernières années, le taux de croissance de cet arbre ait diminué, en raison du changement climatique et de la déforestation. Nous voulons tester cette déclaration, en supposant que le taux de croissance X d'un arbre choisi au hasard suit une loi normale avec une moyenne inconnue μ. Un échantillon de 15 kapoks géants a montré un taux de croissance annuel moyen de $\bar{x} = 8{,}5$ pieds et un écart-type d'échantillon de $s = 2{,}1$ pieds. Les hypothèses que nous voulons comparer sont :

$$H_0 : \mu = 10 \quad \text{contre} \quad H_1 : \mu < 10.$$

Une erreur de Type I se produit lorsque nous décidons que le taux de croissance annuel a diminué quand ce n'est pas le cas. Une erreur de Type II se produit lorsque nous décidons que le taux de croissance annuel est demeuré le même, quand en fait il a diminué.

Pour effectuer ce test, nous devons premièrement observer que $\bar{x} = 8{,}5 < \mu_0 = 10$. Donc, nous pouvons procéder dans la direction de H_1. Pour effectuer cela, nous calculons le rapport :

$$t_0 = \frac{\bar{x} - \mu_0}{s/\sqrt{n}} = \frac{8{,}5 - 10}{2{,}1/\sqrt{15}} = -2{,}77.$$

Dans ce cas,

$$\text{valeur-}p = P(T < -2{,}77) = P(T > 2{,}77),$$

où T est une variable aléatoire suivant une loi $T(14)$. Notons que pour la deuxième égalité ci-dessus, nous avons utilisé la symétrie de la loi $T(14)$. En cherchant dans la rangée $\nu = 14$ du tableau 17.4, nous trouvons que 2,77 se situe entre les valeurs 2,624 et 2,977, dont les aires correspondantes vers la droite sont respectivement 0,01 et 0,005. Donc,

$$0{,}005 < \text{valeur-}p < 0{,}01.$$

En utilisant un logiciel de calcul statistique, nous trouvons que la valeur-p=0,008.

Puisque la valeur-p est plus petite que $\alpha = 0{,}01$, nous rejetons H_0 et concluons que le taux de croissance annuel de l'arbre kapok a diminué.

Cas (3). $H_0 : \mu = \mu_0$ contre $H_1 : \mu \neq \mu_0$

Comme dans le Cas (3) de la section 11.1, nous calculons la valeur absolue de t_0. La formule de la valeur-p utilise les deux extrémités de la loi $T(n-1)$ et la symétrie de cette loi (ce qui explique la valeur 2 dans la formule ci-dessous) :

$$\text{valeur-}p = 2P(T > |t_0|).$$

Comme dans les deux cas précédents, nous devons obtenir une petite valeur-p pour pouvoir rejeter H_0 en faveur de H_1.

Exemple 11.6. Des mesures calculant la viscosité sanguine ont été effectuées sur des souris de laboratoire. Une valeur normale devrait être près de 3,95. Des chercheurs qui effectuent des tests liés à un nouveau médicament soupçonnent que celui-ci pourrait avoir modifié le niveau de viscosité sanguine des souris, mais ils ne connaissent pas la direction du changement. Des niveaux qui sont trop bas ou trop élevés ne sont pas acceptables. Nous voulons déterminer s'il y a assez des preuves que le niveau moyen de viscosité ait dévié suffisamment de la valeur de 3,95, en raison de ce nouveau médicament. Nous voulons tester :

$$H_0 : \mu = 3{,}95 \quad \text{contre} \quad H_1 : \mu \neq 3{,}95,$$

où μ est le niveau moyen de viscosité sanguine pour les souris qui ont été traitées avec ce nouveau médicament.

Une erreur de Type I se produit lorsque nous décidons que le niveau de viscosité est affecté par le médicament, quand en fait ce n'est pas le cas.

Une erreur de Type II se produit lorsque nous n'obtenons pas de preuves que le médicament affecte le niveau de viscosité, même s'il l'affecte.

Un échantillon de 9 souris montre un niveau moyen de viscosité $\bar{x} = 5{,}25$ et un écart-type d'échantillon $s = 0{,}6$. Nous calculons le rapport :

$$t_0 = \frac{\bar{x} - \mu_0}{s/\sqrt{n}} = \frac{5{,}25 - 3{,}95}{0{,}6/\sqrt{9}} = 6{,}50$$

et alors,

$$\text{valeur-}p = 2P(T > 6{,}50),$$

où T est une variable aléatoire suivant une loi $T(8)$. En cherchant dans la rangée $\nu = 9 - 1 = 8$ du tableau 17.4, nous observons que 6,50 est plus grande que la dernière valeur présentée dans le tableau, c'est-à-dire 3,355 (dont l'aire correspondante vers la droite est 0,005). Donc, $P(T > 6{,}5) < 0{,}005$ et

$$\text{valeur-}p < 2(0{,}005) = 0{,}01.$$

En utilisant un logiciel de calcul statistique, nous trouvons que la valeur-p=0,0002.

Puisque la valeur-p est très petite, nous rejetons H_0 et concluons que le nouveau médicament affecte le niveau de viscosité sanguine.

Nous devons mentionner qu'en pratique, si la taille de l'échantillon est grande (c'est-à-dire, $n \geq 40$), nous pouvons remplacer T par une variable aléatoire normale centrée et réduite Z dans le calcul de la valeur-p. Ceci est appellé un *test à grand échantillon* et est justifié par le fait que la distribution de T_0 devient approximativement normale centrée et réduite, lorsque n est assez grand (voir la proposition 9.5).

11.3 Test d'hypothèse pour la proportion

Dans cette section, nous voulons comparer deux hypothèses qui sont des affirmations concernant la proportion p d'individus qui partagent une caractéristique commune dans une population donnée. Rappelons-nous que dans la section 9.2, une estimation pour p est :

$$\hat{p} = \frac{y}{n}$$

où y représente le nombre d'individus avec la caractéristique désirée dans un échantillon de taille n.

Exemple 11.7. Un article récent paru dans la revue *National Geographic* (avril 2009) aborde une forme d'infection fongique, chytridiomycosis (ou chytride), qui anéantit les amphibiens sur tous les continents où vivent les grenouilles. Le projet international «Amphibian Ark» est un projet qui vise à garder au moins 500 espèces d'amphibiens en captivité dans le but de les réintroduire lorsque la crise sera résolue. En milieu naturel, un taux d'infection plus haut que 90% est critique pour la survie d'une espèce. Des chercheurs soupçonnent que ce taux a déjà été atteint chez les grenouilles de montagne à pattes jaunes dans le Bassin de Soixante Lacs dans le Sierra Nevada en Californie. Dans un échantillon de 85 grenouilles, 77 ont testé positives quant à une infection au champignon chytride. Nous voulons tester les hypothèses :

$$H_0 : p = 0,90 \quad \text{versus} \quad H_1 : p > 0,90,$$

où p est la proportion de grenouilles de montagne à pattes jaunes dans le Bassin de Soixante Lacs qui sont infectées par le champignon chytride. Une estimation pour p est :

$$\hat{p} = \frac{77}{85} = 0{,}906, \quad \text{ou} \quad 90{,}6\%.$$

Une erreur de Type I se produit lorsque nous décidons que le taux d'infection excède le taux critique de 90%, quand ce n'est pas le cas. Une erreur de Type II se produit lorsque nous ne pouvons pas prouver que le taux d'infection excède le taux critique de 90%, même s'il l'excède véritablement.

Exemple 11.8. Le médicament topiramate (couramment connu sous le nom de topamax au Canada et aux États-Unis) a été approuvé pour le traitement de l'épilepsie en 1995. En 2004, l'Administration américaine des aliments et des drogues a approuvé le médicament pour le traitement des migraines. Les effets secondaires du traitement avec le topiramate comprennent la fatigue, la nausée et la confusion. Nous voulons prouver que ces effets secondaires apparaissent chez moins de 6% de la population. Dans un groupe de 150 patients traités avec le topiramate, seulement 6 ont souffert d'effets secondaires. Nous voulons tester les hypothèses :

$$H_0 : p = 0{,}06 \quad \text{contre} \quad H_1 : p < 0{,}06,$$

où p est la proportion (inconnue) de gens qui souffrent d'effets secondaires, parmi ceux utilisant le topiramate. Une estimation de p est :

$$\hat{p} = \frac{6}{150} = 0{,}04, \quad \text{ou} \quad 4\%.$$

Une erreur de Type I se produit lorsque nous décidons que le pourcentage de gens qui souffrent d'effets secondaires est plus bas que 6%, même si ce n'est pas le cas. Une erreur de Type II se produit lorsque nous ne pouvons pas prouver que le pourcentage de gens qui souffrent d'effets secondaires est plus bas que 6%, quand c'est en fait le cas.

Exemple 11.9. Les détergents conventionnels sont basés sur des produits pétrochimiques qui représentent une source appauvrissante de matériaux non renouvelables et dont les résidus sont peu biodégradables, s'accumulant ainsi dans l'environnement. En comparaison, les détergents écologiques sont biodégradables, étant produits en utilisant des ingrédients d'origine renouvelable. L'efficacité des détergents écologiques à éliminer des taches d'huile est estimée à approximativement 80%. Un nouveau détergent écologique a été utilisé dans un échantillon de 500 brassées de lavage contenant des items avec des taches d'huile. Parmi l'échantillon, 435 brassées ont montré en une élimination complète des taches d'huile. À partir de cet échantillon, nous voulons tester l'hypothèse :

$$H_0 : p = 0{,}80 \quad \text{contre} \quad H_1 : p \neq 0{,}80,$$

où p est l'efficacité à éliminer les taches d'huiles du détergent écologique. Une estimation de p est :

$$\hat{p} = \frac{435}{500} = 0{,}87, \quad \text{ou} \quad 87\%.$$

Une erreur de Type I se produit lorsque nous décidons que l'efficacité du nouveau détergent est nettement différente de 80%, quand ce n'est pas le cas. Une erreur de Type II se produit lorsque nous ne pouvons pas prouver que l'efficacité du nouveau détergent est différente de 80%, même si elle l'est véritablement.

Nous considérons les trois cas suivants :

Cas (1). $H_0 : p = p_0$ contre $H_1 : p > p_0$

Dans ce cas, nous voulons démontrer que la proportion inconnue p est plus grande qu'une valeur numérique fixe p_0. Pour continuer dans cette direction, nous devons premièrement nous assurer que l'estimation $\hat{p}$ est plus grande que p_0. Une grande différence entre $\hat{p}$ et p_0 est une bonne indication que H_1 est vraie. La prochaine question est la suivante : quelle doit être la différence $\hat{p} - p_0$, avant que nous ne puissions rejeter H_0 ? Pour répondre à cette question, nous utilisons le fait que si H_0 est vraie, alors

$$Z_0 = \frac{\hat{p} - p_0}{\sqrt{p_0(1 - p_0)/n}} \quad \text{suit approximativement une loi } N(0, 1),$$

si n est grand.

Notre décision se base sur la valeur observée de la statistique du test :

$$z_0 = \frac{\hat{p} - p_0}{\sqrt{p_0(1 - p_0)/n}}.$$

Une grande valeur de ce rapport indique que H_1 pourrait être vraie. L'idée est de comparer ce rapport avec toutes les valeurs possibles (qui pourraient être observées dans d'autres échantillons), par l'entremise de la valeur-p. Dans ce cas,

$$\text{valeur-}p = P(Z > z_0).$$

Si la valeur-p est petite, il devient moins probable que H_0 soit vraie. Nous rejetons H_0 (et obtenons des preuves pour H_1), si la valeur-p est très petite.

Exemple 11.7 (suite). Dans ce cas, $\hat{p} = 0{,}906$, $n = 85$ et $p_0 = 0{,}90$. Nous calculons la valeur observée de la statistique du test :

$$z_0 = \frac{\hat{p} - p_0}{\sqrt{p_0(1 - p_0)/n}} = \frac{0{,}906 - 0{,}90}{\sqrt{(0{,}90)(0{,}10)/85}} = 0{,}18.$$

La valeur-p est :

$$\text{valeur-}p = P(Z > 0{,}18) = 1 - 0{,}5714 = 0{,}4286.$$

Puisque la valeur-p est grande, nous ne pouvons pas rejeter H_0. Nous concluons qu'il n'y a pas assez de preuves que le taux d'infection est plus grand que 90%.

Cas (2). $H_0 : p = p_0$ contre $H_1 : p < p_0$

Pour continuer dans la direction de H_1, l'estimation $\hat{p}$ doit être plus petite que p_0. La procédure du test est basée sur le même rapport z_0, comme dans le Cas (1). Dans ce cas, le rapport est négatif, et la valeur-p est :

$$\text{valeur-}p = P(Z < z_0).$$

Nous rejetons H_0 si la valeur-p est petite.

Exemple 11.8 (suite). En utilisant $p_0 = 0{,}06$, $n = 150$, et $\hat{p} = 0{,}04$, nous calculons la valeur observée de la statistique du test :

$$z_0 = \frac{\hat{p} - p_0}{\sqrt{p_0(1 - p_0)/n}} = \frac{0{,}04 - 0{,}06}{\sqrt{(0{,}06)(0{,}94)/150}} = -1{,}03.$$

En utilisant le tableau 17.2, nous obtenons :

$$\text{valeur-}p = P(Z < -1{,}03) = 0{,}1515.$$

Puisque la valeur-p est grande, nous ne pouvons pas rejeter H_0 en faveur de H_1. La conclusion est que cet échantillon ne contient pas assez de preuves que le pourcentage de gens souffrant d'effets secondaires en raison de l'utilisation du topiramate est plus petit que 0,06.

Cas (3). $H_0 : p = p_0$ contre $H_1 : p \neq p_0$

Dans ce cas, nous calculons la valeur absolue du rapport z_0. La valeur-p est :

$$\text{valeur-}p = 2P(Z > |z_0|).$$

Comme dans les deux cas précédents, nous rejetons H_0 en faveur de H_1, si la valeur-p est petite.

Exemple 11.7 (suite). Dans ce cas, $p_0 = 0{,}80$, $\hat{p} = 0{,}87$ et $n = 500$. Nous calculons la valeur absolue :

$$|z_0| = \left| \frac{\hat{p} - p_0}{\sqrt{p_0(1 - p_0)/n}} \right| = \left| \frac{0{,}87 - 0{,}80}{\sqrt{(0{,}80)(0{,}20)/500}} \right| = 3{,}91.$$

En utilisant le tableau 17.3, nous trouvons que :

$$\text{valeur-}p = 2P(Z > 3{,}91) < 2(0{,}0001) = 0{,}0002.$$

(Nous avons utilisé le fait que la valeur 3,91 est plus grande que la valeur la plus élevée présentée dans le tableau 17.3, c'est-à-dire 3,89, dont l'aire vers la droite est 0,0001.) Puisque la valeur-p est très petite, nous rejetons H_0 et concluons que l'efficacité du nouveau détergent écologique est différent de 0,80.

11.4 Exercices

Exercice 11.1. La nappe glaciale du Groenland couvre environ 80% de la surface du pays, étant le deuxième corps de glace le plus large au monde, après la nappe glaciale de l'Antarctique. Pendant que le climat arctique se réchauffe rapidement, la nappe glaciale du Groenland a subi des fontes records dans les dernières années. Les données suivantes présentent la profondeur de la nappe glaciale (en m) mesurée à des endroits variés durant les mois d'été dans le Parc National du nord-est du Groenland :

3115 3133 3123 3145 3125 3131 3127 3120 3118 3124

En utilisant ces données, y a-t-il assez de preuves que la profondeur moyenne de la nappe glaciale est inférieure à 3140 m ? Supposons que la profondeur de la nappe glaciale suit une loi normale.

Exercice 11.2. L'article [7] étudie l'acquisition de données de pluviosité dans la partie Guinée Savanna du Niger. Un des problèmes majeurs de l'acquisition de données en Afrique subsaharienne est lié aux erreurs instrumentales qui sont associées au fonctionnement des instruments. Une erreur rencontrée fréquemment avec les pluviomètres (instruments utilisés par les hydrologistes) se produit lors du cycle de siphonnement lorsque la pluie continue à entrer dans le pluviomètre. Supposons que l'erreur de la mesure est une variable aléatoire normale avec une moyenne inconnue μ et un écart-type connu $\sigma = 0{,}5$ mm. Dans un échantillon de 16 observations, l'erreur moyenne des mesures était $\bar{x} = 0{,}28$ mm. Y a-t-il assez de preuves que l'erreur moyenne des mesures μ excède la limite de 0,25 mm ?

Exercice 11.3. Référez-vous à l'exercice 10.6. En utilisant ces données, pouvez-vous conclure que le rendement moyen a augmenté par rapport au rendement moyen de 2,7 kg par année ?

Exercice 11.4. Référez-vous à l'exercice 6.5. En utilisant ces données, pouvez-vous conclure que l'utilisation de ce médicament est préférable au fait de n'utiliser aucune médication pour réduire la douleur ? (Indice : Utilisez la loi binomiale pour calculer la valeur-p, puisque la taille de l'échantillon est petite.)

Exercice 11.5. Pendant plusieurs années, un fermier n'a pas séché ses graines d'orge au four avant l'ensemencement. (Sécher au four implique de sécher dans une enceinte isolée où la circulation de l'air, la température et l'humidité sont contrôlées.) Les graines non séchées offrent un rendement moyen de 672 kg d'orge par $4000\,\mathrm{m}^2$. Cette année le fermier a décidé de sécher ses graines d'orge au four avant l'ensemencement. Dix variétés d'orge séché sont ensemencées. Les rendements (en kg par $4000\,\mathrm{m}^2$) sont présentés ci-dessous.

652,3 706,1 679,9 630,9 664,0 647,5 697,6 686,8 722,6 655,0

(a) En utilisant ces données, pouvez-vous conclure que le rendement moyen a augmenté ? (Vérifiez premièrement que les rendements suivent une loi normale.)
(b) Produisez un intervalle de confiance de 95% pour le rendement moyen de l'orge séché au four.

Exercice 11.6. Référez-vous à l'exercice 10.8. Y a-t-il assez de preuves pour conclure que le nouveau médicament a un plus haut taux d'efficacité par rapport à un autre médicament qui est efficace dans 66% des cas ? Utilisez un test d'hypothèse avec un niveau de signification $\alpha = 0{,}10$.

Saviez-vous que ? *William Gosset a été étudiant en chimie et en mathématiques. Il a aussi travaillé et étudié pendant la période de 1906-1907 dans le laboratoire de biométrie de Karl Pearson à l'Université Collège de Londres. La loi de Student a été découverte par Gosset lors de son travail en tant que brasseur et scientifique chez Guiness au début du 20*e *siècle. Guiness empêchait ses employés de publier, donc Gosset utilisa le pseudonyme Student. Lorsqu'il effectuait le contrôle de qualité pour Guiness, Gosset a reconnu le besoin de développer des méthodes statistiques pour de petits échantillons, c'est-à-dire des méthodes qui ne dépendent pas de résultats asymptotiques tels que le théorème de la limite centrale. Il a été capable de deviner la forme de la densité de la studentisation* $(\overline{X}-\mu)/(S/\sqrt{n})$ *de la moyenne d'échantillon, sous l'hypothèse que la population était normale. Il a utilisé des arguments mathématiques et des travaux empiriques (expériences) pour créer la loi* T. *Les résultats de Gosset ont été confirmés plus tard par Ronald Fisher. Fisher appréciait l'importance du travail de Gosset sur les petits échantillons, ce qui lui a inspiré beaucoup de ses propres recherches.*

Chapitre 12

Comparaison de deux échantillons indépendants

Les biologistes veulent souvent comparer des groupes. Considérons les exemples suivants. Est-ce que deux différentes espèces d'hirondelles produisent des œufs similaires, en moyenne ? Est-ce qu'un type d'engrais produit des plantes plus grandes en moyenne par rapport à un autre type d'engrais ? Dans ce chapitre, nous introduisons des méthodes pour comparer deux groupes indépendants. Nous expliquons comment l'estimation par intervalle et les tests d'hypothèses peuvent être utilisés pour démontrer s'il y a des différences entre deux populations. Nous discutons premièrement des techniques pour comparer les moyennes et, à la fin du chapitre, des techniques pour comparer les proportions.

12.1 Plan d'expérience/d'étude

Lors de l'analyse de données, il est important de considérer le plan de l'étude ou de l'expérience. Ceci est essentiel lors de la comparaison de groupes. Le plan d'une étude dicte souvent le modèle de probabilité qui sera utilisé pour décrire le processus d'acquisition de données d'une population qui nous intéresse. Ce n'est que lorsque le modèle de probabilité est approprié que nous pouvons généraliser aux populations nos résultats tirés d'échantillons.

Les chercheurs veulent fréquemment comparer des groupes qui représentent les résultats d'une expérience contrôlée qui a été effectuée sous différentes conditions expérimentales. Par exemple, une simple expérience peut être conçue pour tester la déclaration qu'un certain type d'engrais produit des plantes plus grandes par rapport à un autre type d'engrais. La variable-réponse dans ce cas est la grandeur des plantes. Le facteur primaire pour cette expérience est l'engrais. Les niveaux du facteur sont appelés des *traitements*. Donc, les traitements dans ce cas sont les types d'engrais. Dans une expérience contrôlée, nous assignons les traitements à des unités expérimentales, qui pourraient être des lots avec un semis dans cet exemple. L'assignation détermine les groupes de traitements.

Il est possible qu'il y ait des facteurs non contrôlés qui pourraient affecter la variable-réponse. Ils sont appelés des *facteurs de nuisance*. Par exemple, la prédisposition génétique d'un semis à produire une grande plante pourrait représenter un facteur nuisant. La *randomisation* est utilisée pour diviser les effets des facteurs nuisants entre les différents groupes. Dans notre exemple, nous devrions assigner aléatoirement les types d'engrais aux semis.

L'objectif d'une expérience contrôlée est de déterminer s'il y a un lien *cause à effet*. Dans notre cas, ceci indique que l'utilisation du nouvel engrais produit des plantes plus grandes en moyenne. Si l'expérience contrôlée est randomisée et que les groupes de traitements sont nettement différents statistiquement, nous pouvons être assurés qu'il y a un lien cause à effet.

Un des plans expérimentaux les plus simples est appelé un *plan aléatoire complet*. Pour des plans aléatoires complets, les niveaux de facteurs primaires sont assignés aléatoirement aux unités expérimentales. Notre expérience d'engrais utilise un tel plan. Les outils présentés dans ce chapitre s'appliquent au plan aléatoire complet.

Dans certaines circonstances, la distribution de la variable-réponse peut être très dispersée. Cette variabilité pourrait être due aux facteurs nuisants. Par exemple, les hommes et les femmes pourraient réagir différemment à un certain médicament. Ce facteur de nuisance peut être prohibitif, dans le sens que nous devrions utiliser des échantillons de très grande taille pour identifier les effets significatifs des traitements. Pour réduire cette nuisance, nous créons des sous-groupes homogènes, appelés des *blocs*. La variance parmi chaque bloc devrait être plus petite que pour l'échantillon en entier. Donc, les estimations à l'intérieur de ces blocs devraient être plus précises. En combinant les estimations des blocs, nous devrions obtenir une estimation de l'effet du traitement qui est plus précise que sans l'utilisation des blocs.

Si nous assignons aléatoirement tous les traitements aux unités expérimentales pour chaque bloc, alors nous disons que l'expérience a un *plan à blocs aléatoires complets*. Par exemple, si nous voulons comparer un médicament à un placebo et que nous croyons que le sexe affecte la variable-réponse, nous divisons les sujets en blocs selon leur sexe. Si nous avons dix sujets de chaque sexe, nous assignons aléatoirement le médicament à cinq sujets de chaque sexe. Le reste des sujets reçoivent le placebo. Nous ne discutons pas de l'analyse de plans à blocs dans ce chapitre.

Les techniques présentées dans ce chapitre s'appliquent non seulement aux études expérimentales, mais aussi dans un cadre non expérimental. Considérons l'étude [55], où les auteurs comparent la biologie de reproduction de l'hirondelle messagère en Australie et en Nouvelle-Zélande. Le facteur (dans ce cas, l'endroit) n'est pas assigné à l'unité de l'étude (l'oiseau). Une telle étude est appelée une *étude observationnelle.*

Une étude observationnelle peut identifier les associations, mais non la causalité. Nous n'assignons pas aléatoirement les traitements aux unités d'étude. Donc, il y a un risque que toute association que nous trouvons entre la variable-réponse et le facteur pourrait être due à une troisième variable, nommée une variable *parasite* ou *confusionnelle*, qui n'est pas distribuée également parmi les groupes. Peut-être que l'accès à la nourriture a causé la différence dans la biologie de reproduction, et non l'endroit. Donc, nous ne devrions pas dire que c'est le facteur observationnel qui a causé des résultats signifiants. Cependant, nous pouvons dire qu'il y a une association.

Les techniques présentées dans ce chapitre peuvent être utilisées pour comparer des échantillons d'une étude observationnelle, s'il est raisonnable d'assumer que les observations parmi les échantillons sont indépendantes et que les deux échantillons sont indépendants.

12.2 Intervalles de confiance et tests pour les moyennes

Dans cette section, nous présentons des techniques pour comparer les moyennes de deux populations indépendantes. Nous utilisons X_1 et X_2 pour noter les mesures aléatoires tirées de la population 1 et la population 2, respectivement. Leurs moyennes sont notées par $\mu_1 = E(X_1)$ et $\mu_2 = E(X_2)$, et leurs variances sont notées par $\sigma_1^2 = \text{Var}(X_1)$ et $\sigma_2^2 = \text{Var}(X_2)$. Nous supposons que les échantillons, de taille n_1 pour la population 1 et n_2 pour la population 2, sont aléatoires.

Pour comparer deux moyennes, nous examinons la différence entre elles, $\mu_1 - \mu_2$. Nous considérons quatre cas : (1) populations normales (ou générales) avec des variances connues σ_1^2 et σ_2^2 (des échantillons de grandes tailles sont requis si les populations ne sont pas normales) ; (2) populations normales avec des variances inconnues, mais égales ($\sigma_1^2 = \sigma_2^2$) et (possiblement) de petites tailles d'échantillons ; (3) populations normales avec des variances inconnues et inégales ($\sigma_1^2 \neq \sigma_2^2$) et (possiblement) de petites tailles d'échantillons ; et (4) populations générales avec des variances inconnues et de grandes tailles d'échantillons.

Nous débutons la discussion avec l'estimation ponctuelle. Un estimateur naturel de $\mu_1 - \mu_2$ est la différence $\overline{X}_1 - \overline{X}_2$ entre les moyennes d'échantillons. Cet estimateur est non biaisé puisque sa valeur espérée est $E(\overline{X}_1 - \overline{X}_2) = \mu_1 - \mu_2$. La variance de cet estimateur est

$$\text{Var}(\overline{X}_1 - \overline{X}_2) = \frac{\sigma_1^2}{n_1} + \frac{\sigma_2^2}{n_2}.$$

Comme pour l'estimation de la moyenne dans le cas d'un seul échantillon, une plus grande précision de l'estimation est obtenue si la taille de l'échantillon est plus grande. En outre, lorsque nous centrons et réduisons $\overline{X}_1 - \overline{X}_2$, nous obtenons

$$\frac{\overline{X}_1 - \overline{X}_2 - (\mu_1 - \mu_2)}{\sqrt{\sigma_1^2/n_1 + \sigma_2^2/n_2}} \text{ suit une loi } N(0,1). \tag{12.1}$$

Les statistiques du test que nous abordons dans cette section sont basées sur (et sont des modifications de) la statistique (12.1).

Nous considérons l'inférence concernant la différence $\mu_1 - \mu_2$. L'hypothèse nulle est de la forme $H_0 : \mu_1 - \mu_2 = \delta_0$, où δ_0 est une valeur numérique donnée. Notons que lorsque $\delta_0 = 0$, l'hypothèse nulle devient $H_0 : \mu_1 - \mu_2 = 0$ ou de façon équivalente $H_0 : \mu_1 = \mu_2$.

Cas (1). Populations normales (ou générales) avec des variances connues σ_1^2 et σ_2^2

Ce cas n'est habituellement pas rencontré en pratique. Nous l'examinons surtout pour des raisons théoriques. Dans ce cas, nous utilisons la statistique du test suivante :

$$Z_0 = \frac{\overline{X}_1 - \overline{X}_2 - \delta_0}{\sqrt{\sigma_1^2/n_1 + \sigma_2^2/n_2}}. \tag{12.2}$$

Si H_0 est vraie, la distribution d'échantillonage de Z_0 est normale centrée et réduite. Donc, nous pouvons utiliser le tableau 17.3 (p. 270) pour calculer la valeur-p correspondante. Rappelons-nous que la valeur-p est la probabilité d'observer une valeur aussi extrême que la valeur observée actuelle, en supposant que l'hypothèse nulle soit vraie. Puisque notre définition d'une valeur extrême dépend de l'hypothèse alternative, le calcul de la valeur-p dépend aussi de l'hypothèse alternative.

Notons que, lorsque les deux échantillons sont grands, la différence centrée et réduite donnée par (12.1) suit approximativement une loi normale centrée et réduite, même si les populations ne suivent pas une loi normale. (Ceci est une application du théorème central limite, voir la proposition 9.5.)

Le tableau 12.1 présente la valeur-p pour tester l'hypothèse nulle $H_0 : \mu_1 - \mu_2 = \delta_0$ contre une des hypothèses alternatives H_1. Dans ce tableau, Z suit une loi normale centrée et réduite et $z_0 = (\overline{x}_1 - \overline{x}_2 - \delta_0)/\sqrt{\sigma_1^2/n_1 + \sigma_2^2/n_2}$ est la valeur observée de la statistique de test Z_0 donnée par (12.2).

Tableau 12.1 La valeur p dans le Cas (1)

Hypothèse alternative	Valeur-p
$H_1 : \mu_1 - \mu_2 > \delta_0$	$P(Z > z_0)$
$H_1 : \mu_1 - \mu_2 < \delta_0$	$P(Z < z_0)$
$H_1 : \mu_1 - \mu_2 \neq \delta_0$	$2\,P(Z > \lvert z_0\rvert)$

La valeur-p est une mesure des preuves que nous avons contre l'hypothèse nulle. Une petite valeur-p indique une plus grande incompatibilité entre les données et l'hypothèse nulle. Effectivement, la valeur-p est le plus petit niveau de signification avec lequel l'hypothèse nulle peut être rejetée par rapport aux données disponibles. Si la valeur-p est plus petite que α, nous rejetons l'hypothèse nulle en faveur de l'hypothèse alternative. Lorsque l'hypothèse nulle $H_0 : \mu_1 - \mu_2 = 0$ est rejetée, il est souvent dit que la différence entre μ_1 et μ_2 est statistiquement significative.

La valeur-p est une statistique qui mesure le risque associé avec le rejet de l'hypothèse nulle. Cependant, elle ne donne pas une vue d'ensemble. Le test d'hypothèse est plutôt un outil diagnostic. Nous devons évaluer sa spécificité et sa sensibilité (couramment appelée la *puissance* dans le contexte des tests d'hypothèse). Nous pouvons contrôler sa spécificité (nos chances de ne pas pouvoir rejeter H_0 lorsque H_0 est vraie) avec l'utilisation d'un niveau de signification. Nous pouvons utiliser un intervalle de confiance pour évaluer sa sensibilité (nos chances de rejeter H_0 lorsque H_1 est vraie).

Un intervalle de confiance est aussi utile comme outil si le but est de simplement estimer la différence des moyennes. Un intervalle de confiance pour $\mu_1 - \mu_2$ à un seuil de confiance de $(1 - \alpha)\,100\%$ est

$$\overline{x}_1 - \overline{x}_2 \pm z\sqrt{\frac{\sigma_1^2}{n_1} + \frac{\sigma_2^2}{n_2}}$$

où z est une valeur telle que $P(-z < Z < z) = 1 - \alpha$ et Z suit une loi normale centrée et réduite.

Que la différence soit statistiquement considérable ou non, il est important d'évaluer la sensibilité du test d'hypothèse. Ce processus sera démontré à l'aide d'exemples. Pour évaluer la sensibilité du test, nous devons premièrement évaluer la signification pratique (biologique ou clinique). Par exemple, considérons la comparaison de niveaux moyens de triglycérides pour deux groupes. Le chercheur peut décider qu'une différence des moyennes de 5 mg/dl n'est pas biologiquement importante, mais qu'une différence de 20 mg/dl le soit. Les chercheurs déterminent l'importance pratique en utilisant leur bon raisonnement et leur expérience.

Supposons que nous avons trouvé une différence statistiquement significative dans les niveaux moyens de triglycérides. Le chercheur produit un intervalle de confiance à un seuil de 95% pour la différence des moyennes et observe que la différence des moyennes se situe entre 2,3 mg/dl et 4,7 mg/dl. Le chercheur conclut que les moyennes sont statistiquement différentes, mais que la différence n'est pas importante biologiquement (ou cliniquement). Dans cet exemple, le test est très sensible puisqu'il peut identifier des différences entre les moyennes qui n'ont guère d'importance pratique.

Maintenant, imaginons un scénario dans lequel la valeur-p est grande, donc où nous ne pouvons pas rejeter l'hypothèse nulle que les moyennes sont égales. Le chercheur produit un intervalle de confiance à un seuil de 95% pour la différence entre les moyennes et trouve que la différence se situe entre $-2{,}5$ mg/dl et 24,1 mg/dl. L'erreur maximale de l'estimation est grande. Il est possible que nous n'avons pas pu rejeter l'hypothèse nulle en raison d'une taille d'échantillon inadéquate. Le test n'est pas assez sensible (aussi dit «peu puissant») pour identifier une différence d'importance biologique.

Une grande valeur-p ne devrait pas être automatiquement interprétée comme une preuve pour supporter l'hypothèse nulle, de même qu'une petite valeur-p ne devrait pas être automatiquement interprétée comme une preuve pour supporter la signification pratique. Ultimement, tous les biologistes devraient être intéressés par l'importance biologique, qui peut être évaluée en utilisant des intervalles de confiance.

Cas (2). Populations normales avec des variances inconnues, mais égales ($\sigma_1^2 = \sigma_2^2$) et (possiblement de petites tailles d'échantillons

Dans le Cas (1), nous avons discuté de l'inférence concernant $\mu_1 - \mu_2$ pour des populations indépendantes et normales, sous la condition que les variances sont connues. Dans les Cas (2), (3) et (4), nous utilisons les techniques suivantes lorsque les variances sont inconnues.

Dans le Cas (2), les conditions sous-jacentes de notre modèle sont des populations indépendantes et normales avec des variances égales, mais inconnues. En outre, les tailles d'échantillons peuvent être petites. Nous notons la variance commune par σ^2. Avec la supposition d'homogénéité de la variance, la centralisation et réduction de l'estimateur $\overline{X}_1 - \overline{X}_2$ devient

$$\frac{\overline{X}_1 - \overline{X}_2 - (\mu_1 - \mu_2)}{\sigma\sqrt{1/n_1 + 1/n_2}} \text{ suit une loi } N(0,1).$$

Puisque σ^2 est inconnue, nous ne pouvons pas baser notre inférence sur cette statistique. En notant la variance d'un échantillon d'une population i pour $i = 1, 2$ par S_i^2 et en utilisant le fait que $E(S_i^2) = \sigma_i^2 = \sigma^2$, ceci signifie que S_1^2 et S_2^2 sont des estimateurs non biaisés de la variance commune σ^2. Nous les combinons pour obtenir un meilleur estimateur de σ^2. Une des combinaisons possibles est de calculer la moyenne pondérée des variances avec la pondération basée sur leurs degrés de liberté respectifs. Nous obtenons donc un estimateur non biaisé de σ^2, appelé *variance groupée (ou combinée) de l'échantillon* :

$$S_p^2 = \frac{\nu_1}{\nu_1 + \nu_2}\, S_1^2 + \frac{\nu_2}{\nu_1 + \nu_2}\, S_2^2 = \frac{(n_1 - 1)S_1^2 + (n_2 - 1)S_2^2}{n_1 + n_2 - 2},$$

où $\nu_i = n_i - 1$, pour $i = 1, 2$. L'écart-type groupé de l'échantillon est $S_p = \sqrt{S_p^2}$. Lorsque nous remplaçons σ par S_p dans le processus de centralisation et de réduction de $\overline{X}_1 - \overline{X}_2$, nous obtenons la studentisation suivante :

$$\frac{\overline{X}_1 - \overline{X}_2 - (\mu_1 - \mu_2)}{S_p\sqrt{1/n_1 + 1/n_2}} \text{ suit une loi } T(n_1 + n_2 - 2). \tag{12.3}$$

Un intervalle de confiance à un seuil de $(1 - \alpha)\,100\%$ pour $\mu_1 - \mu_2$ est

$$\overline{x}_1 - \overline{x}_2 \pm t\, s_p \sqrt{\frac{1}{n_1} + \frac{1}{n_2}},$$

où t est une valeur telle que $P(-t < T < t) = 1 - \alpha$, et T suit une loi $T(n_1 + n_2 - 2)$. Pour tester $H_0 : \mu_1 - \mu_2 = \delta_0$, nous utilisons la statistique du test :

$$T_0 = \frac{\overline{X}_1 - \overline{X}_2 - \delta_0}{S_p\sqrt{1/n_1 + 1/n_2}}.$$

Si H_0 est vraie, T_0 suit une loi $T(n_1 + n_2 - 2)$. Un test d'hypothèse basé sur cette statistique de test est appelé un test t de Student à deux échantillons. La valeur-p est donnée dans le tableau 12.2, où $t_0 = (\overline{x}_1 - \overline{x}_2)/(s_p\sqrt{1/n_1 + 1/n_2})$ est la valeur observée de la statistique du test T_0, et T suit une loi $T(n_1 + n_2 - 2)$.

Tableau 12.2 La valeur-p dans le Cas (2)

Hypothèse alternative	Valeur-p
$H_1 : \mu_1 - \mu_2 > \delta_0$	$P(T > t_0)$
$H_1 : \mu_1 - \mu_2 < \delta_0$	$P(T < t_0)$
$H_1 : \mu_1 - \mu_2 \neq \delta_0$	$2\,P(T > \lvert t_0 \rvert)$

Exemple 12.1. Un chercheur agricole veut tester la déclaration qu'en moyenne, un nouvel engrais donne des plantes plus grandes à maturité. Un plan aléatoire complet est utilisé pour générer ces données. Seize lots similaires avec un semis (l'unité expérimentale) sont assignés aléatoirement aux traitements, qui sont l'ancien et le nouvel engrais dans ce cas. Un plan équilibré est utilisé, c'est-à-dire que les deux groupes de traitements sont de tailles égales. Les plantes sont mesurées à maturité (en cm). Voici les données :

Ancien engrais	Nouvel engrais
46,1	49,8
37,7	51,5
54,2	50,7
44,7	50,7
30,9	41,9
38,5	36,4
38,0	59,4
55,0	41,9

Résumé des données

Taille	Moyenne	Variance
$n_1 = 8$	$\overline{x}_1 = 43{,}14$	$s_1^2 = 71{,}65$
$n_2 = 8$	$\overline{x}_2 = 47{,}79$	$s_2^2 = 52{,}66$

Ce chercheur veut tester $H_0 : \mu_1 - \mu_2 = 0$ contre $H_1 : \mu_1 - \mu_2 < 0$ en utilisant un test t de Student à deux échantillons.

La figure 12.1 présente une superposition des diagrammes de probabilité à échelle fonctionnelle normale pour les deux échantillons. Il n'y a pas de tendances systématiques à l'écart des droites, donc nous n'avons pas de preuves contre la normalité. En outre, les pentes des droites sont similaires. Donc, il semble que la condition des variances égales est vérifiée. Pour vérifier davantage la condition d'homogénéité de variance, nous produisons une analyse avec des diagrammes en boîte à moustaches comparatifs (voir la figure 12.1). Le premier échantillon (ancien engrais) semble être plus dispersé, mais cette différence en variabilité n'est pas marquée. Nous n'avons pas de preuves définitives contre la condition des variances égales. Il est raisonnable de supposer que les populations sont normales et ont des variances égales.

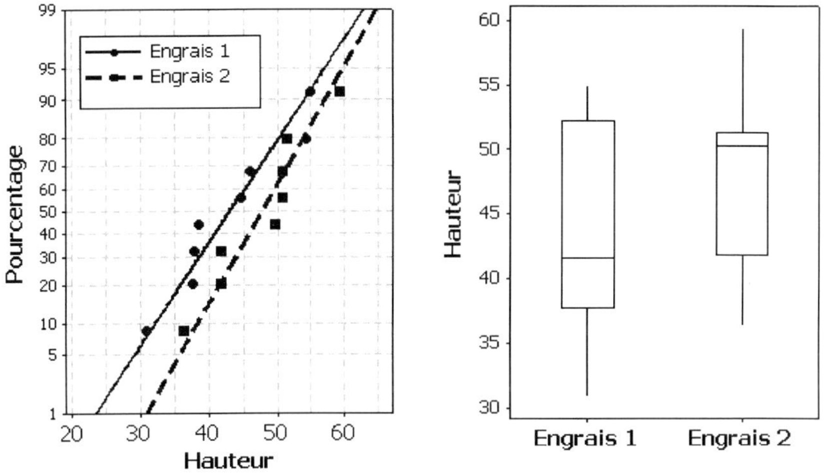

FIGURE 12.1 Diagrammes de probabilité à échelle fonctionnelle normale et diagrammes en boîte à moustaches comparatifs pour la hauteur des plantes

La variance groupée et l'écart-type groupé de l'échantillon sont

$$s_p^2 = \frac{(n_1 - 1)\,s_1^2 + (n_2 - 1)\,s_2^2}{n_1 + n_2 - 2} = 62{,}155 \quad \text{et} \quad s_p = \sqrt{62{,}155} = 7{,}838.$$

La statistique du test observée est

$$t_0 = \frac{\overline{x}_1 - \overline{x}_2}{s_p\sqrt{1/n_1 + 1/n_2}} = \frac{43{,}14 - 47{,}79}{7{,}8338\,\sqrt{1/8 + 1/8}} = -1{,}18.$$

La valeur-p est $P(T < t_0) = P(T < -1{,}18) = P(T > 1{,}18)$, où T suit une loi $T(n_1+n_2-2) = T(14)$. En se référant à la rangée $\nu = 14$ dans le tableau 17.4, la valeur de 1,18 se situe entre 0,692 et 1,345, dont les aires vers la droite sont respectivement 0,25 et 0,10. Donc, $0{,}10 <$ valeur-$p < 0{,}25$. En utilisant un logiciel de calcul statistique, nous observons que valeur-p = 0,129. À un niveau de signication de $\alpha = 0{,}05$, nous ne pouvons pas rejeter H_0. Les données ne semblent pas appuyer l'hypothèse que l'utilisation du nouvel engrais produit des plantes plus grandes.

Un intervalle de confiance à un seuil de 95% pour $\mu_1 - \mu_2$ est

$$\overline{x}_1 - \overline{x}_2 \pm t\, s_p \sqrt{\frac{1}{n_1} + \frac{1}{n_2}} = -4{,}65 \pm 8{,}4554 = [-13{,}11; 3{,}81],$$

où $t = 2{,}145$ satisfait $95\% = P(-t < T < t)$ et T suit une loi $T(14)$. Nous sommes confiants à un seuil de 95% que la différence entre les moyennes se situe entre $-13{,}11$ cm et 3,81 cm. Nous sommes très confiants que la différence absolue entre les moyennes n'est pas plus grande que 14 cm. Cependant, nous ne pouvons pas déclarer la même chose à propos d'une différence de 5 cm, puisque -5 se situe dans l'intervalle de confiance.

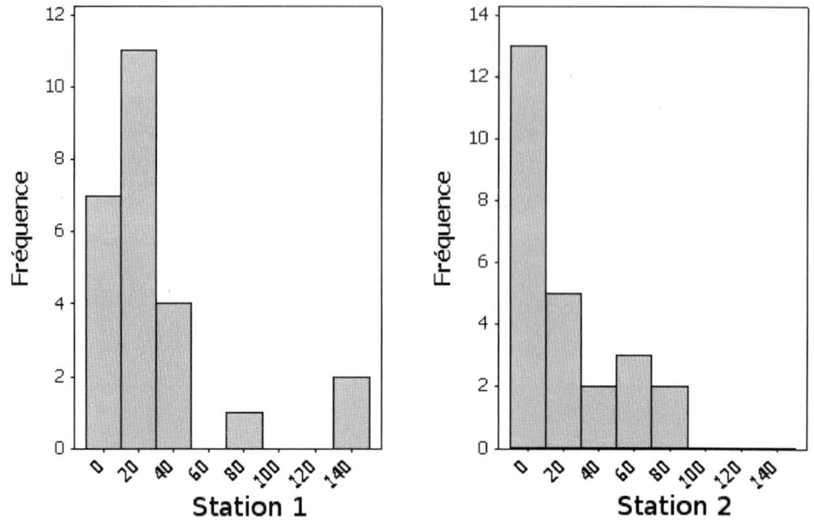

FIGURE 12.2 Histogrammes pour les concentrations de dichlorométhane des stations 1 et 2

Dans le prochain exemple, nous observons que nous pouvons parfois utiliser la transformation logarithmique pour satisfaire aux conditions d'utilisation d'un test t de Student à deux échantillons.

Exemple 12.2. Le dichlorométhane est un liquide volatile qui est couramment utilisé comme solvant. Une ingénieure chimique veut comparer la concentration de dichlorométhane à deux stations de traitement d'eau près d'installations industrielles. Elle soupçonne que les distributions de la concentration de dichlorométhane ont une asymétrie positive en raison des écoulements plus élevés occasionnels des installations industrielles. Elle vérifie son hypothèse en utilisant des histogrammes (voir la figure 12.2). Elle décide d'appliquer une transformation logarithmique, c'est-à-dire que les nouvelles mesures sont en $\ln(\mu g/L)$. Les diagrammes de probabilité à échelle fonctionnelle normale pour les données dans l'échelle originale et l'échelle logarithmique sont présentés dans la figure 12.3. Il est évident en observant les diagrammes de probabilité à échelle fonctionnelle normale que les données dans l'échelle originale ne sont pas normales, et il semble que les variances ne sont pas égales. Cependant, les données logarithmiques semblent être normales et les variances semblent être égales puisque les droites dans les diagrammes de probabilité à échelle fonctionnelle normale sont presque parallèles. Nous pouvons donc supposer que les concentrations logarithmiques des deux stations suivent des lois normales avec des variances égales.

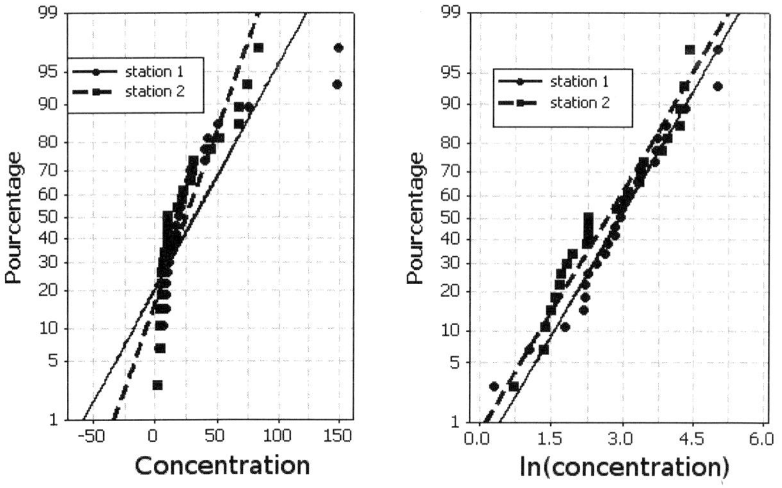

FIGURE 12.3 Diagrammes de probabilité à échelle fonctionnelle normale pour les concentrations et les concentrations logarithmiques

Pour comparer la concentration de dichlorométhane aux deux stations, l'ingénieure chimique teste $H_0 : \mu_1 - \mu_2 = 0$ contre $H_1 : \mu_1 - \mu_2 \neq 0$, où μ_i est la moyenne des concentrations logarithmiques de la station i, pour $i = 1, 2$. Un sommaire des données pour les concentrations logarithmiques est

Station	n	$\overline{x}$	s^2
1	25	2,934	1,162
2	25	2,664	1,209

La variance groupée de l'échantillon est

$$s_p^2 = \frac{(n_1 - 1)\, s_1^2 + (n_2 - 1)\, s_2^2}{n_1 + n_2 - 2} = 1{,}1855.$$

La valeur observée de la statistique du test t de Student à deux échantillons est

$$t_0 = \frac{\overline{x}_1 - \overline{x}_2}{s_p\sqrt{1/n_1 + 1/n_2}} = 0{,}88.$$

La valeur-p est $2P(T > |t_0|) = 2\,P(T > 0{,}88)$, où T suit une loi $T(n_1 + n_2 - 2) = T(48)$. Nous ne pouvons pas trouver l'intervalle de la valeur-p en utilisant le tableau 17.4, puisque ce tableau n'inclut pas la rangée $\nu = 48$. Nous pouvons estimer la valeur-p en utilisant la rangée $\nu = \infty$. L'intervalle approximatif est $0{,}2 <$ valeur-$p < 0{,}5$. En utilisant un logiciel de calcul statistique, l'ingénieure chimique calcule valeur-$p = 0{,}385$. Puisque la valeur-p est grande, nous ne devrions pas rejeter l'hypothèse que les concentrations logarithmiques moyennes sont égales. Il semble que les moyennes des concentrations logarithmiques ne sont pas différentes.

Dans l'exemple 12.2, nous avons transformé les données en utilisant un logarithme. Nous avons utilisé cette transformation parce que le test t de Student à deux échantillons nécessite des populations qui suivent des lois normales. Après une inspection des données transformées, les échantillons semblent provenir de populations normales avec des variances égales, donc nous pouvions comparer les moyennes des données en utilisant un test t de Student à deux échantillons.

Notons que, lorsque nous comparons les moyennes des données ayant subi une transformation logarithmique, nous comparons en fait les moyennes géométriques des données sur l'échelle originale. Pour clarifier la distinction entre la moyenne et la moyenne géométrique (pour la population ou l'échantillon), nous introduisons la définition suivante.

Définition 12.1. Soit $X_1, X_2, \ldots, X_n$ un échantillon aléatoire d'une population représenté par la variable aléatoire X. La **moyenne géométrique** de la population est $G = e^{\mu}$, où $\mu = E(\ln X)$. Une estimation pour G est la **moyenne géométrique (d'échantillon)** définie par $g = e^{(1/n)\sum_{i=1}^{n} \ln x_i}$, où $x_1, \ldots, x_n$ sont les valeurs observées de l'échantillon aléatoire $X_1, \ldots, X_n$.

Exemple 12.2 (suite). Nous produisons un intervalle de confiance à un seuil de 95% pour la différence entre les moyennes de concentrations logarithmiques pour les données de l'exemple 12.2. Puisqu'il est raisonnable de supposer que les deux populations des concentrations logarithmiques sont indépendantes et suivent des lois normales avec des variances égales, alors un intervalle de confiance à un seuil de 95% pour $\mu_1 - \mu_2$ est

$$\overline{x}_1 - \overline{x}_2 \pm t\, s_p \sqrt{\frac{1}{n_1} + \frac{1}{n_2}} = 0{,}270 \pm 0{,}61930 = [-0{,}349, 0{,}889],$$

où $t = 2{,}011$ satisfait $95\% = P(-t < T < t)$ et T suit une loi $T(48)$. (La valeur de $t = 2{,}011$ a été obtenue en utilisant un logiciel de calcul statistique.) Nous sommes confiants à 95% que $\mu_1 - \mu_2$ se situe entre $-0{,}349$ et $0{,}889$ (en $\ln(\mu g/L)$). Puisque 0 se situe dans l'intervalle de confiance, les moyennes de concentrations logarithmiques ne semblent pas être différentes.

Nous notons par G_i la moyenne géométrique de la population i, représentant les concentrations de dichlorométhane (en $\mu g/L$) de la station, pour $i = 1, 2$. Notons que $G_i = e^{\mu_i}$, où μ_i est la moyenne de la concentration logarithmique pour la station i, pour $i = 1, 2$. En calculant l'exponentielle de la différence entre les moyennes, nous obtenons le rapport des moyennes géométriques, c'est-à-dire $e^{\mu_1 - \mu_2} = e^{\mu_1}/e^{\mu_2} = G_1/G_2$. Puisque nous sommes confiants à 95% que $-0{,}349 < \mu_1 - \mu_2 < 0{,}889$, donc nous sommes aussi confiants à 95% que $0{,}71 = e^{-0{,}349} < G_1/G_2 < e^{0{,}889} = 2{,}43$. Puisque 1 se situe dans l'intervalle, il semble n'y avoir aucune différence entre les moyennes géométriques des concentrations.

Cas (3). Populations indépendantes et normales avec des variances inconnues et inégales ($\sigma_1^2 \neq \sigma_2^2$) et (possiblement) de petites tailles d'échantillons

Dans le Cas (2), nous avons généralisé l'inférence concernant $\mu_1 - \mu_2$ pour deux populations indépendantes et normales avec des variances inconnues. Pour effectuer cela, nous avons supposé que les variances des populations étaient égales. Cette condition d'homogénéité des variances n'est parfois pas vérifiée. Donc, nous devrions essayer d'adapter nos techniques au cas de variances inégales. Ceci est connu sous le nom du problème Behrens–Fisher. Il existe des solutions exactes au problème Behrens–Fisher (voir [19]). Ces solutions sont au-delà de la portée de ce livre. Nous présentons une solution approximative.

En 1938, Welch [61] a proposé une solution approximative au problème Behrens–Fisher. Welch a soutenu que l'inférence concernant $\mu_1 - \mu_2$ pour deux populations indépendantes et normales peut être basée sur

$$\frac{\overline{X}_1 - \overline{X}_2 - (\mu_1 - \mu_2)}{\sqrt{S_1^2/n_1 + S_2^2/n_2}}, \tag{12.4}$$

qui suit approximativement une loi T avec ν degrés de liberté, où

$$\nu = \frac{\left(s_1^2/n_1 + s_2^2/n_2\right)^2}{\left(s_1^2/n_1\right)^2/(n_1 - 1) + \left(s_2^2/n_2\right)^2/(n_2 - 1)}. \tag{12.5}$$

Puisque le nombre de degrés de liberté doit être un nombre entier, nous arrondissons ν au nombre entier inférieur le plus près.

Donc, nous pouvons produire l'intervalle de confiance approximatif suivant à un seuil de $(1-\alpha)\,100\%$ pour $\mu_1 - \mu_2$:

$$\overline{x}_1 - \overline{x}_2 \pm t\sqrt{\frac{s_1^2}{n_1} + \frac{s_2^2}{n_2}},$$

où $P(-t \leq T \leq t) = 1 - \alpha$ et T suit une loi $T(\nu)$.

Pour tester $H_0 : \mu_1 - \mu_2 = \delta_0$, nous utilisons la statistique du test

$$T_0 = \frac{\overline{X}_1 - \overline{X}_2 - \delta_0}{\sqrt{S_1^2/n_1 + S_2^2/n_2}}.$$

Un test basé sur cette statistique est souvent appelé un *test t approximatif de Welch à deux échantillons*. Ce test est parfois aussi appelé le test t de Welch–Satterthwaite ou le test t de Satterthwaite. La valeur-p de ce test est présentée dans le tableau 12.3, où t_0 est la valeur observée de T_0, T suit une loi $T(\nu)$ et ν est présenté dans (12.5).

Tableau 12.3 La valeur-p dans le Cas (3)

Hypothèse alternative	Valeur-p
$H_1 : \mu_1 - \mu_2 > \delta_0$	$P(T > t_0)$
$H_1 : \mu_1 - \mu_2 < \delta_0$	$P(T < t_0)$
$H_1 : \mu_1 - \mu_2 \neq \delta_0$	$2\,P(T > \|t_0\|)$

La méthode de Welch n'est pas exacte. Mais elle est généralement une bonne approximation. Cependant, si les variances des populations sont égales, ou si les tailles d'échantillons sont plutôt petites et que les variances des populations peuvent être supposées comme étant approximativement égales, il est plus efficace d'utiliser le test t de Student à deux échantillons. En outre, lorsque les variances des populations sont égales, le test t de Student à deux échantillons est plus puissant.

Exemple 12.3. Une ornithologue veut comparer la biologie de reproduction de deux espèces d'hirondelles. En particulier, elle veut comparer la masse moyenne des œufs (en grammes). Voici le résumé des données :

	Taille de l'échantillon	Moyenne	Var.
Espèce 1	18	1,872	0,264
Espèce 2	12	2,783	2,060

	Min.	Q1	Médiane	Q3	Max.
Espèce 1	0,900	1,400	1,900	2,300	2,800
Espèce 2	0,400	1,250	3,300	3,800	4,700

Elle veut tester $H_0 : \mu_1 - \mu_2 = 0$ contre $H_1 : \mu_1 - \mu_2 \neq 0$, où μ_i est la masse moyenne des œufs (en grammes) pour l'espèce i, pour $i = 1, 2$, avec un test t à deux échantillons. Pour vérifier les conditions sous-jacentes du test, elle produit des diagrammes de probabilité à échelle fonctionnelle normale et des diagrammes en boîte à moustaches comparatifs (voir la figure 12.4).

Il n'y a pas de tendances systématiques à l'écart des droites des diagrammes de probabilité à échelle fonctionnelle normale, donc nous n'avons pas de preuves contre la normalité. Cependant, les pentes des droites sont différentes. Donc, il semble que la condition des variances égales ne soit pas vérifiée. Pour évaluer davantage les conditions sous-jacentes, nous examinons les diagrammes en boîte à moustaches comparatifs. La masse des œufs pour la deuxième espèce est plus dispersée. Il n'est peut-être pas raisonnable de supposer que les variances des populations sont égales.

Elle décide d'utiliser un test t approximatif de Welch à deux échantillons. La valeur observée de la statistique de test est

$$t_0 = \frac{\overline{x}_1 - \overline{x}_2}{\sqrt{s_1^2/n_1 + s_2^2/n_2}} = -2{,}11.$$

La valeur-p est $2\,P(T > |t_0|) = 2\,P(T > 2{,}11)$, où T suit approximativement une loi $T(\nu)$ avec le nombre suivant de degrés de liberté :

$$\nu = \frac{\left(s_1^2/n_1 + s_2^2/n_2\right)^2}{\left(s_1^2/n_1\right)^2/(n_1-1) + \left(s_2^2/n_2\right)^2/(n_2-1)} = 12{,}89.$$

Nous arrondissons le nombre de degrés de liberté au nombre entier inférieur le plus près, donc $\nu = 12$. En se référant à la rangée $\nu = 12$ dans le tableau 17.4, 2,11 se situe entre 1,782 et 2,179, dont les aires vers la droite sont respectivement 0,05 et 0,025. Alors, $0{,}05 <$ valeur-p $< 0{,}10$. La valeur-p calculée avec un logiciel de calcul statistique est 0,056. À un niveau de signification de $\alpha = 0{,}10$, nous pouvons accepter l'hypothèse alternative que la masse des œufs des deux espèces est différente en moyenne.

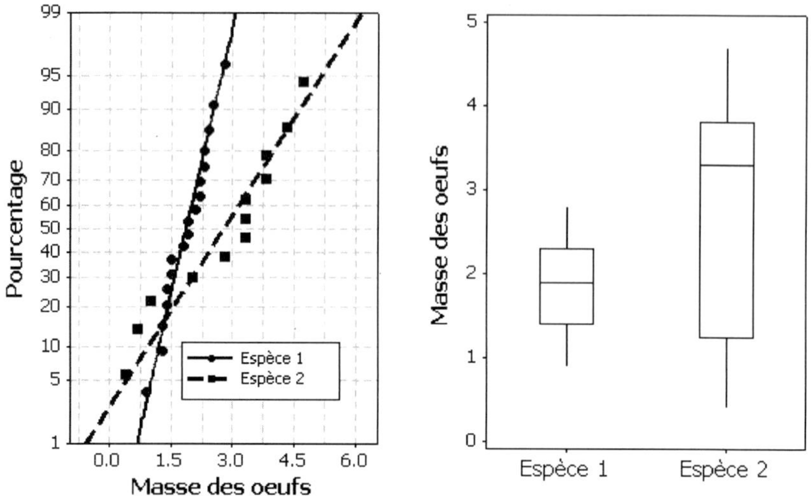

FIGURE 12.4 Diagrammes de probabilité à échelle fonctionnelle normale et diagrammes en boîte à moustaches comparatifs pour la masse des œufs

Cas (4). Populations générales avec des variances inconnues et de grandes tailles d'échantillons

Lorsque les deux tailles d'échantillons sont grandes, nous pouvons utiliser les variances des échantillons, au lieu des variances des populations.

Plus précisément, pour tester $H_0 : \mu_1 - \mu_2 = \delta_0$, nous utilisons la statistique du test

$$Z_0 = \frac{\overline{X}_1 - \overline{X}_2 - \delta_0}{\sqrt{S_1^2/n_1 + S_2^2/n_2}}.$$

Notons que ceci est la même statistique que dans le Cas (3), sauf que maintenant nous supposons qu'elle suit approximativement une loi normale et donc, nous utilisons le tableau 17.2 ou le tableau 17.3 pour calculer la valeur-p (voir le tableau 12.4). Dans ce tableau, z_0 est la valeur observée de Z_0. Ceci produit un *test à grand échantillon* pour comparer les moyennes. Un intervalle de confiance (approximatif) à un seuil de $(1 - \alpha)\,100\%$ pour $\mu_1 - \mu_2$ est

$$\overline{x}_1 - \overline{x}_2 \pm z\sqrt{\frac{s_1^2}{n_1} + \frac{s_2^2}{n_2}},$$

où $P(-z \leq Z \leq z) = 1 - \alpha$. Nous suggérons ne pas utiliser un test à grand échantillon ou un intervalle de confiance approximatif si la taille des deux échantillons n'est pas d'au moins 40.

Tableau 12.4 La valeur-p dans le Cas (4)

Hypothèse alternative	Valeur-p
$H_1 : \mu_1 - \mu_2 > \delta_0$	$P(Z > z_0)$
$H_1 : \mu_1 - \mu_2 < \delta_0$	$P(Z < z_0)$
$H_1 : \mu_1 - \mu_2 \neq \delta_0$	$2\,P(Z > \lvert z_0\rvert)$

Exemple 12.4. Nous voulons comparer le contenu de lipides (% du poids) de grands corégones, *Coregonus clupeaformis*, dans deux grands lacs avoisinants. L'étude portait principalement sur des poissons de taille moyenne, pesant de 600 grammes à 1 000 grammes. Nous avons recueilli un échantillon de $n_1 = 175$ poissons du lac 1 et un échantillon de $n_2 = 225$ poissons du lac 2. Les moyennes et les écarts-types observés des échantillons sont $\overline{x}_1 = 7{,}18$, $\overline{x}_2 = 7{,}31$, $s_1 = 0{,}55$ et $s_2 = 0{,}70$.

Nous testons $H_0 : \mu_1 - \mu_2 = 0$ contre $H_1 : \mu_1 - \mu_2 \neq 0$. La valeur observée de la statistique du test pour ce test à grand échantillon est

$$z_0 = \frac{\overline{x}_1 - \overline{x}_2}{\sqrt{s_1^2/n_1 + s_2^2/n_2}} = \frac{7{,}18 - 7{,}31}{\sqrt{(0{,}55)^2/175 + (0{,}70)^2/225}} = -2{,}08.$$

La valeur-p est (approximativement) égale à $2\,P(Z > |z_0|) = 2\,P(Z > 2{,}08) = 2\,(1 - 0{,}9812) = 0{,}0376$. À un niveau de signification de $\alpha = 0{,}05$, nous pouvons rejeter l'hypothèse que les grands corégones ont des contenus de lipides égaux dans les deux lacs.

En utilisant leur bon jugement et leur expérience, les chercheurs avaient déjà déterminé que la différence absolue $|\mu_1 - \mu_2|$ devrait être au moins 1 pour être d'importance biologique. La signification biologique ne peut pas être déterminée à partir de la valeur-p. Nous devons analyser l'erreur de l'estimation de $\mu_1 - \mu_2$.

Une estimation ponctuelle pour $\mu_1 - \mu_2$ est $\overline{x}_1 - \overline{x}_2 = -0{,}13$ et son erreur-type estimée est $\sqrt{s_1^2/n_1 + s_2^2/n_2} = 0{,}0625$. Un intervalle de confiance (approximatif) à un seuil de 95% pour $\mu_1 - \mu_2$ est

$$\overline{x}_1 - \overline{x}_2 \pm 1{,}96\sqrt{\frac{s_1^2}{n_1} + \frac{s_2^2}{n_2}} = -0{,}13 \pm 0{,}1225 = [-0{,}25; -0{,}01].$$

Nous sommes confiants à 95% que $|\mu_1 - \mu_2| < 1$. La différence significative entre les moyennes n'est donc pas d'importance biologique.

12.3 Intervalles de confiance et tests pour les proportions

Pour comparer deux proportions p_1 et p_2 de deux populations indépendantes, nous abordons les inférences concernant la différence $p_1 - p_2$. Nous débutons en observant l'estimation ponctuelle de la différence entre les proportions et nous continuons avec l'estimation par intervalle et les tests d'hypothèse.

Considérons deux expériences binomiales indépendantes. La probabilité de succès pour la $i^{\text{ème}}$ expérience est p_i et le nombre de succès est une mesure aléatoire notée par Y_i, pour $i = 1, 2$. Les nombres d'observations par expérience sont n_1 et n_2, respectivement. Les proportions respectives des échantillons sont $\widehat{p}_1 = Y_1/n_1$ et $\widehat{p}_2 = Y_2/n_2$. Un estimateur naturel pour $p_1 - p_2$ est $\widehat{p}_1 - \widehat{p}_2$. L'estimateur est non biaisé puisque la valeur espérée de l'estimateur est $E(\widehat{p}_1 - \widehat{p}_2) = p_1 - p_2$. La variance est égale à

$$\operatorname{Var}(\widehat{p}_1 - \widehat{p}_2) = \operatorname{Var}(\widehat{p}_1) + \operatorname{Var}(\widehat{p}_2) = \frac{p_1(1 - p_1)}{n_1} + \frac{p_2(1 - p_2)}{n_2}.$$

Comme pour l'estimation des différences entre les moyennes, un plus grand échantillon nous donne une estimation plus précise. En supposant deux grands échantillons et en effectuant la centralisation et la réduction de $\widehat{p}_1 - \widehat{p}_2$, nous obtenons (approximativement)

$$\frac{\widehat{p}_1 - \widehat{p}_2 - (p_1 - p_2)}{\sqrt{p_1(1-p_1)/n_1 + p_2(1-p_2)/n_2}} \text{ suit une loi } N(0,1). \qquad (12.6)$$

Comme dans le cas d'un seul échantillon, cette statistique ne peut pas être utilisée directement puisque la variance est inconnue (elle dépend des vraies proportions p_1 et p_2). Cependant, si nous utilisons la variance estimée, il peut être démontré qu'approximativement

$$\frac{\widehat{p}_1 - \widehat{p}_2 - (p_1 - p_2)}{\sqrt{\widehat{p}_1(1-\widehat{p}_1)/n_1 + \widehat{p}_2(1-\widehat{p}_2)/n_2}} \text{ suit une loi } N(0,1), \qquad (12.7)$$

lorsque n_1 et n_2 sont grands. Que peut-on considérer commme de grandes tailles d'échantillons ? Ceci n'est pas une question facile à répondre. Une règle approximative est de ne pas utiliser l'approximation normale lorsque le nombre observé de succès ou le nombre observé d'échecs dans n'importe quel groupe est de moins de 5.

En utilisant (12.7), nous produisons un intervalle de confiance approximatif pour $p_1 - p_2$ à un seuil de confiance de $(1-\alpha)\,100\%$. Cet intervalle est :

$$\widehat{p}_1 - \widehat{p}_2 \pm z\sqrt{\frac{\widehat{p}_1(1-\widehat{p}_1)}{n_1} + \frac{\widehat{p}_2(1-\widehat{p}_2)}{n_2}},$$

où z est une valeur telle que $P(-z < Z < z) = 1 - \alpha$ et Z suit une loi normale centrée et réduite.

Dans la pratique, nous voulons fréquemment comparer nos données avec un modèle ayant des proportions égales. Autrement dit, nous voulons tester l'hypothèse nulle $H_0 : p_1 - p_2 = 0$ (ou de façon équivalente $H_0 : p_1 = p_2$) contre une hypothèse alternative appropriée. En supposant que H_0 soit vraie, la probabilité de succès est la même pour tous les essais dans les deux expériences. Cette probabilité commune est $p = p_1 = p_2$. Si c'est le cas, nous pouvons considérer les $n = n_1 + n_2$ observations comme étant un échantillon d'une distribution binomiale avec n épreuves et une probabilité p de succès. La proportion de l'échantillon (appelée la *proportion groupée de l'échantillon*) est

$$\widehat{p} = \frac{Y_1 + Y_2}{n} = \frac{n_1}{n}\widehat{p}_1 + \frac{n_2}{n}\widehat{p}_2.$$

Notons que la proportion groupée de l'échantillon est la moyenne pondérée des proportions des échantillons respectives, où la pondération est relative aux tailles d'échantillons.

En supposant que H_0 soit vraie (c'est-à-dire que $p_1 = p_2$) la centralisation et réduction dans (12.6) devient

$$\frac{\widehat{p}_1 - \widehat{p}_2 - 0}{\sqrt{p\,(1-p)}\,\sqrt{1/n_1 + 1/n_2}}.$$

En utilisant $\widehat{p}$ au lieu de p, nous obtenons la statistique du test suivante :

$$Z_0 = \frac{\widehat{p}_1 - \widehat{p}_2}{\sqrt{\widehat{p}\,(1-\widehat{p})}\,\sqrt{1/n_1 + 1/n_2}}.$$

Puisque la valeur-p est la probabilité d'observer une valeur aussi extrême que z_0 (qui est la valeur observée de la statistique du test) dans la direction de l'hypothèse alternative, cette hypothèse doit être prise en considération lorsque nous calculons la valeur-p. Généralement, nous voulons tester l'hypothèse nulle d'égalité contre une de ces trois formes d'hypothèses alternatives. Le tableau 12.5 présente la valeur-p correspondante dans les trois cas. Dans ce cas, Z suit approximativement une loi normale centrée et réduite. Le test est un test à grand échantillon.

Tableau 12.5 La valeur-p pour la comparaison de deux proportions

Hypothèse alternative	Valeur-p
$H_1 : p_1 - p_2 > 0$	$P(Z > z_0)$
$H_1 : p_1 - p_2 < 0$	$P(Z < z_0)$
$H_1 : p_1 - p_2 \neq 0$	$2\,P(Z > \lvert z_0 \rvert)$

Exemple 12.5. Référons-nous à l'exemple 4.7. Nous notons par p_1 et p_2 les proportions de phalènes recapturées dans la population claire et la population foncée, respectivement. Parmi les $n_1 = 137$ phalènes claires, $y_1 = 18$ ont été recapturées, tandis que parmi les $n_2 = 493$ phalènes foncées, $y_2 = 131$ ont été recapturées. Les proportions de phalènes recapturées sont : $\widehat{p}_1 = 0{,}131$ pour les phalènes claires et $\widehat{p}_2 = 0{,}266$ pour les phalènes foncées. À un niveau de signification $\alpha = 0{,}05$, y a-t-il une différence significative entre les proportions de phalènes recapturées ? Si c'est le cas, nous voulons évaluer l'importance biologique (et pratique).

Nous supposons que les échantillons sont indépendants. Puisque les deux tailles d'échantillons sont grandes et que les nombres observés de succès et d'échecs ne sont pas trop petits, nous pouvons effectuer un test à grand échantillon. Pour tester $H_0 : p_1 - p_2 = 0$ contre $H_1 : p_1 - p_2 \neq 0$, nous calculons la statistique du test :

$$\begin{aligned} z_0 &= \frac{\widehat{p}_1 - \widehat{p}_2}{\sqrt{\widehat{p}(1-\widehat{p})}\,\sqrt{1/n_1 + 1/n_2}} \\ &= \frac{0{,}131 - 0{,}266}{\sqrt{(0{,}2365)(1-0{,}2365)}\,\sqrt{1/137 + 1/493}} = -3{,}29, \end{aligned}$$

où la proportion groupée des échantillons est

$$\widehat{p} = \frac{y_1 + y_2}{n_1 + n_2} = \frac{18 + 131}{137 + 493} = 0{,}2365.$$

La valeur-p est la probabilité d'observer une différence entre les proportions aussi extrême que $\widehat{p}_1 - \widehat{p}_2 = -0{,}135$, en considérant l'hypothèse que les deux proportions sont égales. La valeur-p est approximativement égale à $2\,P(Z > |z_0|) = 2\,P(Z > 3{,}29)$, où Z suit approximativement une loi normale centrée et réduite. En utilisant le tableau 17.3, nous pouvons affirmer que la valeur-p est 0,001. Il y a une différence significative entre les proportions.

Pour évaluer l'importance biologique, nous produisons un intervalle de confiance à un seuil de 95% pour $p_1 - p_2$: $\widehat{p}_1 - \widehat{p}_2 \pm 1{,}96\sqrt{\widehat{p}(1-\widehat{p})}\sqrt{1/n_1 + 1/n_2} = -0{,}135 \pm 0{,}0804 = [-0{,}215; -0{,}055]$. Nous sommes confiants à 95% que la différence $p_2 - p_1$ entre les proportions p_2 et p_1 se situe entre 5,5% et 21,5%. Rappelons-nous que l'importance biologique ne peut pas être déterminée en utilisant un test. Seulement l'utilisation d'un bon jugement et l'expérience aident les chercheurs à déterminer ce qui est d'importance biologique. Dans ce cas, si nous supposons qu'une différence absolue entre les proportions d'au moins 5% est d'importance biologique, alors nos résultats sont signifiants.

Kettlewell a sugéré qu'une plus grande proportion des phalènes foncées seraient recapturées. Nous calculons la valeur-p correspondante pour tester cette déclaration. Nous voulons tester $H_0 : p_1 - p_2 = 0$ contre $H_1 : p_1 - p_2 < 0$. La valeur observée de la statistique du test est $z_0 = -3{,}29$. La valeur-p du test unilatéral vers la gauche est approximativement égale à $P(Z < z_0) = P(Z < -3{,}29)$, où Z suit une loi normale centrée et réduite. En utilisant le tableau 17.2, nous pouvons affirmer que la valeur-p est 0,0005.

12.4 Exercices

Exercice 12.1. On soupçonne que la privation de nourriture affecte les diverses composantes du système immunitaire, telles que la sensibilité de la peau à la tuberculine. Dans l'étude [50], un échantillon de 8 rats mâles Sprague-Dawley ont suivi une diète normale comprenant 18% de protéines. Un état de malnutrition a été induit dans un autre échantillon de 8 rats, qui ont suivi une diète comprenant seulement 5% de protéines. Après 4 semaines, les rats ont été injectés de façon intradermique avec 25 μg de fraction protéique purifiée de tuberculine. Le tableau suivant přesente les données de la sensibilité de la peau par rapport aux diamètres de l'érythème et de l'induration (en mm) pour les deux groupes de rats.

Diète de 18% en protéines	Diète de 5% en protéines
13,3	5,1
16,3	8,7
9,9	8,7
9,3	8,5
16,1	8,1
9,7	6,9
9,7	6,9
14,1	12,3

(a) En utilisant un logiciel de calcul statistique, vérifiez la condition que les deux populations soient normales avec des variances égales.
(b) Testez l'hypothèse $H_0 : \mu_1 = \mu_2$ contre $H_1 : \mu_1 > \mu_2$, où μ_1 est le niveau moyen de réactivité à la tuberculine chez les rats ayant suivi une diète normale et μ_2 est le niveau moyen de réactivité à la tuberculine chez les rats malnourris. Donnez vos conclusions.
(c) Produisez un intervalle de confiance à un seuil de 95% pour $\mu_1 - \mu_2$. Pouvons-nous affirmer que le diamètre de la sensibilité de la peau chez les rats malnourris est au moins 7 mm plus petit que dans le groupe témoin ?

Exercice 12.2. On affirme que la supplémentation avec la coenzyme Q10 (CoQ10) durant la grossesse réduit le taux d'éclampsie, où d'hypertension entraîné par la grossesse (voir [56]). 235 femmes enceintes à risque d'éclampsie ont été divisées aléatoirement en deux groupes. Le premier groupe de 118 femmes ont reçu 200 mg de CoQ10 quotidiennement à partir de la 20e semaine de grossesse jusqu'à l'accouchement. L'autre groupe de 117 femmes ont reçu un placebo. 17 femmes dans le groupe CoQ10 ont développé l'éclampsie par rapport à 30 femmes dans le groupe placebo. Pouvons-nous conclure que la supplémentation avec la coenzyme CoQ10 réduit le risque de développer l'éclampsie ? Justifiez vos conclusions à l'aide d'un test d'hypothèse à un niveau de signification $\alpha = 0{,}05$ et un intervalle de confiance à un niveau de confiance de 95%.

Exercice 12.3. La rhodamine 6G (R6G) est un colorant mitochondrial fluorochrome pouvant potentiellement traiter le cancer. Un des objectifs de l'étude [21] était de démontrer que l'administration de R6G durant une période d'hypoglycémie réduisait le taux de croissance d'une tumeur Walker 256. Un groupe de $n_1 = 7$ rats ont subi une implantation de fragments de 100 mg de carcinosarcome Walker 256 et, après 48 heures, ont reçu du R6G. Les animaux ont jeûné pendant une période de 24 heures avant l'administration du R6G et pendant 8 heures après. Une semaine plus tard, les tumeurs ont été pesées et ont montré en une moyenne et un écart-type d'échantillon de $\bar{x}_1 = 3{,}6$ g et $s_1 = 0{,}3$ g. Un groupe témoin de $n_2 = 7$ rats ayant subi la même transplatation de tumeur montrait une moyenne et un écart-type d'échantillon de $\bar{x}_2 = 7{,}1$ g et $s_2 = 0{,}7$ g. Pouvons-nous conclure que l'administration de R6G réduit le taux de croissance des tumeurs ? Justifiez votre réponse en utilisant un test d'hypothèse et un intervalle de confiance à un niveau de confiance de 95%. Supposez que les deux populations suivent des lois normales avec des variances égales.

Exercice 12.4. Des études récentes ont démontré que l'exercice est une des manières les plus efficaces d'augmenter la sécrétion d'hormones de croissance chez les enfants et les adolescents. Cependant, lorsque l'exercice est combinée à la supplémentation avec de la L-arginine, les enfants semblent moins grandir. La croissance (en cm) pendant une année a été enregistrée pour deux échantillons de garçons âgés de 14 ans. Les garçons du premier groupe ont participé à une activité physique pendant au moins 3 heures par semaine. Les garçons du deuxième groupe ont participé aux mêmes activités et ont reçu une supplémentation de L-arginine dans leur diète. Le tableau suivant présente le résumé des données :

Groupe	Taille	Moyenne	Écart-type
Exercice	$n_1 = 50$	$\bar{x}_1 = 23{,}5$	$s_1 = 5{,}6$
Exercice et L-arginine	$n_2 = 60$	$\bar{x}_2 = 21{,}4$	$s_2 = 6{,}9$

Utilisez un test à grand échantillon pour vérifier s'il y a des preuves suffisantes que la supplémentation avec de la L-arginine ralentit la sécrétion d'hormones de croissance par rapport à l'exercice seulement. Utilisez un niveau de signification de $\alpha = 0{,}05$.

Exercice 12.5. Un niveau de pH du sol entre 5,3 et 6,5 est optimal pour les fraises. Pour mesurer le niveau de pH, un champ est divisé en deux lots. Dans chaque lot, nous choisissons au hasard 20 échantillons de terre. Les données se retrouvent ci-dessous.

Lot 1

5,66	5,73	5,68	5,77	5,73	5,71	5,68
5,58	6,11	5,37	5,67	5,53	5,59	5,94
5,84	5,53	5,64	5,73	5,30	5,65	

Lot 2

5,25	6,73	6,25	5,21	5,63	6,41	5,89
6,76	5,13	5,64	5,94	6,16	5,64	6,54
5,79	5,91	6,17	6,90	5,76	6,07	

(a) En utilisant un logiciel de calcul statistique, vérifiez la condition selon laquelle les deux populations suivent des lois normales.
(b) À l'aide d'un logiciel de calcul statistique, évaluez la condition selon laquelle les deux populations ont des variances égales.
(c) Testez l'hypothèse $H_0 : \mu_1 = \mu_2$ contre $H_1 : \mu_1 \neq \mu_2$, où μ_1 est le niveau moyen de pH dans le sol du lot 1 et μ_2 est le niveau moyen de pH dans le sol du lot 2. Quelles sont vos conclusions ? Utilisez un niveau de signification de $\alpha = 0{,}05$.

Exercice 12.6. Le tableau ci-dessous présente la taille de groupes d'humains impliqués dans des interactions ours-humain dans un certain parc. Les interactions sont classifiées selon le comportement de l'ours.

	Comportement	
	Curiosité	Évitement
Moyenne	$\overline{x}_1 = 3{,}5$	$\overline{x}_2 = 2{,}4$
Écart-type	$s_1 = 5{,}2$	$s_2 = 2{,}3$
Taille de l'échantillon	$n_1 = 65$	$n_2 = 55$

Pouvons-nous conclure que la taille moyenne des groupes d'humains impliqués dans des interactions avec des ours est différente selon le comportement des ours ? Utilisez un niveau de signification de $\alpha = 0{,}05$. Quel test avez-vous utilisé pour comparer les deux moyennes ?

Exercice 12.7. Dans un certain parc, on soupçonne que le type de comportement observé durant les interactions ours-humain dépend du type d'endroit. Dans l'avant-pays, parmi 109 interactions ours-humain, 35 ont impliqué un comportement neutre ou d'évitement. Dans l'arrière-pays, parmi 83 interactions ours-humains, 69 ont impliqué un comportement neutre ou d'évitement. Pouvons-nous conclure que la proportion d'interactions ours-humain qui est classifiée selon un comportement neutre ou d'évitement est plus grande dans l'arrière-pays par rapport à l'avant-pays ? Utilisez un niveau de signification de $\alpha = 0{,}05$.

Exercice 12.8. En 1937, le prix Nobel de chimie a été accordé entre autres à Norman Haworth pour ses travaux sur les hydrates de carbone et la vitamine C. La vitamine C est un acide ascorbique possédant des propriétés antioxydantes. Une étude est entreprise pour comparer la quantité d'acide ascorbique (en mg) dans deux marques populaires de vitamine C (étiquetées comme ayant 100 mg). Le résumé des données se trouve ci-dessous.

	Marque 1	Marque 2
Moyenne	$\overline{x}_1 = 118$	$\overline{x}_2 = 122$
Écart-type	$s_1 = 1{,}2$	$s_2 = 1{,}75$
Nombre de comprimés	$n_1 = 15$	$n_2 = 15$

Supposons que la quantité d'acide ascorbique dans un comprimé suit une loi normale et que la variance de cette quantité est la même pour les deux marques.

(a) Calculez l'écart-type groupé pour les deux échantillons.

(b) Calculez la valeur-p du test t de Student à deux échantillons pour comparer la quantité moyenne d'acide ascorbique par comprimé pour les deux marques. Que pouvez-vous en conclure ?

(c) Produisez un intervalle de confiance à un niveau de 95% pour $\mu_1 - \mu_2$, où μ_1 est la quantité moyenne d'acide ascorbique par comprimé pour la marque 1 et μ_2 est la quantité moyenne d'acide ascorbique par comprimé pour la marque 2.

Exercice 12.9. Nous voulons comparer le taux de germination d'une nouvelle lignée de plantes par rapport à une vieille lignée de la même plante. Les données se trouvent ci-dessous.

	Germinée	N'a pas germiné	Total
Vieille lignée	125	15	140
Nouvelle lignée	152	8	160

(a) Pouvons-nous conclure que les taux de germination diffèrent ? Utilisez un niveau de signification de $\alpha = 0{,}05$.
(b) Produisez un intervalle de confiance à un niveau de confiance de 98% pour la différence entre les taux de germination.

Saviez-vous que ? *En 1923, le comité du prix Nobel a crédité l'extraction pratique d'insuline à une équipe de l'Université de Toronto et a décerné le prix Nobel en physiologie/médecine à Frederick Banting et John James Richard Macleod pour la découverte de l'insuline. Banting a partagé son prix avec son assistant, Charles Best, qui a été choisi par un jeu de pile ou face dans le but de l'aider à effectuer des travaux en laboratoire pendant l'été de 1921. Macleod a partagé son prix avec le biochimiste James Collip, qui l'a aidé à purifier des extraits de pancréas de bœuf. La première injection d'insuline a été administrée à l'Hôpital Général de Toronto à un patient âgé de 14 ans mourant du diabète, en janvier 1922. Le brevet pour l'insuline a été vendu à l'Université de Toronto pour un dollar.*

Chapitre 13

Échantillons appariés

Dans ce chapitre, nous comparons les moyennes de deux populations dépendantes en utilisant des intervalles de confiance et des tests d'hypothèse. Des exemples typiques d'échantillons dépendants sont des mesures effectuées sur un individu «avant» et «après» un certain traitement : le poids avant et après une diète, la pression artérielle avant et après un exercice physique, etc. D'autres exemples d'ensembles de données dépendants sont les mesures effectuées sur le même individu en utilisant deux traitements différents. Dans chaque cas, les observations sont prélevées en paires, et un ensemble constitue un «échantillon apparié».

13.1 Intervalles de confiance pour μ_D

Soit $(X_1, Y_1), (X_2, Y_2), \ldots, (X_n, Y_n)$ des observations appariées faites sur n individus avant et après un certain traitement (ou lors de l'utilisation de deux traitements différents). Nous supposons que $X_1, X_2, \ldots, X_n$ est un échantillon aléatoire d'une population dont la moyenne est notée par μ_X et que $Y_1, Y_2, \ldots, Y_n$ est un échantillon aléatoire d'une population dont la moyenne est notée par μ_Y. Nous voulons comparer μ_X et μ_Y en calculant un intervalle de confiance pour la différence

$$\mu_D = \mu_X - \mu_Y.$$

Si cet intervalle contient seulement des valeurs positives, nous pouvons dire que μ_X est plus grande que μ_Y avec un certain niveau de confiance. D'autre part, si l'intervalle contient seulement des valeurs négatives, nous pouvons conclure que μ_X est plus petite que μ_Y avec un certain niveau de certitude. Si l'intervalle contient des valeurs positives et des valeurs négatives, aucune conclusion ne peut être tirée.

Premièrement, nous calculons les différences $D_1 = X_1 - Y_1, D_2 = X_2 - Y_2, \ldots, D_n = X_n - Y_n$. Ces différences constituent un échantillon aléatoire d'une population dont la moyenne est μ_D. Cet échantillon aléatoire est utilisé pour tirer des conclusions concernant μ_D. Nous notons par $\bar{D}$ la moyenne de l'échantillon et par S_D^2 la variance de l'échantillon du jeu de données des différences, c'est-à-dire

$$\bar{D} = \frac{1}{n}\sum_{i=1}^{n} D_i \quad \text{et} \quad S_d^2 = \frac{1}{n-1}\sum_{i=1}^{n}(D_i - \bar{D})^2.$$

Nous notons par $\bar{d}$ et s_d^2 les valeurs observées de $\bar{D}$ et S_d^2. En supposant que les différences $D_1, D_2, \ldots, D_n$ suivent une loi normale, l'intervalle de confiance à un seuil de $100(1-\alpha)\%$ pour μ_D est donné par la formule (10.7) :

$$\bar{d} \pm t\left(\frac{s_d}{\sqrt{n}}\right)$$

où t est la valeur trouvée dans le tableau 17.4 telle que $P(-t \leq T \leq t) = 1 - \alpha$ et T est une variable aléatoire suivant une loi $T(n-1)$.

Exemple 13.1. Une des façons courantes de mesurer la fonction respiratoire est le VEMS, le volume expiratoire maximal à la seconde (le volume total d'air soufflé en une seconde). Le VEMS est différent chez les hommes et les femmes et diminue avec l'âge, avec un maximum de 4,5 litres à l'âge de 25 ans. L'utilisation du tabac accélère cette diminution. Les effets de la cigarette sur la diminution du VEMS sont étudiés dans [43]. Dans cet exemple, nous voulons démontrer que l'arrêt de fumer améliore la fonction respiratoire dans une période de 3 mois. Le tableau suivant présente les valeurs du VEMS pour 9 hommes trentenaires avant qu'ils n'arrêtent de fumer (la mesure x) et 3 mois après qu'ils aient arrêté (la mesure y), ainsi que les différences $d = x - y$:

x_i (VEMS avant)	y_i (VEMS après)	Différence $d_i = x_i - y_i$
2,94	4,22	-1,28
2,90	4,12	-1,22
3,11	4,35	-1,24
2,85	4,09	-1,24
2,93	4,15	-1,22
3,00	4,29	-1,29
2,93	4,18	-1,25
3,03	4,29	-1,26
3,13	4,33	-1,2

Après qu'ils aient arrêté de fumer, nous observons une augmentation dans les mesures du VEMS pour tous les sujets. Rappelons-nous que, dans la section 9.3, nous avons vu un outil couramment utilisé pour évaluer la normalité d'un jeu de données qui est le diagramme quantile-quantile. La figure 13.1 présente le diagramme quantile-quantile du jeu de données des différences. Puisque le diagramme montre une tendance linéaire, nous pouvons supposer que le jeu des différences des données suit une loi normale.

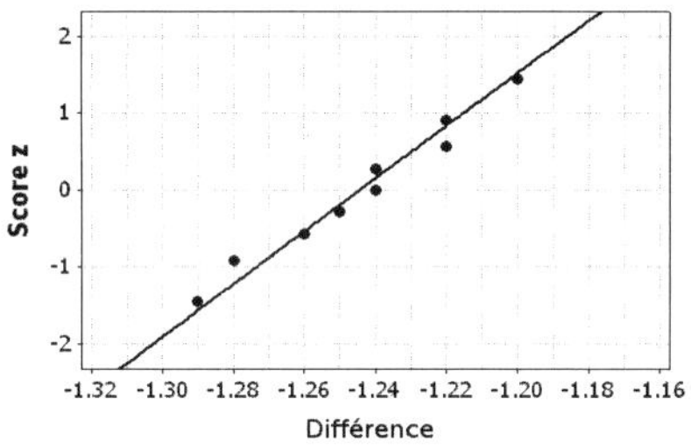

FIGURE 13.1 Diagramme quantile-quantile pour les différences entre les niveaux de VEMS

La moyenne et l'écart-type de l'échantillon pour les mesures avant/après et les différences se trouvent ci-dessous.

	Avant	Après	Différence
Moyenne	$\bar{x} = 2{,}980$	$\bar{y} = 4{,}224$	$\bar{d} = -1{,}244$
Écart-type	$s_x = 0{,}0950$	$s_y = 0{,}0949$	$s_d = 0{,}029$

Notons que $\bar{x} - \bar{y} = \bar{d}$, mais $s_x^2 + s_y^2 \neq s_d^2$.

Pour trouver un intervalle de confiance à un seuil de 95% pour la différence moyenne entre le VEMS avant et après que les sujets aient arrêté, nous utilisons la valeur $t = 2{,}306$, qui correspond à une variable aléatoire T suivant une loi $T(8)$ telle que $P(T > 2{,}306) = 0{,}025$. Cet intervalle est :

$$-1{,}244 \pm 2{,}306\left(\frac{0{,}029}{\sqrt{9}}\right) = -1{,}244 \pm 0{,}022 = [-1{,}266; -1{,}222].$$

Puisque l'intervalle contient seulement des valeurs négatives, nous sommes confiants à 95% que la différence moyenne μ_D est négative, c'est-à-dire que la valeur moyenne du VEMS (μ_X) avant que les sujets aient arrêté de fumer est plus petite que la valeur moyenne du VEMS (μ_Y) après l'arrêt. À partir de ces données, nous pouvons affirmer que le fait d'arrêter de fumer induit une augmentation de la valeur du VEMS.

Exemple 13.2. Un échantillon de 15 personnes ont participé à une étude qui compare l'efficacité de deux médicaments ayant pour but de réduire le niveau de cholestérol LDL (lipoprotéine de faible densité) dans le sang. Après l'utilisation du premier médicament pendant deux semaines, la diminution du niveau de cholestérol est enregistrée comme la mesure x. Après une pause de deux mois, les mêmes individus reçoivent l'autre médicament pendant deux semaines, et la nouvelle diminution de leur niveau de cholestérol est enregistrée comme la mesure y. Le tableau suivant présente les mesures (x, y) appariées avec les différences correspondantes $d = x - y$. Les mesures sont en unités de mg/dl.

Premier médicament (x_i)	Deuxième médicament (y_i)	Différence $d_i = x_i - y_i$
13,1	12,0	1,1
12,3	7,3	5,0
10,0	11,7	-1,7
17,7	12,5	5,2
19,4	18,6	0,8
10,1	12,3	-2,2
11,5	15,2	-3,7
12,6	16,3	-3,7
9,5	10,7	-1,2
12,1	9,8	2,3
18,0	15,3	2,7
7,5	6,4	1,1
6,9	8,5	-1,6
14,5	16,4	-1,9
8,6	7,8	0,8

Il semble que les différences appuient l'hypothèse de normalité. Les moyennes et les écarts-types de l'échantillon des mesures (x, y) et les différences se retrouvent ci-dessous.

	Premier médicament	Deuxième médicament	Différence
Moyenne	$\bar{x} = 12{,}253$	$\bar{y} = 12{,}053$	$\bar{d} = 0{,}2$
Écart-type	$s_x = 3{,}8$	$s_y = 3{,}711$	$s_d = 2{,}809$

Un intervalle de confiance à un seuil de 90% pour μ_D est

$$0{,}2 \pm 1{,}761 \left(\frac{2{,}809}{\sqrt{15}} \right) = 0{,}2 \pm 1{,}277 = [-1{,}077;\ 1{,}477].$$

Ici, la valeur $t = 1{,}761$ est choisie telle que $P(T > t) = 0{,}95$, où T est une variable aléatoire suivant une loi $T(14)$. Puisque l'intervalle contient des valeurs positives et négatives, nous ne pouvons pas conclure que la diminution moyenne du niveau de cholestérol LDL causée par le premier médicament est plus grande (ou plus petite) que celle causée par le deuxième médicament.

13.2 Test d'hypothèse pour μ_D

Nous notons par $(X_1, Y_1), (X_2, Y_2), \ldots, (X_n, Y_n)$ un échantillon d'observations appariées faites sur n individus. Soit $D_1 = X_1 - Y_1, D_2 = X_2 - Y_2, \ldots, D_n - X_n - Y_n$ les différences correspondantes. Nous supposons que les différences $D_1, D_2, \ldots D_n$ suivent une loi normale. Nous voulons comparer la différence moyenne $\mu_D = \mu_X - \mu_Y$ avec la valeur de 0, en utilisant un test d'hypothèse. Plus précisément, nous comparons l'hypothèse nulle $H_0 : \mu_D = 0$ avec une des alternatives $H_1 : \mu_D > 0$ ou $H_1 : \mu_D < 0$.

Selon la proposition 9.4, si H_0 est vraie, alors la statistique du test

$$T_0 = \frac{\bar{D} - 0}{S_d/\sqrt{n}} \quad \text{suit une loi } T(n-1).$$

Considérons les deux cas séparément.

Cas (1). $H_0 : \mu_D = 0$ contre $H_1 : \mu_D > 0$

Dans ce cas, nous voulons rejeter H_0 et prouver que la différence moyenne μ_D est positive, c'est-à-dire que μ_X est plus grande que μ_Y. Notre décision est basée sur la valeur-p. Pour effectuer ce test, nous calculons la valeur observée de la statistique du test :

$$t_0 = \frac{\bar{d} - 0}{s_d/\sqrt{n}}. \tag{13.1}$$

Si ce rapport (positif) est grand, alors il est peu probable que H_0 soit vraie, donc il y a des preuves en faveur de H_1. Le fait que le rapport est grand correspond à une petite valeur-p, qui est calculée comme :

$$\text{valeur-}p = P(T > t_0),$$

où T est une variable aléatoire suivant une loi $T(n-1)$. Si la valeur-p est petite (habituellement plus petite que 0,05), nous rejetons H_0 et concluons qu'il y a des preuves en faveur de H_1. Sinon, nous ne rejetons pas H_0.

Exemple 13.3. Dans l'étude [41], un groupe de 15 rats ont été inoculés dans chaque patte arrière avec une injection de $50\mu l$ d'une suspension de cellules de tumeur du côlon (DHD/K12/TRb). L'inoculation avec les cellules s'est développée en tumeur solide au site d'injection, laquelle a été utilisée comme modèle pour le cancer du côlon. Six semaines après l'inoculation des tumeurs, un médicament appelé doxorubicin (Dox) a été administré aux rats chaque semaine. Pour chaque rat, on exposait une des deux tumeurs à des ultrasons de basse fréquence pendant une heure chaque semaine. À la fin de la période de traitement, les volumes des tumeurs ont été mesurés dans les deux pattes. Le tableau ci-dessous présente le volume de la tumeur dans la jambe ayant reçu le Dox (la mesure x) et le volume de la tumeur dans la jambe ayant reçu le Dox et le traitement par ultrasons (la mesure y), pour chaque rat. Chez les 15 rats, il a été observé que le volume des tumeurs soumises aux ultrasons est plus petite que le volume des tumeurs non soumises aux ultrasons.

Tumeur non traitée par ultrasons (x_i)	Tumeur traitée par ultrasons (y_i)	Différence $d_i = x_i - y_i$
17,5	13,9	3,6
19,9	18,5	1,4
20,7	16,4	4,3
17,7	14,3	3,4
21,5	12,5	9,0
18,7	14,4	4,3
16,5	11,7	4,8
22,1	17,4	4,7
18,6	10,8	7,8
20,5	13,2	7,3
17,6	15,4	2,2
15,7	10,7	5,0
20,5	19,6	0,9
18,3	16,3	2,0
19,7	15,6	4,1

Nous supposons que le jeu de données des différences suit une loi normale, une hypothèse qui est appuyée par le diagramme quantile-quantile.

Nous voulons comparer l'hypothèse $H_0 : \mu_D = 0$ (qui affirme qu'il n'y a pas de différence entre les volumes des deux tumeurs), avec l'hypothèse alternative $H_1 : \mu_D > 0$ (qui affirme que les tumeurs non soumises aux ultrasons ont des volumes plus grands, en moyenne). La moyenne et l'écart-type de l'échantillon des mesures (x, y) sont : $\bar{x} = 19{,}033$, $s_x = 1{,}858$, $\bar{y} = 14{,}713$, $s_y = 2{,}682$. Ces statistiques ne sont pas requises pour l'analyse. Nous avons besoin de la moyenne et de l'écart-type des différences : $\bar{d} = 4{,}32$ et $s_d = 2{,}318$.

La valeur observée de la statistique du test est

$$t_0 = \frac{\bar{d} - 0}{s_d/\sqrt{n}} = \frac{4{,}32 - 0}{2{,}318/\sqrt{15}} = 7{,}218.$$

Dans le tableau 17.4, nous observons que $P(T > 2{,}997) = 0{,}005$ où T est une variable aléatoire suivant une loi $T(14)$. Puisque la valeur observée 7,218 est plus grande que 2,997, nous déduisons que

$$\text{valeur-}p = P(T > 7{,}218) < 0{,}005.$$

La valeur-p est très petite, donc nous rejetons H_0 et concluons que les tumeurs non soumises aux ultrasons ont des volumes plus grands, en moyenne, que les tumeurs soumises aux ultrasons.

Cas (2). $H_0 : \mu_D = 0$ contre $H_1 : \mu_D < 0$

Dans ce cas, nous voulons rejeter H_0 et prouver que la différence moyenne μ_D est négative, c'est-à-dire que μ_X est plus petite que μ_Y. Pour effectuer ce test, nous calculons le même rapport t_0 donné par (13.1), comme dans le Cas (1). Si la valeur absolue de ce rapport (négatif) est grande, alors il est peu probable que H_0 soit vraie, et il y a des preuves en faveur de H_1. La valeur-p est calculée comme :

$$\text{valeur-}p = P(T < t_0),$$

où T est une variable aléatoire suivant une loi $T(n-1)$. Si la valeur-p est petite, nous rejetons H_0 et concluons qu'il y a des preuves en faveur de H_1. Sinon, nous ne rejetons pas H_0.

Exemple 13.4. La thérapie par l'exercice physique a démontré son influence sur les propriétés du cartilage humain (voir [4]). Peu après l'exercice, une augmentation des taux sériques de protéines matricielles de cartilage oligomériques (PMCO) a été observée. Le tableau suivant présente les taux sériques de PMCO de 12 patients avant 60 minutes d'exercice (mesure x) et immédiatement après la période d'exercice (mesure y).

Avant l'exercice (x_i)	Après l'exercice (y_i)	Différence $d_i = x_i - y_i$
6,32	6,48	-0,16
7,85	8,27	-0,42
12,87	13,26	-0,39
11,27	11,84	-0,57
7,89	8,23	-0,34
15,56	15,87	-0,31
16,34	16,60	-0,26
7,83	8,17	-0,34
9,23	9,61	-0,38
10,22	10,38	-0,16
14,67	14,91	-0,24
15,30	15,61	-0,31

À partir de ces données, nous observons une augmentation des taux sériques de PMCO en raison de l'exercice physique. L'hypothèse de normalité des différences semble être justifiée. Les moyennes et les écarts-types pour les mesures (x, y) et les différences se trouvent ci-dessous.

	Avant	Après	Différence
Moyenne	$\bar{x} = 11{,}28$	$\bar{y} = 11{,}60$	$\bar{d} = -0{,}323$
Écart-type	$s_x = 3{,}56$	$s_y = 3{,}55$	$s_d = 0{,}114$

Nous voulons tester $H_0 : \mu_D = 0$ contre $H_1 : \mu_D < 0$. La valeur observée de la statistique du test est

$$t_0 = \frac{\bar{d} - 0}{s_d/\sqrt{n}} = \frac{-0{,}323 - 0}{0{,}114/\sqrt{12}} = -9{,}82.$$

Dans le tableau 17.4, nous observons que $P(T < -3{,}106) = 0{,}005$ où T est une variable aléatoire suivant une loi $T(11)$. Puisque la valeur de $-9{,}82$ est plus petite que $-3{,}106$, nous déduisons que

$$\text{valeur-}p = P(T < -9{,}82) < 0{,}005.$$

La valeur-p est petite, donc nous rejetons H_0 et concluons que les taux sériques de PMCO augmentent après l'exercice (en moyenne).

13.3 Exercices

Exercice 13.1. On soupçonne que l'exposition à des composés organiques volatiles (COV) qui ont été identifiés dans l'air d'intérieur soit la cause de maux de tête et de symptômes respiratoires. Par ailleurs, des plantes d'intérieur ont non seulement des effets psychologiques positifs chez les humains, mais pourraient aussi améliorer la qualité de l'air. Certaines espèces de plantes d'intérieur sont efficaces pour éliminer les COV. Les données suivantes représentent les niveaux de benzène (en ppm), dans 10 salles de test, mesurés au commencement de l'étude et après 3 jours, en utilisant la plante *Epipremnum aureum* (Pothos doré).

Niveau de benzène initial (x_i)	Niveau de benzène après 3 jours (y_i)
28,4	27,4
27,3	26,3
25,5	25,6
29,4	24,5
30,2	28,7
31,3	29,6
28,6	27,5
28,4	28,4
26,5	23,2
27,3	24,3

Y a-t-il des preuves que cette espèce de plante d'intérieur est efficace pour éliminer le benzène de l'air ? Justifiez votre réponse en utilisant un intervalle de confiance à un seuil de 95% et un test d'hypothèse. (Premièrement, vérifiez que les différences $d_i = x_i - y_i, i = 1, \ldots, 10$ satisfont l'hypothèse de normalité.)

Exercice 13.2. L'objectif de l'étude [29] était de déterminer si douze mois d'entraînement intensif peut induire une augmentation du volume d'éjection systolique du ventricule gauche chez les patients souffrant de coronaropathie. Onze patients mâles ont été étudiés. Avant l'entraînement, le volume d'éjection systolique moyen était de 66 ml/battement et l'écart-type était de 11 ml/battement. Après l'entraînement, le volume d'éjection systolique était de 81 ml/battement et l'écart-type était de 13 ml/battement. L'écart-type des différences entre les volumes d'éjection systolique avant et après l'entraînement était de 5,4 ml/battement. Est-ce que ces données suggèrent que l'entraînement intensif et prolongé induit une augmentation dans le volume d'éjection systolique chez les patients souffrant de coronaropathie ? Justifiez votre réponse en utilisant un intervalle de confiance à un seuil de 95% pour la différence moyenne entre les volumes d'éjection systolique avant et après le programme d'entraînement.

Exercice 13.3. Approximativement le deux tiers du fer dans le corps se retrouve dans l'hémoglobine, la protéine des globules rouges qui transportent l'oxygène aux tissus. Une carence en fer peut mener à l'anémie, une condition caractérisée par une quantité d'hémoglobine dans le sang plus petite que la normale. Les données suivantes représentent les niveaux d'hémoglobine de 7 femmes à risque d'anémie, avant et après un programme d'apport alimentaire en fer de 3 mois :

Avant	Après
10,4	12,3
11,5	13,6
9,6	13,7
8,7	10,3
11,5	14,3
11,8	13,9
10,7	12,8

(a) Est-ce que le programme a été efficace pour augmenter le niveau d'hémoglobine ? Justifiez votre réponse en utilisant un test d'hypothèse $H_0 : \mu_1 = \mu_2$ contre $H_1 : \mu_1 < \mu_2$, où μ_1 et μ_2 sont les niveaux d'hémoglobine avant et après le programme, respectivement. Utilisez un niveau de signification de $\alpha = 0{,}005$.
(b) Quelle est la conclusion du test de niveau $\alpha = 0{,}005$, si nous supposons (incorrectement) que le niveau d'hémoglobine après le programme est indépendant du niveau d'hémoglobine avant le programme ? Supposez que les deux populations suivent des lois normales et ont des variances égales.

Exercice 13.4. Deux méthodes différentes ont été utilisées pour mesurer le volume de lait envoyé dans une citerne (en kg) pour 10 vaches.

Vache	Méthode 1	Méthode 2	Vache	Méthode 1	Méthode 2
1	1,39	1,46	6	1,73	1,76
2	1,54	1,56	7	1,73	1,84
3	1,62	1,61	8	1,81	1,90
4	1,70	1,74	9	1,85	1,95
5	1,71	1,76	10	1,91	2,02

Est-ce que ces méthodes donnent des mesures considérablement différentes en moyenne ? Utilisez un niveau de signification de $\alpha = 0{,}005$.

Exercice 13.5. Une expérience a été conçue pour tester les effets de l'hormone de croissance (GH) sur la production quotidienne de lait d'une vache. L'étude impliquait dix paires de vaches laitières jumelles identiques. Pour chaque paire de jumelles, seulement une vache recevait l'hormone de croissance, tandis que l'autre était considérée comme un témoin. Le tableau suivant présente la production laitière (en kg par jour) pour chaque paire de vaches jumelles.

Jumelles	Témoin	GH	Jumelles	Témoin	GH
1	9,86	9,69	6	9,72	10,67
2	12,10	12,38	7	9,89	11,48
3	13,33	14,24	8	10,22	11,14
4	13,69	14,09	9	9,46	9,54
5	9,04	9,05	10	9,02	9,05

Y a-t-il des preuves que l'hormone de croissance augmente la production laitière ? Justifiez votre réponse en utilisant un intervalle de confiance à un seuil de 98% et un test d'hypothèse avec un niveau de signification $\alpha =$ 0,025. (Premièrement, vérifiez si l'hypothèse de normalité est satisfaite.)

Exercice 13.6. Nous voulons comparer les effets de deux préparations de virus sur des plantes de tabac. L'étude implique 8 plantes. Pour chaque plante, la moitié d'une feuille est inoculée avec la préparation 1 et l'autre moitié avec la préparation 2. Le nombre de lésions est mesuré et noté par x_1 et x_2, respectivement. Les données sont présentées dans le tableau suivant.

Plante	x_1	x_2	Plante	x_1	x_2
1	30	20	11	18	16
2	8	5	12	14	13
3	14	17	13	12	4
4	14	11	14	13	13
5	19	17	15	16	14
6	17	15	16	16	14
7	3	5	17	18	12
8	19	15	18	21	15
9	12	12	19	12	10
10	21	14	20	17	12

(a) Est-ce que les préparations ont des effets différents sur les plantes de tabac ? Justifiez votre réponse en utilisant un test d'hypothèse pour $H_0 : \mu_1 = \mu_2$ contre $H_1 : \mu_1 \neq \mu_2$, où μ_1 est le nombre moyen de lésions

lorsque la préparation 1 est utilisée et μ_2 est le nombre moyen de lésions lorsque la préparation 2 est utilisée. Utilisez un niveau de signification de $\alpha = 0{,}05$.
(b) Quelle est la conclusion du test avec un niveau de $\alpha = 0{,}05$, si nous supposons (incorrectement) que les observations de la même plante sont indépendantes ? Supposez que les deux populations suivent des lois normales et ont des variances égales.

Exercice 13.7. Une nouvelle procédure chirurgicale est comparée à l'ancienne méthode. Quinze chirurgiens effectuent l'opération sur deux patients, qui sont similaires en termes de facteurs pertinents tels que l'âge et le sexe. Le tableau ci-dessous présente la durée (en minutes) de chaque chirurgie.

Chirurgien	Vieille méthode	Nouvelle méthode	Chirurgien	Vieille méthode	Nouvelle méthode
1	33,1	31,4	9	19,9	21,7
2	46,6	40,5	10	46,0	36,6
3	21,5	29,9	11	49,0	54,7
4	34,3	45,0	12	45,5	39,5
5	19,1	12,5	13	60,3	61,2
6	38,9	44,0	14	37,4	34,0
7	56,2	57,2	15	25,3	19,1
8	67,1	65,6			

Y a-t-il des preuves que la nouvelle procédure chirurgicale réduit la durée de la chirurgie ? Justifiez votre réponse en utilisant un test d'hypothèse avec un niveau de signification de $\alpha = 0{,}05$. (Premièrement, vérifiez que l'hypothèse de normalité est satisfaite.)

Saviez-vous que ? *L'hémophilie est une maladie génétique rare, caractérisée par une faible capacité de coagulation sanguine. Les hémorragies représentent un symptôme général de la maladie, mais une des difficultés à reconnaître la présence de la maladie est que les hémorragies peuvent être internes. Il est plus probable que la maladie se manifeste chez les hommes, mais les femmes peuvent la transmettre à leurs enfants. L'hémophilie est fréquemment appelée « la maladie royale », puisque qu'elle se manifestait couramment chez les familles royales européennes. On soupçonne que la reine Victoria ait hérité du gène et en ait transmis la mutation à ses enfants, dispersés sur le continent européen, dans les familles royales de l'Espagne, de l'Allemagne et de la Russie. Alexei Nikolaevich, le seul fils du* *dernier tsar de la Russie, Nicolas II, était un descendant de la reine Victoria en raison de sa mère, l'impératrice Alexandra, et souffrait d'hémophilie. Selon certaines sources, le soigneur mystique, Rasputin, a réussi à traiter le fils du tsar, simplement en proscrivant le traitement médical traditionnel utilisant l'aspirine.*

Chapitre 14

Données catégoriques

Dans ce chapitre, nous considérons deux variables catégoriques X et Y, c'est-à-dire des variables dont la valeur n'est pas nécessairement numérique, mais peut être classifiée dans plusieurs catégories. Des exemples de telles variables comprennent : le sexe, le groupe sanguin, l'âge, la race, le niveau de revenu, l'état de propriété d'une résidence, le niveau d'éducation, etc. En utilisant un test d'hypothèse, le but est d'obtenir des preuves en faveur de l'association entre X et Y. Ceci est appelé un test d'indépendance. Nous discutons aussi le test d'homogénéité, dans lequel nous examinons plusieurs groupes qui ont subi des traitements distincts pour lesquels les résultats sont classifiés en utilisant une variable catégorique X. Dans ce cas, nous voulons obtenir des preuves qu'il y a une différence considérable entre les groupes, du point de vue de la proportion d'individus classifiés selon les catégories de la variable X.

14.1 Test d'indépendance

Dans cette section, nous évaluons s'il y a une association entre deux variables catégoriques X et Y. Nous supposons que X a r classes et que Y a c classes. Chaque individu de l'échantillon est classifié selon X et Y et se situe précisément dans une classe pour chaque variable. Par exemple, si X représente le sexe et Y représente l'état de tabagisme, donc X a $r = 2$ classes (homme et femme) et Y a $c = 2$ classes (fumeur et non-fumeur). Chaque individu est classifié dans une des 4 catégories possibles (ou cellules) : homme fumeur, femme fumeuse, homme non fumeur et femme non fumeuse.

Notre but est d'obtenir des preuves qu'il existe une association entre X et Y. En tenant compte du fait que nous voulons rejeter H_0, nous établissons les hypothèses :

$$H_0 : X \text{ et } Y \text{ sont indépendants,}$$
$$H_1 : \text{il y a une association entre } X \text{ et } Y.$$

Ceci est appelé un *test d'indépendance.*

Exemple 14.1. L'objectif de l'étude [28] était d'identifier une association entre les habitudes alimentaires et le niveau d'activité physique chez les enfants du primaire en surpoids à Forth Worth, au Texas, par rapport aux normes établies par le département de l'Agriculture des États-Unis et l'Association nationale des sports et des activités physiques. Les 1 018 enfants participants ont été classifiés selon des critères variés. En particulier, ils ont été classifiés selon la race (variable X), comme 571 hispaniques et 447 afro-américains. Ces nombres étaient aléatoires, c'est-à-dire qu'il n'étaient pas fixés par les chercheurs au début de l'étude. Les enfants ont aussi été classifiés par rapport à leur poids (variable Y) : dans le groupe d'enfants hispaniques, 105 étaient en surpoids ou à risque d'être en surpoids, tandis que dans le groupe des enfants afro-américains, 208 étaient en surpoids ou à risque d'être en surpoids. Le résumé des données se trouve dans le tableau ci-dessous.

	Poids normal	Surpoids	Total
Hispanique	466	105	571 (aléatoire)
Afro-américain	239	208	447 (aléatoire)
Total	705 (aléatoire)	313 (aléatoire)	1 018

À partir de ces données, nous voulons déterminer s'il y a une association entre la race et le risque d'être en surpoids, pour les enfants de cette communauté du Texas.

Exemple 14.2. Il est connu que la distribution du groupe sanguin est différente dans chaque continent. Par exemple, la proportion de gens du groupe sanguin B est considérablement différente en Asie et en Europe. Malgré ce fait, l'association de traits de personnalité avec le groupe sanguin d'un individu est un phénomène populaire au Japon et en Corée du Sud (de façon similaire à l'association entre l'horoscope et la personnalité, dans les pays occidentaux), dont les fondations scientifiques sont encore discutables. Dans le tableau suivant, 100 individus de descendance asiatique ont été classifiés selon leur trait de personnalité prédominant (la variable X) et leur groupe sanguin (la variable Y) dans 8 classes. Notons que les totaux des rangées et les totaux des colonnes sont aléatoires, c'est-à-dire qu'ils ne peuvent pas être prédits par les chercheurs au début de l'expérience.

	O	A	B	AB	Total
Artistique	17	15	14	2	48
Pratique	23	11	13	5	52
Totaux	40	26	27	7	100

À partir de ces données, nous voulons déterminer s'il y a une association entre la personnalité et le groupe sanguin, pour les gens de descendance asiatique.

Pour illustrer cette théorie générale, nous notons par n_{ij} le nombre d'observations (ou fréquences) correspondant à la classe i de la variable X et à la classe j de la variable Y, pour $i = 1, 2, \ldots, r$ et $j = 1, 2, \ldots, c$. Donc, n_{ij} est le nombre d'individus dans l'échantillon qui sont classifiés dans la catégorie (i, j). Les fréquences correspondant aux $r \times c$ catégories (ou cellules) sont présentées dans un *tableau de contingence*.

	Classe B_1	Classe B_2	......	Classe B_c	Total
Classe A_1	n_{11}	n_{12}	......	n_{1c}	$n_{1\cdot}$
Classe A_2	n_{21}	n_{22}	......	n_{2c}	$n_{2\cdot}$
...	...	...	......	...	...
Classe A_r	n_{r1}	n_{r2}	......	n_{rc}	$n_{r\cdot}$
Total	$n_{\cdot 1}$	$n_{\cdot 2}$	......	$n_{\cdot c}$	n

Nous calculons les totaux pour chaque rangée et pour chaque colonne :
$n_{i\cdot} = n_{i1} + n_{i2} + \ldots + n_{ic}$ est le total pour la rangée i, $i = 1, 2, \ldots, r$
$n_{\cdot j} = n_{1j} + n_{2j} + \ldots + n_{rj}$ est le total pour la colonne j, $j = 1, 2, \ldots, c$.
Donc, le nombre total des observations est :

$$\begin{aligned} n &= n_{1\cdot} + n_{2\cdot} + \ldots + n_{r\cdot} \quad \text{(la somme des totaux des rangées)} \\ &= n_{\cdot 1} + n_{\cdot 2} + \ldots + n_{\cdot c} \quad \text{(la somme des totaux des colonnes).} \end{aligned}$$

Pour effectuer un test d'indépendance, il est important de s'assurer que tous les totaux des rangées et des colonnes sont aléatoires, c'est-à-dire qu'aucun de ces totaux ne doit être connu par les chercheurs, avant l'expérience. Nous voulons reformuler l'hypothèse H_0 d'une façon plus pratique. Rappelons-nous que dans le chapitre 5, deux événements A et B sont indépendants si

$$P(A \cap B) = P(A)P(B).$$

Nous notons par p_{ij} la probabilité qu'une observation aléatoire se situe dans la cellule (i, j) du tableau (c'est-à-dire, la rangée i et la colonne j). Soit $p_{i\cdot}$ la probabilité qu'une observation aléatoire se situe dans la rangée i et $p_{\cdot j}$ la probabilité qu'une observation aléatoire se situe dans la colonne j. L'hypothèse H_0 peut être reformulée comme :

$$H_0 : p_{ij} = p_{i\cdot}p_{\cdot j} \quad \text{pour tout } i \text{ et tout } j.$$

Des estimateurs pour les probabilités $p_{i\cdot}$ et $p_{\cdot j}$ sont, respectivement :

$$\hat{p}_{i\cdot} = \frac{n_{i\cdot}}{n}, \quad \hat{p}_{\cdot j} = \frac{n_{\cdot j}}{n}.$$

Si H_0 est vraie, alors $\hat{p}_{ij} = \hat{p}_{i\cdot}\hat{p}_{\cdot j}$ est un estimateur pour p_{ij}. Dans ce cas, le nombre «espéré» d'observations se situant dans la cellule (i, j) est :

$$\hat{E}_{ij} = n\hat{p}_{ij} = n\hat{p}_{i\cdot}\hat{p}_{\cdot j} = n\left(\frac{n_{i\cdot}}{n}\right)\left(\frac{n_{\cdot j}}{n}\right) = \frac{n_{i\cdot}n_{\cdot j}}{n}.$$

Ce nombre peut être différent du nombre n_{ij} d'observations dans la cellule (i, j). Si c'est le cas, il y a des preuves que l'hypothèse H_0 ne soit pas vraie. Cependant, quelle doit être la grandeur de la différence entre $\hat{E}_{ij}$ et n_{ij}, pour être capable de rejeter H_0 ?

Pour répondre à cette question, nous notons premièrement que notre conclusion doit être basée sur toutes les observations, et non seulement sur celles se situant dans une cellule donnée. Donc, nous calculons toutes les différences $n_{ij} - \hat{E}_{ij}$, en espérant que la majorité des différences soient de grands nombres positifs, en valeur absolue. Deuxièmement, nous calculons le carré de ces différences pour que les valeurs négatives ne soient pas contrebalancées par les valeurs positives. Finalement, ces différences doivent être normalisées de façon appropriée pour obtenir une variable aléatoire qui a une loi de probabilité connue. En utilisant des méthodes qui sont au-delà de la portée de ce livre, il peut être démontré que la statistique du test :

$$U_0 = \sum_{i=1}^{r}\sum_{j=1}^{c}\frac{(n_{ij} - \hat{E}_{ij})^2}{\hat{E}_{ij}} \quad \text{suit une loi } \chi^2.$$

La loi χ^2 est une distribution asymétrique, qui dépend d'un paramètre appelé le «nombre de degrés de liberté». Dans le cas de la variable ci-dessus, le nombre de degrés de liberté est $(r-1)(c-1)$. Les probabilités associées avec des variables aléatoires χ^2 se trouvent dans le tableau 17.5 (p. 272).

Une grande valeur de la somme des différences normalisées au carré (donnée par la valeur observée u_0 de la statistique du test U_0) est une indication que H_0 n'est pas vraie. Pour décider si cette valeur u_0 est assez grande, par rapport aux valeurs qui pourraient provenir d'autres échantillons, nous calculons l'équation suivante :

$$\text{valeur-}p = P(U > u_0),$$

où U est une variable aléatoire suivant une loi χ^2 avec $(r-1)(c-1)$ degrés de liberté. Une petite valeur-p signifie qu'il est peu probable que H_0 soit vraie.

Si un niveau α prédéterminé est spécifié pour la probabilité d'une erreur de Type I, alors nous rejetons H_0 lorsque la valeur-p est plus petite que α. Dans ce cas, nous disons qu'il y a des preuves qu'il y a une association entre X et Y. D'autre part, si la valeur-p est plus grande que α, nous ne pouvons pas rejeter H_0. Dans ce cas, il n'y a pas assez de preuves qu'il y a une association entre X et Y.

Exemple 14.1 (suite). Nous configurons les hypothèses suivantes :

H_0 : la race et le risque d'être en surpoids sont indépendants,

H_1 : il existe une association entre la race et le risque d'être en surpoids.

Nous calculons le nombre «espéré» d'observations pour chaque cellule :

$$\hat{E}_{11} = \frac{571 \cdot 705}{1018} = 395{,}44, \quad \hat{E}_{12} = \frac{571 \cdot 313}{1018} = 175{,}56,$$
$$\hat{E}_{21} = \frac{447 \cdot 705}{1018} = 309{,}56, \quad \hat{E}_{22} = \frac{447 \cdot 313}{1018} = 137{,}44.$$

Dans le tableau suivant, nous présentons ces valeurs entre parenthèses.

	Poids normal	Surpoids	Total
Hispanique	466 (395,44)	105 (175,56)	571
Afro-américan	239 (309,56)	208 (137,44)	447
Total	705	313	1018

La valeur observée de la statistique du test est :

$$u_0 = \frac{(466-395{,}44)^2}{395{,}44} + \frac{(105-175{,}56)^2}{175{,}56} + \frac{(239-309{,}56)^2}{309{,}56} +$$

$$\frac{(208-137{,}44)^2}{137{,}44} = 93{,}265.$$

Alors, la valeur-$p = P(U > 93{,}265)$, où U est une variable aléatoire suivant une loi χ^2 avec $(2-1)(2-1) = 1$ degré de liberté. Pour cette loi de probabilité, la dernière valeur que nous pouvons observer dans le tableau 17.5 est 7,879, c'est-à-dire $P(U > 7{,}879) = 0{,}005$. Donc,

$$\text{valeur-}p < 0{,}005.$$

Puisque la valeur-p est très petite, nous concluons qu'il y a assez de preuves dans ces données en faveur de la déclaration qu'il existe une association entre la race et le risque d'être en surpoids, pour les enfants de cette communauté.

Exemple 14.2 (suite). Nous configurons les hypothèses suivantes :

H_0 : la personnalité et le groupe sanguin sont indépendants,

H_1 : il existe une association entre la personnalité et le groupe sanguin.

Nous calculons le nombre «espéré» d'observations pour chaque cellule :

$$\hat{E}_{11} = \frac{48 \cdot 40}{100} = 19{,}20, \quad \hat{E}_{12} = \frac{48 \cdot 26}{100} = 12{,}48,$$
$$\hat{E}_{13} = \frac{48 \cdot 27}{100} = 12{,}96, \quad \hat{E}_{14} = \frac{48 \cdot 7}{100} = 3{,}36,$$
$$\hat{E}_{21} = \frac{52 \cdot 40}{100} = 20{,}80, \quad \hat{E}_{22} = \frac{52 \cdot 26}{100} = 13{,}52,$$
$$\hat{E}_{23} = \frac{52 \cdot 27}{100} = 14{,}04, \quad \hat{E}_{24} = \frac{52 \cdot 7}{100} = 3{,}64.$$

Dans le tableau suivant, nous présentons ces valeurs entre parenthèses.

	O	A	B	AB	Total
Artistique	17 (19,20)	15 (12,48)	14 (12,96)	2 (3,36)	48
Pratique	23 (20,80)	11 (13,52)	13 (14,04)	5 (3,64)	52
Total	40	26	27	7	100

La valeur observée de la statistique du test est :

$$u_0 = \frac{(17-19{,}2)^2}{19{,}2} + \frac{(15-12{,}48)^2}{12{,}48} + \frac{(14-12{,}96)^2}{12{,}96} + \frac{(2-3{,}36)^2}{3{,}36} +$$

$$\frac{(23-20{,}8)^2}{20{,}8} + \frac{(11-13{,}52)^2}{13{,}52} + \frac{(13-14{,}04)^2}{14{,}04} + \frac{(5-3{,}64)^2}{3{,}64} = 2{,}682.$$

Alors, la valeur-$p = P(U > 2{,}682)$, où U est une variable aléatoire suivant une loi χ^2 avec $(2-1)(4-1) = 3$ degrés de liberté. En examinant la rangée 3 du tableau 17.5, nous observons que 2,682 se situe entre 2,366 (dont l'aire correspondante vers la droite est 0,50) et 4,108 (dont l'aire correspondante vers la droite est 0,25). Nous concluons que :

$$0{,}25 < \text{valeur-}p < 0{,}50.$$

En utilisant un logiciel de calcul statistique, nous déterminons que la valeur-$p = 0{,}443$. Puisque la valeur-p est très grande, ces données ne supportent pas la déclaration qu'il existe une association entre la personnalité et le groupe sanguin, pour les gens de descendance asiatique.

14.2 Test d'homogénéité

Dans cette section, nous considérons r groupes expérimentaux qui sont classifiés en plusieurs classes selon une variable catégorique X. La taille de chaque groupe est fixée et est déterminée par le chercheur au début de l'étude. Nous voulons prouver que les groupes sont considérablement différents, du point de vue de cette classification. Plus précisément, nous voulons démontrer que les proportions d'items entrant dans la même classe de classification sont différents parmi les r groupes. Par exemple, quatre groupes de plantes sont traités avec différents engrais, et leur croissance après un mois est classifiée comme faible, moyenne ou élevée. Nous voulons démontrer qu'il y a une différence entre ces quatre groupes, dans le sens que nous observons une différence entre les proportions des plantes avec une faible croissance, une moyenne croissance et une croissance élevée parmi les quatre groupes.

Exemple 14.3. Le papillomavirus peut infecter différentes parties du corps. La plupart des infections causées par le papillomavirus ne présentent aucun symptôme et disparaissent après quelques années. Cependant, chez certaines personnes, les infections causées par le papillomavirus peuvent persister. Ceci est particulièrement dangereux si l'infection persistante est d'un type pouvant causer le cancer. Ce type d'infection est une des causes majeures du cancer cervical. Le Gardasil est un vaccin qui est conçu pour prévenir l'infection par le papillomavirus de types 6, 11, 16 et 18 et a été approuvé par Santé Canada en juillet 2006, pour l'utilisation chez les filles et les femmes âgées entre 9 et 26 ans. Un groupe de 10 565 femmes âgées de 15 à 26 ans ont participé à une vaste étude clinique, dont les résultats ont été publiés dans [24]. Ces femmes ont reçu trois doses de vaccin contre le papillomavirus 6, 11, 16 et 18 ou un placebo, administré au jour 1, après 2 mois et après 6 mois. Ces sujets ont été observés pendant en moyenne 3 ans après avoir reçu la première dose de vaccin ou de placebo. Parmi les 5 305 femmes ayant reçu le vaccin, 1 a été diagnostiquée avec le cancer cervical. Dans le groupe de 5 260 femmes ayant reçu le placebo, 42 furent diagnosées avec le cancer cervical. Le résumé des données est présenté dans le tableau suivant.

	Cancer cervical : oui	Cancer cervical : non	Total
Groupe 1 : vaccin	1	5 304	5 305 (fixé)
Groupe 2 : placebo	42	5 218	5 260 (fixé)
Total	43	10 522	10 565

Nous voulons obtenir des preuves en faveur de l'hypothèse que les proportions de femmes avec le cancer cervical ne sont pas les mêmes dans les deux groupes.

Exemple 14.4. Le Forest Stewarship Council (FSC) est une organisation internationale, avec un système d'affiliation, à but non lucratif qui soutient la gestion environnementale, socialement bénéfique et économiquement viable des forêts du monde. Le FSC a été fondé en 1993 à Toronto, au Canada, par des représentants de groupes environnementaux, de l'industrie forestière, des professions forestières et de groupes communautaires de 26 pays. En 2008, plus de 100 millions d'hectares dans plus de 80 pays ont été certifiés selon les normes établies par le FSC. Puisque les consommateurs sont de plus en plus concernés par l'impact de leurs décisions sur l'environnement, un nombre croissant d'entreprises utilisent des produits certifiés par le FSC. Dans le tableau ci-dessous, une cote de réputation (entre A et E) a été attribuée à un échantillon de 100 entreprises, basée sur la satisfaction des clients, la qualité des produits, les relations publiques et la reconnaissance internationale. Parmi cet échantillon, 50 entreprises utilisent des produits certifiés par le FSC, tandis que les 50 autres n'en utilisent pas.

	A	B	C	D	E	Total
Utilise des produits FSC	8	13	16	10	3	50 (fixé)
N'utilise pas des produits FSC	4	9	14	16	7	50 (fixé)
Total	12	22	30	26	10	100

Nous voulons prouver qu'il existe une différence entre les entreprises utilisant des produits certifiés par le FSC et les entreprises n'en utilisant pas, du point de vue de leur réputation.

Pour illustrer cette théorie générale, nous supposons que les r groupes sont classifiés selon une variable catégorique avec c classes. Nous notons par n_{ij} le nombre d'observations dans le $i^{\text{ème}}$ groupe entrant dans la $j^{\text{ème}}$ classe. Nous organisons l'information telle que dans la section 14.1 en utilisant un *tableau de contingence.*

	Classe 1	Classe 2	......	Classe c	Total
Groupe 1	n_{11}	n_{12}	......	n_{1c}	$n_{1\cdot}$ (fixé)
Groupe 2	n_{21}	n_{22}	......	n_{2c}	$n_{2\cdot}$ (fixé)
...	...	...	......	...	...
Groupe r	n_{r1}	n_{r2}	......	n_{rc}	$n_{r\cdot}$ (fixé)
Total	$n_{\cdot 1}$	$n_{\cdot 2}$	......	$n_{\cdot c}$	n

Nous calculons les totaux suivants :

$$n_{i\cdot} = \sum_{j=1}^{c} n_{ij} \quad \text{est le nombre total d'observations dans le } i^{\text{ème}} \text{ groupe,}$$

$$n_{\cdot j} = \sum_{i=1}^{r} n_{ij} \quad \text{est le nombre total d'observations dans la } j^{\text{ème}} \text{ classe.}$$

Le nombre total d'observations est :

$$\begin{aligned} n &= n_{1\cdot} + n_{2\cdot} + \ldots + n_{r\cdot} \\ &= n_{\cdot 1} + n_{\cdot 2} + \ldots + n_{\cdot c}. \end{aligned}$$

Soit p_{ij} la proportion d'individus dans le $i^{\text{ème}}$ groupe entrant dans la $j^{\text{ème}}$ classe. Nous voulons prouver que les proportions p_{ij} ne sont pas toutes les mêmes dans les r groupes. En tenant compte de notre but de rejeter H_0, nous configurons les hypothèses suivantes :

H_0 : $p_{1j} = p_{2j} = \ldots = p_{rj}$, pour tous $j = 1, 2, \ldots, c$

H_1 : les proportions $p_{1j}, p_{2j}, \ldots, p_{rj}$ ne sont pas les mêmes, pour au moins un j.

Ceci est appelé un *test d'homogénéité.*

Notons que p_{ij} peut être interprétée comme la probabilité conditionnelle qu'un individu entre dans la $j^{\text{ème}}$ catégorie, compte tenu qu'il appartient au $i^{\text{ème}}$ groupe. L'hypothèse H_0 affirme que pour chaque catégorie, ces probabilités conditionnelles sont les mêmes pour les r groupes.

Si H_0 est vraie, une estimation pour la valeur commune $p_j = p_{1j} = p_{2j} = \ldots = p_{rj}$ est :

$$\hat{p}_j = \frac{n_{\cdot j}}{n}.$$

Ceci est une estimation de la proportion d'individus du $i^{\text{ème}}$ groupe, entrant dans la $j^{\text{ème}}$ classe. Puisque le $i^{\text{ème}}$ groupe est de taille $n_{i\cdot}$, le nombre espéré d'individus du $i^{\text{ème}}$ groupe entrant dans la $j^{\text{ème}}$ classe est (si H_0 est vraie) :

$$\hat{E}_{ij} = n_{i\cdot}\hat{p}_j = \frac{n_{i\cdot}n_{\cdot j}}{n}.$$

(Notons que ceci coïncide avec le nombre espéré d'observations dans le cas d'un test d'indépendance. L'interprétation est différente cette fois-ci.)

Le nombre $\hat{E}_{ij}$, que nous espérons observer si H_0 est vraie, doit être comparé avec le nombre observé n_{ij}. Une différence considérable (en valeur absolue) entre $\hat{E}_{ij}$ et n_{ij} est une indication que H_0 n'est pas vraie. Pour vérifier si n_{ij} dévie considérablement de $\hat{E}_{ij}$ dans tout le tableau, nous calculons la somme des différences normalisées au carré $(\hat{E}_{ij} - n_{ij})^2/\hat{E}_{ij}$. Comme dans la section 14.1, nous utilisons le fait que la statistique du test :

$$U_0 = \sum_{i=1}^{r}\sum_{j=1}^{c} \frac{(\hat{E}_{ij} - n_{ij})^2}{\hat{E}_{ij}} \quad \text{suit une loi } \chi^2$$

avec $(r-1)(c-1)$ degrés de liberté. Une très grande valeur observée u_0 de la statistique du test est constituée de preuves contre H_0. Pour décider si cette somme est assez grande pour rejeter H_0, nous calculons :

$$\text{valeur-}p = P(U > u_0),$$

où U est une variable aléatoire suivant une loi χ^2 avec $(r-1)(c-1)$ degrés de liberté.

Exemple 14.3 (suite). Nous configurons les hypothèses suivantes :
H_0 : les proportions de cancers cervicaux dans les deux groupes sont les mêmes,
H_1 : les proportions de cancers cervicaux dans les deux groupes sont différentes.

Nous calculons le nombre «espéré» d'observations pour chaque cellule :

$$\hat{E}_{11} = \frac{5305 \cdot 43}{10565} = 21{,}59, \quad \hat{E}_{12} = \frac{5305 \cdot 10522}{10565} = 5\ 283{,}41$$
$$\hat{E}_{21} = \frac{5260 \cdot 43}{10565} = 21{,}41, \quad \hat{E}_{22} = \frac{5260 \cdot 10522}{10565} = 5\ 238{,}60$$

La valeur observée de la statistique du test est :

$$u_0 = \frac{(1 - 21{,}59)^2}{21{,}59} + \frac{(5304 - 5\ 283{,}41)^2}{5\ 283{,}41} + \frac{(42 - 21{,}41)^2}{21{,}41} + \frac{(5218 - 5\ 238{,}60)^2}{5\ 238{,}60} = 39{,}60.$$

En utilisant le tableau 17.5, nous déduisons que :

$$\text{valeur-}p = P(U > 39{,}60) < 0{,}005,$$

où U est une variable aléatoire suivant une loi χ^2 avec $(2-1)(2-1) = 1$ degré de liberté. Puisque la valeur-p est très petite, nous rejetons H_0. Nous concluons qu'il y a assez de preuves que les proportions de cancers cervicaux sont différentes dans les deux groupes.

Exemple 14.4 (suite). Nous configurons les hypothèses suivantes :
H_0 : pour n'importe quelle cote entre A et F les proportions d'entreprises qui ont reçu cette cote sont les mêmes dans les deux groupes,
H_1 : il y a au moins une cote (entre A et F) pour laquelle les proportions d'entreprises sont différentes dans les deux groupes.

Nous calculons le nombre «espéré» pour chaque cellule :

$$\hat{E}_{11} = \hat{E}_{21} = \frac{50 \cdot 12}{100} = 6, \quad \hat{E}_{12} = \hat{E}_{22} = \frac{50 \cdot 22}{100} = 11,$$
$$\hat{E}_{13} = \hat{E}_{23} = \frac{50 \cdot 30}{100} = 15, \quad \hat{E}_{14} = \hat{E}_{24} = \frac{50 \cdot 26}{100} = 13,$$
$$\hat{E}_{15} = \hat{E}_{25} = \frac{50 \cdot 10}{100} = 5.$$

Puisque les tailles d'échantillons sont les mêmes pour les deux groupes, les valeurs de la première rangée sont identiques à celles de la deuxième rangée. La valeur observée de la statistique du test est :

$$u_0 = \frac{(8-6)^2}{6} + \frac{(13-11)^2}{11} + \frac{(16-15)^2}{15} + \frac{(10-13)^2}{13} + \frac{(3-5)^2}{5} +$$

$$\frac{(4-6)^2}{6} + \frac{(9-11)^2}{11} + \frac{(14-15)^2}{15} + \frac{(16-13)^2}{13} + \frac{(7-5)^2}{5} = 5{,}179.$$

Alors, la valeur-p = $P(U > 4{,}38)$, où U est une variable aléatoire suivant une loi χ^2 avec $(2-1)(5-1) = 4$ degrés de liberté. En utilisant le tableau 17.5, nous concluons que :

$$0{,}25 < \text{valeur-}p < 0{,}5.$$

En utilisant un logiciel de calcul statistique, nous déterminons que la valeur-p= 0,269. Puisque la valeur-p est grande, nous ne pouvons pas rejeter H_0. Nous concluons que les deux groupes d'entreprises ne diffèrent pas de façon significative selon le point de vue de l'évaluation par les clients.

14.3 Exercices

Exercice 14.1. Les cancers du poumon sont classifiés en utilisant la taille et l'apparence des cellules malignes, telles qu'elles peuvent être observées par un histopathologiste sous un microscope, soit : cellule de carcinome du poumon non petite ou petite cellule de carcinome du poumon. Les cellules de carcinome du poumon non petites représentent les types de cancer du poumon les plus fréquemment rencontrés et sont divisés en trois sous-types : cellule squameuse de carcinome du poumon, adénocarcinome et grande cellule de carcinome du poumon. En utilisant les données du tableau ci-dessous, pouvons-nous conclure que les proportions des trois sous-types de cellules de carcinome du poumon non petites sont différentes dans la population des fumeurs et dans la population des non-fumeurs ?

	Cellule squameuse de carcinome	Adénocarcinome	Grande cellule de carcinome
Fumeurs	42	43	15
Non-fumeurs	33	45	22

Exercice 14.2. Pour tester une déclaration voulant que le trichlorure d'azote (produit par le chlore) soit une cause de l'asthme occupationnel chez les travailleurs de piscines d'intérieur, un groupe de 625 sauveteurs et d'instructeurs de nage ont rempli un questionnaire concernant les symptômes respiratoires et le nombre d'heures qu'ils passent à la piscine par semaine. Les données sont présentées dans le tableau suivant.

	Symptômes respiratoires			
Nombre d'heures	Aucun	Léger	Sévère	Total
Moins de 12	256	34	24	314
12 à 19	159	26	20	205
20 à 32	45	8	10	63
Plus de 32	29	6	8	43
Total	489	74	62	625

Y a-t-il assez de preuves qu'il y a une association entre les symptômes respiratoires et le nombre d'heures passées à la piscine par les travailleurs de ces piscines ?

Exercice 14.3. Dans les pays développés, un des facteurs causant l'obésité chez les enfants pourrait être le revenu familial. Il est estimé qu'au Canada, le taux national combiné d'enfants et d'adolescents obèses âgés de 2 à 17 ans est 33%. Le tableau suivant présente les données obtenues de 1 570 enfants, qui ont été classifiés selon leur poids et le revenu familial annuel.

Revenu	Poids		
familial annuel	Normal	Obèse	Total
moins que 40 000$	95	65	160
40 000$-80 000$	412	278	690
80 000$-120 000$	322	188	510
plus de 120 000$	151	59	210
Total	980	590	1570

Pouvons-nous conclure qu'il existe une association entre le revenu familial et le poids de l'enfant ? Utilisez un niveau de signification de $\alpha = 0{,}05$.

Exercice 14.4. Les auteurs de [1] ont étudié les interactions ours-humains dans le Parc national Delani (aux États-Unis). Le tableau suivant résume 192 interactions ours-humains en donnant les distributions de fréquences conditionnelles relatives des comportements des ours selon le type d'endroit.

Les tailles d'échantillons correspondant à «dans les endroits développés», «au camp», «sur la route du parc» et «dans l'arrière-pays» sont 17, 50, 42 et 83, respectivement.

Type d'endroit	Comportement démontré Agression	Approchement	Neutre	Évitement
Endroits développés	6%	70%	12%	12%
Au camp	2%	64%	20%	14%
Sur la route du parc	17%	40%	12%	31%
Arrière-pays	6%	25 %	6%	63%

Pouvons-nous conclure qu'il existe une association entre le comportement démontré et le type d'endroit ? Utilisez un niveau de signification de $\alpha = 0{,}05$. Indice : Calculez premièrement les fréquences observées pour chaque cellule, en arrondissant au nombre entier le plus près.

Exercice 14.5. Référez-vous aux données de germination de l'exemple 4.2 (p. 38). Les données représentent un échantillon aléatoire de 105 espèces qui sont classifiées selon le pouvoir germinatif et la vitesse de germination.

Vitesse de germination	Pouvoir germinatif Faible	Moyen	Haut	Total
Rapide	14	4	4	22
Intermédiaire	36	22	2	60
Lente	6	13	4	23
Total	56	39	10	105

Pouvons-nous conclure qu'il y a une association entre le pouvoir germinatif et la vitesse de germination ? Utilisez un niveau de signification de $\alpha = 0{,}05$.

Exercice 14.6. Les auteurs de [5] ont étudié le comportement d'adolescents mâles utilisateurs de tabac sans fumée. Parmi 137 pères, 70 ont affirmé utiliser soit du tabac sans fumée ou des cigarettes. Parmi les pères qui utilisaient du tabac sans fumée ou des cigarettes, 30% avaient des fils qui utilisaient du tabac sans fumée quotidiennement. Pour les pères non utilisateurs, seulement 10,4% avaient des fils qui utilisaient du tabac sans fumée quotidiennement.

(a) Remplissez le tableau de contingence suivant.

Père qui consomme du tabac	Fils qui utilisent du tabac sans fumée quotidiennement Oui	Non	Total
Oui			
Non			
Total			

(b) Pouvons-nous conclure qu'il existe une association entre l'utilisation de tabac chez les pères et l'utilisation quotidienne de tabac chez les fils ? Utilisez un niveau de signification de $\alpha = 0{,}05$.

Exercice 14.7. L'étude [9] examine les motifs d'efflorescence d'arbres dans une forêt tropicale humide. Certaines espèces d'arbres ont des fleurs seulement pendant une saison de pluies, d'autres ont des fleurs pendant les deux saisons de pluies et d'autres ont des fleurs seulement durant la saison sèche. Le tableau ci-dessous présente les distributions des temps d'efflorescence pour 7 familles d'arbres. Par exemple, parmi les 11 espèces observées dans la famille des annonacées, 8 espèces ont des fleurs seulement pendant une saison de pluies, 3 ont des fleurs pendant les deux saisons et 1 seulement pendant la saison sèche.

	Temps d'efflorescence		
Phylogénie	Seulement pendant une saison de pluies	Pendant les deux saisons de pluies	Seulement pendant la saison sèche
Annonacée	8	3	1
Euphorbiacée	12	6	1
Lauracée	9	1	4
Leguminosée	20	6	4
Moracée	9	5	3
Palmacée	15	4	2
Rubiacée	16	5	5

Est-ce que les distributions des temps d'efflorescence sont homogènes parmi les familles d'arbres ? Supposez que les nombres observés d'espèces par famille sont fixés. Utilisez un niveau de signification de $\alpha = 0{,}05$.

Saviez-vous que ? *Les transfusions sanguines ont été effectuées pendant des siècles pour sauver les vies de patients, avec des résultats partagés : occasionnellement le patient était guéri, mais souvent le patient mourait presque instantanément. Ce mystère a été expliqué en 1901 par un biologiste et médecin autrichien nommé Karl Landsteiner. En mélangeant des globules rouges du sang d'un individu avec le sérum du sang d'un autre individu, il a identifié la présence d'agglutinine dans le sang. Pour cette découverte, qui a mené au développement du système moderne de classification par groupes sanguins, Landsteiner a reçu le prix Nobel de médecine en 1930. En 1946, avec l'aide d'Alexandre Weiner et de Philip Levine, il a reçu (à titre posthume) le prix Albert Lasker, pour la découverte du facteur Rh et de sa signification comme cause de la mortalité prénatale.*

Chapitre 15

Régression et corrélation

Les biologistes veulent souvent examiner le lien entre deux variables. Dans ce chapitre, nous décrivons le lien entre deux variables quantitatives à l'aide d'une droite. Ceci est appelé une analyse de régression. Nous discutons des inférences concernant une droite de régression d'une population et nous présentons les outils pour évaluer la validité des hypothèses sous-jacentes de régression. Nous utiliserons le modèle de régression pour prédire les valeurs futures d'une variable lorsque la valeur de l'autre est connue. Nous discuterons finalement de l'analyse de corrélation. La corrélation est une mesure du degré d'association entre deux variables quantitatives et est étroitement liée à l'analyse de régression.

15.1 Droite des moindres carrés

Nous amorçons cette section en décrivant l'association entre une variable y (aussi appelée la *réponse*) et une variable x (aussi appelée le *prédicteur*) avec une droite de meilleur ajustement. Nous supposons que nous avons un échantillon aléatoire de n couples d'observations (x_i, y_i) pour $i = 1, \ldots, n$.

Exemple 15.1 (Partie 1). Considérons les données de l'exemple 9.8. Le prédicteur x est le dosage de vitamine C et la variable réponse y est le nombre de grippes. Pour ces données, la droite de meilleur ajustement est $\hat{y} = 12{,}0 - 0{,}0944\,x$, qui est superposée sur le nuage de points dans la figure 15.1.

Pour trouver la droite de meilleur ajustement, notée par $\hat{y} = \hat{\alpha} + \hat{\beta}\,x$, nous allons définir ce que nous voulons dire par «meilleur». Considérons le $i^{\text{ème}}$ cas (x_i, y_i). La *valeur ajustée* correspondante $\hat{y}_i = \hat{\alpha} + \hat{\beta}\,x_i$ est

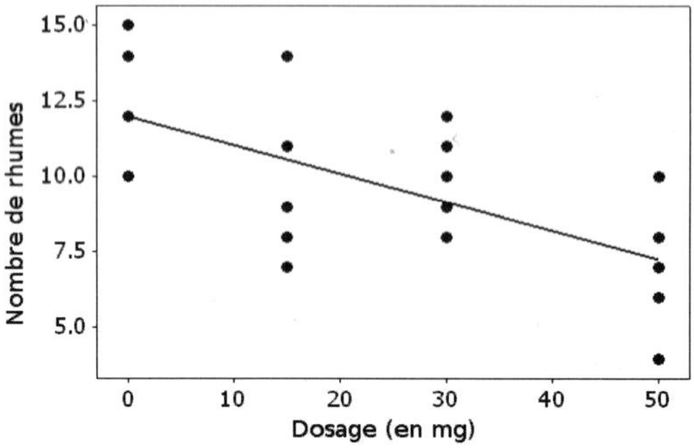

FIGURE 15.1 Droite des moindres carrés pour le nombre de grippes par rapport au dosage de vitamine C

l'évaluation de la droite estimée à $x = x_i$. La différence entre la $i^{\text{ème}}$ réponse observée et la $i^{\text{ème}}$ valeur ajustée est appelée le $i^{\text{ème}}$ *résidu* $e_i = y_i - \hat{y}_i$. La somme des carrés des résidus,

$$L = \sum_{i=1}^{n} \left[y_i - (\hat{\alpha} + \hat{\beta}\, x_i) \right]^2 ,$$

est utilisée comme une mesure de l'ajustement. D'une certaine manière, L représente une distance entre les réponses observées et la droite estimée. Nous disons que la droite de meilleur ajustement est la droite qui minimise L. Ce critère d'ajustement a été proposé indépendamment au 18e siècle par le mathématicien allemand Carl Friedrich Gauss et le mathématicien français Adrien-Marie Legendre. Il est connu comme la *méthode des moindres carrés.*

Le minimum du critère L des moindres carrés peut être trouvé en calculant ses dérivées partielles par rapport à $\hat{\alpha}$ et $\hat{\beta}$ et en posant les dérivées partielles égales à zéro. Nous obtenons un système de deux équations en $\hat{\alpha}$ et $\hat{\beta}$ que nous devons résoudre. En simplifiant, ces équations peuvent être démontrées ainsi :

$$\sum_{i=1}^{n} y_i = n\,\hat{\alpha} + \hat{\beta} \sum_{i=1}^{n} x_i \quad \text{et} \quad \sum_{i=1}^{n} x_i y_i = \hat{\alpha} \sum_{i=1}^{n} x_i + \hat{\beta} \sum_{i=1}^{n} x_i^2 \qquad (15.1)$$

Ces équations sont appelées les *équations normales.* Si nous isolons $\hat{\alpha}$ dans la première équation et que nous le substituons dans la deuxième équation pour obtenir $\hat{\beta}$, nous obtenons les estimations des moindres carrés de l'ordonnée à l'origine

$$\hat{\alpha} = \frac{\sum_{i=1}^n y_i}{n} - \hat{\beta}\,\frac{\sum_{i=1}^n x_i}{n}, \tag{15.2}$$

et de la pente

$$\begin{aligned}\hat{\beta} &= \frac{(\sum_{i=1}^n x_i\, y_i) - (1/n)(\sum_{i=1}^n x_i)(\sum_{i=1}^n y_i)}{(\sum_{i=1}^n x_i^2) - (1/n)(\sum_{i=1}^n x_i)^2} \\ &= \frac{\sum_{i=1}^n (x_i - \overline{x})(y_i - \overline{y})}{\sum_{i=1}^n (x_i - \overline{x})^2} = \frac{\sum_{i=1}^n (x_i - \overline{x})\, y_i}{(n-1)\, s_x^2}.\end{aligned} \tag{15.3}$$

Tous les quantités impliquées dans cette solution devraient sembler familières. En réalité, la pente et l'ordonnée à l'origine de la droite des moindres carrés ont quelques autres représentations utiles, telles que

$$\hat{\beta} = \frac{\sum_{i=1}^n (x_i - \overline{x})(y_i - \overline{y})/(n-1)}{\sum_{i=1}^n (x_i - \overline{x})^2/(n-1)} = \frac{s_{xy}}{s_x^2} = r_{xy}\,\frac{s_y}{s_x}$$

et

$$\hat{\alpha} = \overline{y} - \hat{\beta}\,\overline{x} = \frac{1}{n}\sum_{i=1}^n y_i - \left(\frac{\sum_{i=1}^n (x_i - \overline{x})\, y_i}{(n-1)s_x^2}\right)\overline{x} = \sum_{i=1}^n \left[\frac{1}{n} - \frac{(x_i - \overline{x})\,\overline{x}}{(n-1)s_x^2}\right] y_i,$$

où $\overline{x}$ et $\overline{y}$ sont les moyennes de l'échantillon des prédicteurs et des réponses, respectivement, où s_x^2 est la variance de l'échantillon des prédicteurs, où s_{xy} est la covariance entre x et y, et où r_{xy} est la corrélation entre x et y. Rappelons-nous que nous avons défini ces statistiques descriptives dans la section 9.1. Notons que la pente de la droite des moindres carrés aura toujours le même signe que la corrélation entre la réponse et le prédicteur.

Quelques-unes des autres propriétés de la droite des moindres carrés peuvent être dérivées des équations normales. La droite passe toujours à travers du centroïde $(\overline{x}, \overline{y})$ de l'échantillon. De la première équation normale, nous pouvons démontrer que $\sum_{i=1}^n e_i = 0$. Alors, la moyenne des résidus est égale à zéro. Cette dernière propriété implique aussi que $(1/n)\sum_{i=1}^n y_i = (1/n)\sum_{i=1}^n \hat{y}_i$, c'est-à-dire que la moyenne des valeurs ajustées est égale à la moyenne des réponses. De la deuxième équation normale, nous pouvons démontrer que $\sum_{i=1}^n \hat{y}_i\, e_i = 0$. Ceci signifie que les résidus sont aussi non correlés aux valeurs ajustées, ce qui est intuitivement sensé.

Nous avons trouvé la droite de meilleur ajustement dans le sens des moindres carrés. La prochaine étape de l'analyse de régression est de décrire cet ajustement. Puisque la somme minimisée des carrés des résidus est notre critère pour le meilleur ajustement, nous pouvons utiliser

$$\text{SCE} = \sum_{i=1}^n e_i^2 = \sum_{i=1}^n (y_i - \hat{y}_i)^2,$$

comme une mesure descriptive de l'ajustement. SCE est appelée *la somme des carrés des résidus ou des erreurs*. Il est généralement difficile de juger ce qui représente une grande somme des carrés des résidus (puisqu'elle dépend de l'échelle de mesures).

Nous devons trouver une mesure qui est plus facile à interpréter. Pour ce faire, nous effectuerons une analyse de la variance. La variabilité dans la réponse est mesurée avec la variance de l'échantillon :

$$s_y^2 = \frac{1}{n-1} \sum_{i=1}^{n} (y_i - \overline{y})^2.$$

Exemple 15.1 (Partie 2). Considérons les données du nombre de grippes de l'exemple 9.8. Le nombre de grippes varie de sujet à sujet. La variance de l'échantillon est $s_y^2 = 7{,}882$. Cette mesure de variabilité compare les réponses à la réponse moyenne $\overline{y} = 9{,}75$.

S'il y a une association linéaire entre x et y, quand la valeur-x dévie de sa moyenne, la valeur-y correspondante tend à dévier aussi de sa moyenne. Donc, nous pouvons utiliser la droite de meilleur ajustement pour expliquer en partie la variabilité totale dans les réponses. Nous séparons la déviation totale en deux composantes : une déviation expliquée et une déviation inexpliquée (aussi appelée le résidu).

$$\begin{array}{ccccc} y_i - \overline{y} & = & (\widehat{y}_i - \overline{y}) & + & (y_i - \widehat{y}_i) \\ \text{déviation totale} & = & \text{déviation expliquée} & + & \text{déviation inexpliquée} \end{array}$$

La somme des carrés des déviations totales est la *somme totale des carrés* :

$$\text{SCT} = \sum_{i=1}^{n} (y_i - \overline{y})^2 = (n-1)\, s_y^2.$$

La somme totale des carrés est une mesure de la variabilité totale dans les réponses. La somme des carrés des déviations expliquées est la *somme des carrés de la régression* :

$$\text{SCR} = \sum_{i=1}^{n} (\hat{y}_i - \overline{y})^2 = \hat{\beta}^2\, (n-1)\, s_x^2.$$

Pour observer ceci, notons que :

$$\begin{aligned} \hat{y}_i - \overline{y} &= \hat{\alpha} + \hat{\beta}\, x_i - \overline{y} = \overline{y} - \hat{\beta}\, \overline{x} + \hat{\beta}\, x_i - \overline{y} \quad \text{selon (15.2)} \\ &= \hat{\beta}(x_i - \overline{x}). \end{aligned}$$

La somme des carrés de la régression est une mesure de la variabilité qui est expliquée par la régression. En utilisant le fait que les résidus et les valeurs ajustées ne sont pas correlés et que le résidu moyen est égal à zéro, nous pouvons démontrer que la somme totale des carrés peut être décomposée comme suit :

$$\text{SCT} = \text{SCR} + \text{SCM}.$$

La proportion de la variabilité totale des réponses expliquée par la régression sur le prédicteur est donnée par le *coefficient de détermination* :

$$R^2 = \frac{\text{SCR}}{\text{SCT}} = \frac{\hat{\beta}^2\,(n-1)\,s_x^2}{(n-1)\,s_y^2} = r_{xy}^2.$$

Notons que le coefficient de détermination est égal au carré de la corrélation entre x et y.

Exemple 15.1 (Partie 3). Pour les données du nombre de grippes de l'exemple 9.8, la corrélation de l'échantillon entre le nombre de grippes et le dosage est $r_{xy} = -0{,}63837$. Donc, la proportion de la variabilité du nombre de grippes expliquée par la régression sur le dosage de vitamine C est $R^2 = 40{,}8\%$.

Exemple 15.2 (Partie 1). Référons-nous à l'exemple 9.7 des mères-filles avec une taille d'échantillon $n = 12$. La variable réponse y est la grandeur de la fille et le prédicteur x est la grandeur de la mère. Nous résumons les données avec les sommes suivantes : $\sum x_i = 1\ 951{,}0$, $\sum y_i = 1\ 923{,}0$, $\sum x_i^2 = 317\ 267{,}0$, $\sum x_i\, y_i = 312\ 702{,}0$ et $\sum y_i^2 = 308\ 403$. En utilisant (15.2) et (15.3) pour calculer les estimations des moindres carrés, nous obtenons la droite estimée suivante $\widehat{y} = 0{,}8107\, x + 28{,}4421$. La figure 15.2 présente le nuage de points des couples (x_i, y_i) et la droite de régression estimée.

La proportion de la variabilité totale des grandeurs de filles qui est expliquée par la régression sur les grandeurs des mères est $R^2 = 18{,}2\%$.

15.2 Modèle de régression

Dans la section 15.1, nous avons présenté la méthode des moindres carrés pour trouver une droite de meilleur ajustement qui décrit l'association linéaire entre une variable réponse Y et un prédicteur x, basée sur un échantillon aléatoire de taille n. Habituellement, l'analyse ne devrait pas se terminer là. Dans cette section, nous apprenons comment utiliser la

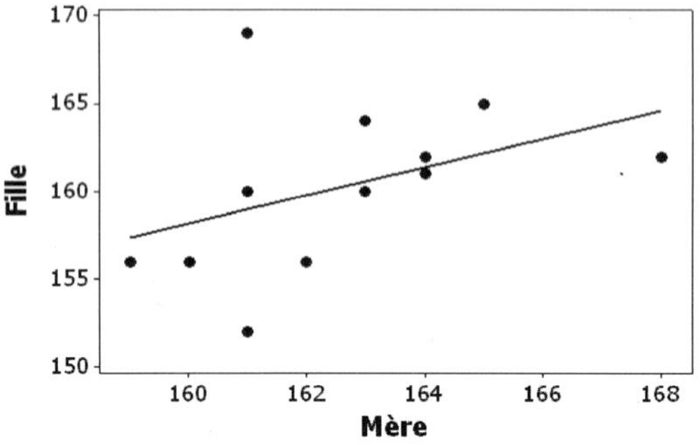

FIGURE 15.2 La droite des moindres carrés pour les grandeurs des mères et des filles

droite estimée pour prédire des réponses, ou même pour effectuer des tests d'hypothèse concernant le lien entre les variables réponse et prédicteur.

Nous modélisons l'association entre la réponse et le prédicteur comme suit :

$$Y = \alpha + \beta\, x + \varepsilon, \tag{15.4}$$

où ε est une variable aléatoire appelée l'*erreur aléatoire* telle que $E(\varepsilon) = 0$ et $\mathrm{Var}(\varepsilon) = \sigma^2$. Le modèle (15.4) est appelé un *modèle de régression linéaire simple.* Le terme ≪simplefg est utilisé pour souligner le fait qu'il y a seulement un prédicteur x.

Pour mieux comprendre ce modèle, nous étudions quelques propriétés du modèle de régression linéaire simple. Supposons que le modèle de régression linéaire simple (15.4) est valide. Si nous fixons le prédicteur x, alors la moyenne et la variance de la réponse sont, respectivement :

$$\mu_{Y|x} = E(Y|x) = \alpha + \beta\, x \quad \text{et} \quad \mathrm{Var}(Y|x) = \sigma^2.$$

Ceci signifie qu'il existe une droite reposant sur le fait que, pour une valeur fixée x du prédicteur, les réponses varient autour de l'évaluation de cette droite. En outre, la variance de la réponse Y pour un x fixé est donnée par la variance d'erreur $\sigma^2 = \mathrm{Var}(\varepsilon)$, et cette variance est la même pour chaque x.

Exemple 15.1 (Partie 4). Examinons le nuage de points du nombre de grippes par rapport au dosage de vitamine C dans la section 15.1. Les points semblent être dispersés autour d'une droite, et la variabilité autour de cette droite semble être similaire pour des différentes valeurs x. Donc, il semble raisonnable d'utiliser le modèle de régression linéaire simple (15.4) pour lier le nombre de grippes au dosage de vitamine C. (Plus tard dans la section, nous examinerons des exemples pour lesquels le modèle de régression linéaire simple n'est pas approprié.)

Considérons un échantillon aléatoire de taille n de réponses $Y_1, \ldots, Y_n$ qui correspondent aux prédicteurs $x_1, \ldots, x_n$. En utilisant la méthode des moindres carrés de la section 15.1, nous obtenons les estimations des moindres carrés pour les coefficients de régression β et α, respectivement :

$$\widehat{\beta} = \sum_{i=1}^{n} \frac{(x_i - \overline{x})}{(n-1)s_x^2} Y_i \quad \text{et} \quad \widehat{\alpha} = \sum_{i=1}^{n} \left(\frac{1}{n} - \frac{(x_i - \overline{x})\,\overline{x}}{(n-1)\,s_x^2} \right) Y_i.$$

Puisque ces estimations sont des combinaisons linéaires des réponses indépendantes, nous pouvons calculer leurs valeurs espérées et leurs variances. Il s'avère que $E(\widehat{\beta}) = \beta$, $E(\widehat{\alpha}) = \alpha$,

$$\mathrm{Var}(\widehat{\beta}) = \frac{\sigma^2}{(n-1)s_x^2} \quad \text{et} \quad \mathrm{Var}(\widehat{\alpha}) = \sigma^2 \left(\frac{1}{n} + \frac{\overline{x}^2}{(n-1)s_x^2} \right).$$

Pour estimer la réponse moyenne $\mu_{Y|x} = \alpha + \beta\, x$ pour une valeur x donnée du prédicteur, nous pouvons utiliser la droite des moindres carrés $\hat{\mu}_{Y|x} = \widehat{\alpha} + \widehat{\beta}\, x$. Il peut être démontré que $\overline{Y}$ et $\widehat{\beta}$ ne sont pas correlés. En utilisant les propriétés des estimateurs des moindres carrés, nous pouvons démontrer que

$$E(\hat{\mu}_{Y|x}) = \alpha + \beta\, x = \mu_{Y|x} \quad \text{et} \quad \mathrm{Var}(\hat{\mu}_{Y|x}) = \sigma^2 \left(\frac{1}{n} + \frac{(x - \overline{x})^2}{(n-1)s_x^2} \right).$$

Donc, l'estimation des moindres carrés mène à une estimation non biaisée de la réponse moyenne pour une valeur x donnée du prédicteur. Remarquons que lorsque x dévie de la moyenne $\overline{x}$ des prédicteurs de notre échantillon, l'estimation devient moins précise.

Pour décrire la précision de l'estimation des moindres carrés, nous devons estimer la variance d'erreur σ^2. Nous pouvons mesurer la variabilité autour de la droite des moindres carrés avec l'*erreur quadratique moyenne* qui est définie comme

$$\mathrm{EQM} = \frac{\mathrm{SCE}}{n-2} = \frac{\sum_{i=1}^{n}(y_i - \hat{y}_i)^2}{n-2}.$$

Notons que EQM est approximativement la moyenne des déviations au carré des n réponses à l'écart de la droite des moindres carrés. Cependant, au lieu de diviser par n, nous divisons par $n-2$ qui correspond au nombre de degrés de liberté dans ce cas. Pour estimer la variance autour de la droite, nous devons premièrement estimer l'ordonnée à l'origine et la pente de la droite, ce qui cause une perte de 2 degrés de liberté. Il peut être démontré que EQM est un estimateur non biaisé de la variance d'erreur σ^2, c'est-à-dire que

$$E(\text{EQM}) = \sigma^2.$$

Lorsque nous recueillons les n observations $(x_1, y_1), \ldots, (x_n, y_n)$, une façon facile et rapide de calculer l'EQM est :

$$\text{EQM} = \frac{\text{SCT} - \text{SCR}}{n-2} = \frac{(n-1)\, s_y^2 - \hat{\beta}^2\, (n-1)\, s_x^2}{n-2}. \qquad (15.5)$$

Nous sommes prêts à estimer les erreurs-types des estimations :

$$s\{\widehat{\alpha}\} = \sqrt{\text{EQM}\left(\frac{1}{n} + \frac{\overline{x}^2}{(n-1)s_x^2}\right)}, \quad s\{\widehat{\beta}\} = \sqrt{\frac{\text{EQM}}{(n-1)s_x^2}},$$

et

$$s\{\hat{\mu}_{Y|x}\} = \sqrt{\text{EQM}\left(\frac{1}{n} + \frac{(x-\overline{x})^2}{(n-1)s_x^2}\right)}.$$

Pour l'inférence concernant les paramètres de régression inconnus, nous allons imposer une condition de normalité concernant la loi de probabilité de la variable réponse. Plus précisément, nous supposons que les réponses $Y_1, \ldots, Y_n$ sont des variables aléatoires indépendantes telles que

$$Y_i = \alpha + \beta\, x_i + \varepsilon_i,$$

où ε_i suit une loi $N(0, \sigma^2)$. En supposant que les hypothèses sous-jacentes de ce modèle sont valides, il peut être démontré que les trois variables aléatoires suivantes

$$\frac{\widehat{\alpha} - \alpha}{s\{\widehat{\alpha}\}}, \quad \frac{\widehat{\beta} - \beta}{s\{\widehat{\beta}\}} \quad \text{et} \quad \frac{\hat{\mu}_{Y|x} - \mu_{Y|x}}{s\{\hat{\mu}_{Y|x}\}} \qquad (15.6)$$

suivent une loi $T(n-2)$. En utilisant ce fait, nous pouvons construire des intervalles de confiance pour les coefficients de régression α et β, et aussi pour la réponse moyenne $\mu_{Y|x}$ pour une valeur fixée x du prédicteur.

Les arguments utilisés pour construire ces intervalles sont les mêmes que ceux que l'on trouve dans la section 10.2 pour créer un intervalle de confiance pour la moyenne de la population. Les intervalles de confiance pour ces paramètres ont tous la même forme. Un intervalle de confiance à un seuil de $(1-\alpha)\,100\%$ est de la forme :

$$\text{estimation ponctuelle} \pm t\,(\text{erreur-type estimée}),$$

où t est une valeur trouvée dans le tableau 17.4 qui satisfait $P(-t < T < t) = 1 - \alpha$ et où T suit une loi $T(n-2)$.

Exemple 15.2 (Partie 2). La réponse y est la grandeur de la fille et le prédicteur x est la grandeur de la mère. Les variances d'échantillons pour les grandeurs des filles et des mères sont, respectivement, $s_y^2 = 22{,}022727$ et $s_x^2 = 6{,}083333$. En utilisant (15.5), nous calculons l'estimation de la variance d'erreur : EQM $= 19{,}8269$.

Rappelons-nous que les estimations des moindres carrés de la pente et de l'ordonnée à l'origine sont $\widehat{\beta} = 0{,}8107$ et $\widehat{\alpha} = 28{,}4421$, respectivement. Les erreurs-types estimées pour les estimations sont, respectivement,

$$s\{\widehat{\beta}\} = \sqrt{\frac{19{,}8269}{(12-1)(6{,}083333)}} = 0{,}5443$$

et

$$s\{\widehat{\alpha}\} = \sqrt{19{,}8269\left(\frac{1}{12} + \frac{(1,951/12)^2}{(12-1)(6{,}083333)}\right)} = 88{,}5079.$$

Pour produire un intervalle de confiance à un seuil de 95% pour la pente β et pour l'ordonnée à l'origine α, nous utilisons $t = 2{,}228$. Les intervalles de confiance à un seuil de 95% pour β et α sont, respectivement,

$$\widehat{\beta} \pm t\, s\{\widehat{\beta}\} = [-0{,}40; 2{,}02] \quad \text{et} \quad \widehat{\alpha} \pm t\, s\{\widehat{\alpha}\} = [-168{,}75; 225{,}63].$$

Une estimation ponctuelle pour la grandeur moyenne des filles dont les mères ont une grandeur de $x = 165$ cm est $\hat{\mu}_{Y|x=165} = \widehat{\alpha} + \widehat{\beta}(165) = 162{,}21$ cm. L'erreur-type estimée correspondante est :

$$s\{\hat{\mu}_{Y|x=165}\} = \sqrt{19{,}8269\left(\frac{1}{12} + \frac{(165-(1951/12))^2}{(12-1)(6{,}083333)}\right)} = 1{,}8392.$$

Un intervalle de confiance à un seuil de 95% pour la grandeur moyenne des filles dont les mères mesurent $x = 165$ cm est

$$\hat{\mu}_{Y|x=165} \pm t\, s\{\hat{\mu}_{Y|x=165}\} = [158{,}11; 166{,}31].$$

Les trois statistiques du test dans (15.6) peuvent aussi être utilisées pour tester des hypothèses concernant les paramètres α, β ou $\mu_{Y|x}$. Ceux-ci mènent aux tests t avec $n-2$ degrés de liberté. En particulier, nous testons fréquemment l'hypothèse nulle $H_0 : \beta = 0$ contre $H_1 : \beta \neq 0$. Ceci est appelé un *test pour la signification de la régression*. Le rejet de l'hypothèse nulle mène à la conclusion d'un effet linéaire significatif de x. Si l'hypothèse nulle ne peut pas être rejetée, cela peut signifier plusieurs choses : (i) le test n'est pas assez puissant pour identifier un effet linéaire important de x et nous devons augmenter la taille de l'échantillon ; (ii) il n'y a pas de lien linéaire entre les deux variables, et donc x ne joue aucun rôle pour expliquer la variabilité de la réponse Y ; ou (iii) le lien entre les deux variables n'est pas linéaire, et donc x peut encore être utile pour expliquer la variabilité dans la réponse. Pour aborder le point (i), nous pouvons construire un intervalle de confiance pour la pente et déterminer si l'estimation est assez précise. Pour aborder les points (ii) et (iii), nous produisons un nuage de points des paires (x, y). Dans l'exemple 15.3 ci-dessous, nous utilisons un nuage de points pour mieux comprendre le lien entre la réponse et le prédicteur.

Exemple 15.2 (Partie 3). Nous testons la signification de la régression de la grandeur des filles par rapport à la grandeur des mères. Nous testons $H_0 : \beta = 0$ contre $H_1 : \beta \neq 0$. La valeur observée de la statistique du test est

$$t_0 = \frac{\widehat{\beta} - 0}{s\{\widehat{\beta}\}} = \frac{0{,}8107 - 0}{0{,}5443} = 1{,}49.$$

Puisque ceci est un test bilatéral, la valeur-p est $P = 2\,P(T > 1{,}49)$, où T suit une loi $T(10)$. En se référant à la rangée $\nu = 10$ dans le tableau 17.4, nous observons que la valeur de 1,49 se situe entre 1,372 et 1,872 qui ont des aires vers la droite de 0,10 et 0,05, respectivement. Donc, $0{,}10 <$ valeur-$p < 0{,}20$. Si le niveau de signification du test est $\alpha = 0{,}20$, alors nous rejetons H_0 et acceptons l'hypothèse alternative H_1 pour conclure qu'il existe un effet linéaire significatif du prédicteur x. Cependant, si $\alpha = 0{,}10$, alors nous ne rejetons pas H_0 et concluons que l'effet linéaire de x n'est pas considérable.

Il est recommandé de toujours produire un nuage de points. Le nuage de points est un *outil diagnostique* utile. Il nous permet de vérifier l'hypothèse sous-jacente de linéarité entre y et x comme on peut l'observer dans l'exemple suivant.

Exemple 15.3. Pour étudier l'effet d'un certain stimulant sur le temps de réaction, les chercheurs ont assigné au hasard un dosage de stimulant aux sujets. Les groupes de traitement sont 0 mg, 10 mg, 20 mg, 30 mg, 40 mg et 50 mg. Chaque groupe contient 10 sujets. La réponse y est le temps de réaction (en secondes) et le prédicteur x est le dosage assigné (en mg).

La droite des moindres carrés est $\widehat{y} = 39{,}5311 - 0{,}07120\,x$, qui est superposée sur le nuage de points présenté dans la figure 15.3. Puisque la pente est négative, il semble qu'en moyenne une augmentation du dosage réduit le temps de réaction.

Les variances d'échantillons des réponses et des prédicteurs sont $s_y^2 = 53{,}50067$ et $s_x^2 = 293{,}19209$. Seulement $R^2 = \text{SCR}/\text{SCT} = \widehat{\beta}^2\,(n-1)s_x^2 /[(n-1)s_y^2] = 2{,}8\%$ de la variabilité totale dans les temps de réaction est expliquée par la régression du dosage du stimulant. Il semble y avoir peu d'association linéaire entre les deux variables. Nous testons la signification de la régression.

L'estimation ponctuelle pour la variance d'erreur σ^2 est

$$\text{EQM} = \frac{\text{SCE}}{n-2} = \frac{(n-1)s_y^2 - \widehat{\beta}^2\,(n-1)s_x^2}{n-2} = 52{,}9118.$$

Pour tester $H_0 : \beta = 0$ contre $H_1 : \beta \neq 0$, nous évaluons la statistique du test

$$t = \frac{\widehat{\beta} - 0}{s\{\widehat{\beta}\}} = \frac{\widehat{\beta}}{\sqrt{\text{EQM}/(n-1)s_x^2}} = -1{,}29.$$

La valeur-p est $2\,P(T > 1{,}29)$, où T suit une loi $T(58)$. Puisque n est grand, nous utilisons la rangée $\nu = \infty$ dans le tableau 17.4 pour approximer la valeur-p. Nous obtenons $0{,}1 <$ valeur-p $< 0{,}2$. En utilisant un logiciel de calcul statistique, nous déterminons que la valeur-p $= 0{,}203$. La valeur-p est grande, donc nous ne devrions pas rejeter l'hypothèse nulle.

Les chercheurs ont été prudents et n'étaient pas prêts de conclure que le stimulant n'avait pas d'effet sur les temps de réaction. Ils ont produit un nuage de points (voir la figure 15.3) et ils ont remarqué que le lien entre y et x semble ne pas être linéaire. Puisqu'une des suppositions sous-jacentes du modèle de régression linéaire simple est qu'il existe une association linéaire entre les deux variables, ils concluent que la régression linéaire simple est inapropriée dans ce cas.

En utilisant des techniques qui sont au-delà de la portée de ce livre, les chercheurs ont ajusté une fonction quadratique de réponse. Ils ont obtenu la fonction quadratique de réponse estimée suivante $\widehat{y} = 48{,}7 - 1{,}44\,x + 0{,}0274x^2$, pour laquelle le coefficient de détermination correspondant est $R^2 = 93\%$. Ceci signifie que 93% de la variabilité des temps de réaction est expliquée par une régression polynomiale sur le dosage de stimulant.

Il semble qu'il existe une forte association entre le temps de réaction et le dosage de stimulant. Cependant, cette association n'est pas linéaire.

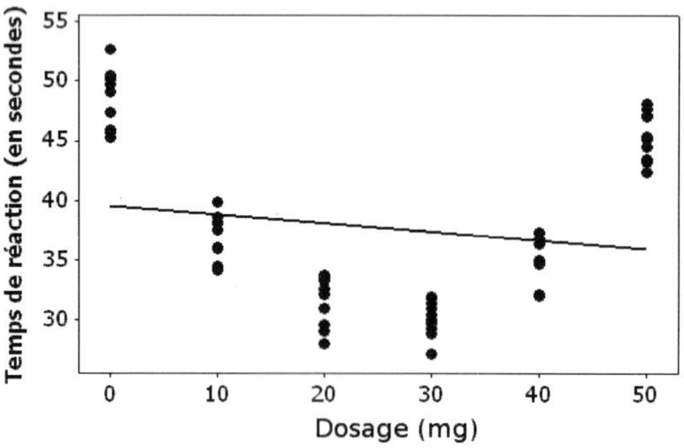

FIGURE 15.3 La droite des moindres carrés du temps de réaction

Un autre outil diagnostique utile est le *diagramme des résidus*, qui est un diagramme des résidus par rapport aux prédicteurs ou aux valeurs ajustées. Il nous permet de vérifier les hypothèses sous-jacentes de linéarité et d'homogénéité de la variance. Rappelons-nous que nous avons supposé que peu importe la valeur x du prédicteur, la variance de la réponse est égale à la constante σ^2. Pour vérifier cette supposition d'erreurs normales aléatoires, nous pouvons produire un diagramme de probabilité à échelle fonctionelle normale des résidus.

Exemple 15.4 (Partie 1). Des chercheurs souhaitaient construire un modèle proposant la fécondité (nombre d'œufs par année) d'une espèce donnée de poissons comme une fonction de sa longueur x en centimètres.

D'un échantillon de $n = 100$ observations, les chercheurs ont calculé le coefficient de détermination $R^2 = 79{,}8\%$. La valeur-p du test pour la signification de la régression était moins de 0,0001. Donc, une grande proportion de la variabilité de la réponse était expliquée par le prédicteur, et la régression était hautement significative. Cependant, au cours de l'étude, ils ont déterminé que les inférences avec le modèle linéaire simple n'étaient pas raisonnables.

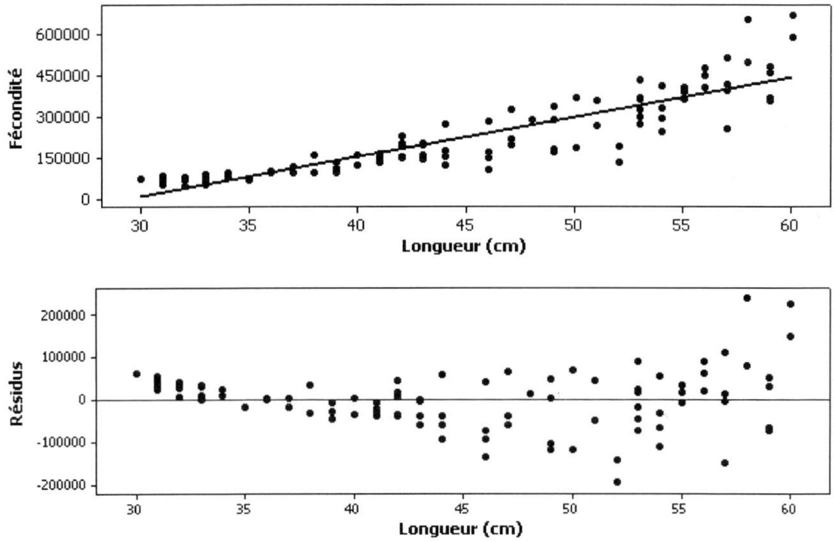

FIGURE 15.4 Nuage de points et diagramme des résidus pour la fécondité contre la longueur

La figure 15.4 présente le nuage de points de la fécondité par rapport à la longueur, avec une superposition de la droite des moindres carrés. À la droite du nuage de points, nous trouvons le diagramme des résidus contre les prédicteurs.

L'association entre la fécondité et la longueur ne semble pas être linéaire. Cette tendance curviligne est plus apparente dans le diagramme des résidus. Une tendance systématique dans le diagramme des résidus repose sur des preuves contre l'hypothèse sous-jacente de linéarité du modèle de régression simple linéaire. En outre, les résidus semblent être plus variables pour les plus gros poissons. Il semble que nous avons des preuves en faveur du fait que la variance de l'erreur n'est pas constante. Les chercheurs ont décidé que la régression linéaire simple n'était pas convenable pour analyser le lien entre la fécondité et la longueur.

Puisque la fécondité semble augmenter exponentiellement en fonction de la longueur, les chercheurs ont présenté la fécondité sur une échelle logarithmique. La réponse y est fécondité logarithmique et le prédicteur x est la longueur (en cm).

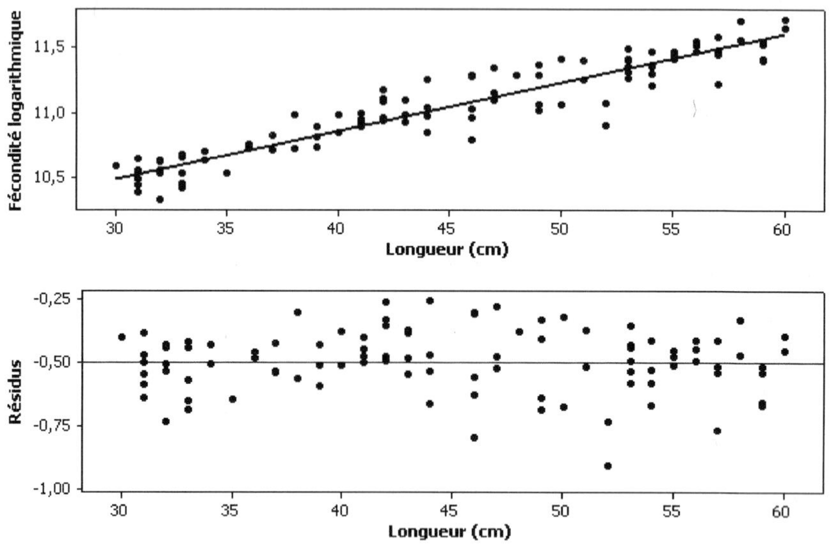

FIGURE 15.5 Nuage de points et diagramme des résidus pour la fécondité logarithmique par rapport à la longueur

Il semble y avoir une association linéaire entre y et x, et les résidus ne semblent pas varier beaucoup avec x (voir la figure 15.5). Il est raisonnable d'utiliser le modèle de régression linéaire simple dans ce cas. La droite des moindres carrés est $\widehat{y} = 8{,}76 + 0{,}0741\,x$. Le coefficient de détermination est $R^2 = 88{,}6\%$ et la valeur-p du test pour la signifiance de la régression est moins de 0,0001. La régression est donc hautement signifiante.

Nous terminons cette section avec une discussion concernant la prédiction. Nous savons comment estimer la réponse moyenne pour une valeur fixée x du prédicteur.

Exemple 15.2 (Partie 4). Nous avons estimé que la taille moyenne des filles, dont les mères mesuraient 165 cm, se situerait entre 158,11 cm et 166,31 cm, à un niveau de confiance de 95%.

Supposons que nous voulons prédire la grandeur d'une fille choisie au hasard parmi ce groupe, au lieu d'estimer la moyenne du groupe. Pour effectuer cela, nous produisons un intervalle de prédiction.

Soit Y_{nouveau} une nouvelle réponse pour un niveau fixé x du prédicteur. Nous pouvons évaluer la valeur correspondante sur la droite des moindres carrés (construite à partir d'un échantillon de n observations) comme le prédicteur $\hat{Y}_{\text{nouveau}} = \widehat{\alpha} + \widehat{\beta}\, x$. L'erreur de la prédiction est $Y_{\text{nouveau}} - \hat{Y}_{\text{nouveau}}$. En supposant que les conditions sous-jacentes du modèle de régression linéaire simple sont satisfaites, il peut être démontré que la valeur espérée de l'erreur de la prédiction est

$$E(Y_{\text{nouveau}} - \hat{Y}_{\text{nouveau}}) = 0$$

et sa variance est

$$\operatorname{Var}(Y_{\text{nouveau}} - \hat{Y}_{\text{nouveau}}) = \sigma^2 + \sigma^2 \left(\frac{1}{n} + \frac{(x - \overline{x})^2}{(n-1)s_x^2} \right).$$

En centrant et réduisant l'erreur de la prédiction avec l'erreur estimée de la variance EQM (au lieu de la variance σ^2), nous pouvons démontrer que

$$\frac{Y_{\text{nouveau}} - \hat{Y}_{\text{nouveau}}}{s\{\text{pred}\}} = \frac{Y_{\text{nouveau}} - \hat{Y}_{\text{nouveau}}}{\sqrt{\text{EQM}\left(1 + \frac{1}{n} + \frac{(x-\overline{x})^2}{(n-1)s_x^2}\right)}}$$

suit une loi $T(n-2)$. Alors, nous inférons qu'un intervalle de prédiction à un seuil de $(1-\alpha)\,100\%$ pour une nouvelle réponse à un niveau fixé x du prédicteur est

$$\hat{y}_{\text{nouveau}} \pm t\, s\{\text{pred}\} = \widehat{\alpha} + \widehat{\beta}\, x \pm t \sqrt{\text{EQM}\left(1 + \frac{1}{n} + \frac{(x - \overline{x})^2}{(n-1)s_x^2}\right)},$$

où t est un nombre tel que $1 - \alpha = P(-t < T < t)$, et où T suit une loi $T(n-2)$.

Nous terminons avec deux exemples de prédiction.

Exemple 15.4 (Partie 2). L'échantillon de $n = 100$ poissons a une longueur moyenne $\overline{x} = 44{,}67$ cm, et une variance $s_x^2 = 84{,}143$. La droite des moindres carrés $\widehat{y} = 8{,}76 + 0{,}0741\, x$ présente la log fécondité y comme une fonction de la longueur x (en cm) du poisson. L'estimation ponctuelle de la variance d'erreur est EQM $= 0{,}060$.

En utilisant le tableau 17.4, nous obtenons un nombre $t = 1{,}96$ qui satisfait approximativement $95\% = P(-t < T < t)$, où T suit une loi $T(n-2) = T(98)$. (Puisque n est grand, nous utilisons la rangée $\nu = \infty$ en tant qu'approximation.) Un intervalle de prédiction à un seuil de 95% pour la fécondité logarithmique d'un poisson de $x = 50$ cm est

$$8{,}76 + 0{,}0741\,(50) \pm 1{,}96 \sqrt{0{,}060 \left(1 + \frac{1}{100} + \frac{(50 - 44{,}67)^2}{(100-1)(84{,}143)}\right)}$$

$$= [11{,}982, 12{,}948].$$

Nous calculons l'exponentielle pour obtenir un intervalle de confiance à un seuil de 95% pour la fécondité d'un poisson de $x = 50$ cm :

$$[e^{11,982}, e^{12,948}] = [159\ 851; 419\ 996].$$

Exemple 15.1 (Partie 5). L'échantillon de $n = 20$ sujets reçoit un dosage moyen de $\overline{x} = 23{,}75$ et la variance est $s_x^2 = 360{,}20$. La droite des moindres carrés $\widehat{y} = 12{,}0 - 0{,}0944\,x$ présente le nombre y de grippes pendant 3 ans comme une fonction du dosage quotidien x (en mg) de vitamine C. L'estimation ponctuelle de la variance d'erreur est EQM $= 4{,}929$.

Pour vérifier l'hypothèse sous-jacente du modèle de régression linéaire simple, nous produisons un diagramme de probabilité à échelle fonctionnelle normale des résidus et un diagramme des résidus par rapport au dosage (voir la figure 15.6).

Il n'y a pas de tendance systématique dans les résidus, et la variabilité des résidus par groupe semble être similaire. Il semble que les conditions de linéarité et de variance constante sont valides. Dans le diagramme de probabilité à échelle fonctionnelle normale, nous ne pouvons pas observer de déviation systématique de la droite normale. Donc, il est raisonnable de supposer que les erreurs aléatoires suivent une loi normale. Nous pouvons utiliser le modèle de régression linéaire simple à des fins inférentielles.

Un intervalle de prédiction à un seuil de 95% pour un sujet ayant reçu un dosage quotidien de $x = 25$ mg est

$$12{,}0 - 0{,}0944\,(25) \pm 2{,}101\sqrt{4{,}929\left(1 + \frac{1}{100} + \frac{(25 - 23{,}75)^2}{(20-1)(360{,}20)}\right)}$$

$$= [4{,}86; 14{,}42],$$

où $t = 2{,}101$ est un nombre de la rangée $\nu = n - 2 = 18$ dans le tableau 17.4 tel que $95\% = P(-t < T < t)$, et où T suit une loi $T(18)$.

Notons que l'étendue de l'échantillon du prédicteur est de 0 mg à 50 mg. Nous pourrions prédire le nombre de grippes pour un sujet ayant reçu un dosage quotidien de $x = 60$ mg ou même $x = 75$ mg. Cependant, ces valeurs sont au-delà de l'étendue des valeurs utilisées pour construire ce modèle. De telles prédictions sont appelées des *extrapolations*.

Nous devons être prudents avec les extrapolations. Nous ne pouvons pas être certains que la tendance linéaire se poursuit pour les valeurs au-delà de l'étendue de notre modèle. Les extrapolations pour des valeurs extrêmes ne sont pas fiables.

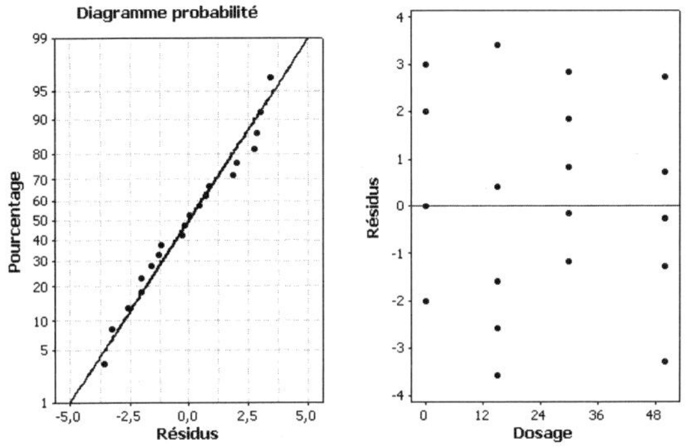

FIGURE 15.6 Diagramme de probabilité à échelle fonctionnelle normale des résidus et diagramme des résidus pour le nombre de grippes par rapport au dosage quotidien de vitamine C

En résumé, dans cette section nous avons présenté le modèle de régression linéaire simple $Y = \alpha + \beta x + \varepsilon$, avec les hypothèses sous-jacentes suivantes :

- il existe une association linéaire statistique entre Y et X ;
- la variance $\sigma^2 = V(\varepsilon)$ est constante ;
- les erreurs aléatoires sont indépendantes et suivent une loi normale.

Le nuage de points et le diagramme des résidus peuvent être utilisés en tant qu'outils diagnostiques pour vérifier l'hypothèse de linéarité et d'homogénéité de la variance. Pour vérifier l'hypothèse de normalité, nous pouvons produire un diagramme de probabilité à échelle fonctionnelle normale des résidus.

Une fois les hypothèses sous-jacentes vérifiées, nous pouvons utiliser le modèle de régression linéaire simple pour effectuer des inférences concernant l'ordonnée à l'origine α, la pente β, ou la réponse moyenne $\mu_{Y|x}$ pour une valeur fixée x du prédicteur. Nous pouvons aussi utiliser le modèle pour prédire une nouvelle réponse pour une valeur fixée du prédicteur. Toutefois, il faut faire preuve de prudence lorsque nous utilisons des extrapolations.

15.3 Corrélation

L'analyse de corrélation est une évaluation du degré d'association linéaire entre deux variables Y et X. Elle est étroitement liée à l'analyse de régression linéaire, mais l'accent est porté sur la mesure de la puissance du lien plutôt que sur la description du lien d'une façon fonctionnelle. Dans cette section, nous discutons d'inférences concernant un coefficient de corrélation. Les lecteurs devraient se familiariser à nouveau avec la corrélation de l'échantillon

$$r_{xy} = \frac{s_{xy}}{s_x\, s_y} = \frac{[\sum_{i=1}^{n}(x_i - \overline{x})(y_i - \overline{y})]/(n-1)}{\sqrt{[\sum_{i=1}^{n}(x_i - \overline{x})^2/(n-1)][\sum_{i=1}^{n}(y_i - \overline{y})^2/(n-1)]}}$$

et ses propriétés (voir la fin de la section 9.1, p. 93).

La première étape d'une analyse de corrélation est de produire un nuage de points pour évaluer la linéarité. Dans l'exemple 15.3, la corrélation de l'échantillon entre le temps de réaction et le dosage de stimulant est $r = \hat{\beta}\sqrt{s_x^2/s_y^2} = -0{,}1667$. Cette corrélation est faible, mais elle peut expliquer une très grande proportion de la variation des temps de réaction avec un modèle quadratique de régression du dosage. Donc, dans ce cas, la corrélation n'est pas un outil utile pour étudier l'association entre les deux variables. Cependant, si l'association est linéaire, la corrélation mesure le degré d'association entre les variables.

Considérons les tailles des paires mères-filles de l'exemple 9.7 et l'expérience sur la vitamine C de l'exemple 9.8. Dans ces exemples, la tendance entre les deux variables semble linéaire, donc la corrélation est appropriée pour mesurer le degré de l'association. Pour les échantillons mentionnés ci-dessus, la corrélation entre les grandeurs des mères et des filles est $r = 0{,}426$ et la corrélation entre le nombre de grippes et le dosage de vitamine C est $r = -0{,}638$. Ces quantités ont été calculées à partir de leurs échantillons respectifs, et donc représentent des estimations ponctuelles de la corrélation de la population entre les variables impliquées.

Pouvons-nous déterminer si les variables X et Y sont correlées en tenant compte de l'erreur d'échantillonage ? Nous observerons qu'avec certaines hypothèses sous-jacentes, nous pouvons déterminer la signification de la corrélation en utilisant la régression linéaire simple.

Supposons que nous avons un échantillon aléatoire $(X_1, Y_1), \ldots, (X_n, Y_n)$ de taille n, où $E(X) = \mu_X$, $E(Y) = \mu_Y$, $\mathrm{Var}(X) = \sigma_X^2$, $\mathrm{Var}(Y) = \sigma_X^2$, et la corrélation entre X et Y est

$$\rho = \frac{E[(X - \mu_X)(Y - \mu_Y)]}{\sigma_X\, \sigma_Y}.$$

Maintenant, supposons qu'il existe une association linéaire entre Y et X dans le sens que $E(Y|X = x) = \alpha + \beta\, x$. Alors, il peut être démontré que

$$\alpha = \mu_Y - \beta\, \mu_X \quad \text{et} \quad \beta = \rho\, \frac{\sigma_Y}{\sigma_X}.$$

En examinant la pente β, nous remarquons qu'elle est liée à la corrélation ρ. En réalité, sous l'hypothèse de linéarité mentionnée ci-dessus, la corrélation est égale à zéro si et seulement si la pente est zéro. Nous pouvons exploiter ce fait pour développer un test visant à montrer une corrélation non nulle.

Nous voulons tester

$$\begin{cases} H_0 : \rho = 0 & \text{[c'est-à-dire, que les variables } X \text{ et } Y \text{ ne sont pas correlées],} \\ H_1 : \rho \neq 0 & \text{[c'est-à-dire que les variables } X \text{ et } Y \text{ sont correlées].} \end{cases}$$

Nous utilisons la statistique du test suivante

$$R\,\frac{\sqrt{n-2}}{\sqrt{1-R^2}} = \frac{\widehat{\beta}}{s\{\widehat{\beta}\}}, \tag{15.7}$$

où R est la corrélation d'échantillon entre X et Y, et $\widehat{\beta}$ est la pente de la droite des moindres carrés lorsque nous régressons Y contre X. Si nous supposons que $Y|X = x$ suit une loi normale avec une moyenne $E(Y|x) = \alpha + \beta\, x$ et une variance $\mathrm{Var}(Y|x) = \sigma^2$, alors sous l'hypothèse nulle que $\rho = 0$, nous obtenons aussi $\beta = 0$. Ceci est exactement le test pour la signification de la régression. Sous H_0, la distribution d'échantillonage $\widehat{\beta}/s\{\widehat{\beta}\}$ suit une loi $T(n-2)$. Donc, la valeur-p du test pour une corrélation non nulle entre X et Y est

$$\text{valeur-}p = 2\,P(T > |t_0|),$$

où T suit une loi $T(n-2)$ et t_0 est la valeur observée de la statistique du test (15.7).

Lorsque nous mesurons la signification de la corrélation, il est utile de construire un intervalle de confiance pour la vraie corrélation ρ. Nous contruisons un intervalle de confiance approximatif basé sur la *transformation z de Fisher*. Il peut être démontré que pour un n grand,

$$Z = \left\{\frac{1}{2}\ln\left[\frac{1+R}{1-R}\right] - \frac{1}{2}\ln\left[\frac{1+\rho}{1-\rho}\right]\right\} \Big/ \sqrt{\frac{1}{n-3}}$$

suit approximativement une loi $N(0,1)$. Donc un intervalle de confiance à un seuil de $(1-\alpha)\,100\%$ pour $\frac{1}{2}\ln[(1+\rho)(1-\rho)]$ est

$$\frac{1}{2}\ln\left(\frac{1+r}{1-r}\right) \pm \frac{z}{\sqrt{n-3}} = [a,b],$$

où z est un nombre tel que $1-\alpha = P(-z < Z < z)$, et où Z suit une loi $N(0,1)$. En appliquant une transformation inverse sur les limites de l'intervalle de confiance, nous obtenons un intervalle de confiance pour ρ. Donc, un intervalle de confiance à un seuil de $(1-\alpha)\,100\%$ pour ρ est

$$\left[\frac{e^{2a}-1}{e^{2a}+1}, \frac{e^{2b}-1}{e^{2b}+1}\right].$$

Exemple 15.1 (Partie 6). La corrélation entre le nombre de grippes et le dosage de vitamine C est $r = -0{,}638$. Pour tester $H_0 : \rho = 0$ contre $H_1 : \rho \neq 0$, où ρ est le coefficient de corrélation entre X et Y, nous calculons la valeur observée de la statistique du test (15.7)

$$t_0 = -0{,}638 \frac{\sqrt{20-2}}{\sqrt{1-(-0{,}638)^2}} = -3{,}515.$$

La valeur-p est $2\,P(T > |-3{,}515|) = 2\,P(T > 3{,}515)$, où T suit une loi $T(18)$. Puisque $P(T > 3{,}46) < 0{,}005$, la valeur-p est plus petite que 0,001. La valeur-p est très petite, donc nous pouvons rejeter l'hypothèse nulle et accepter que la corrélation entre le nombre de grippes et le dosage de vitamine C n'est pas zéro.

Pour construire un intervalle de confiance à un seuil de 95% pour ρ, nous commençons en construisant un intervalle de confiance approximatif à un seuil de 95% pour $(1/2)\ln[(1+\rho)/(1-\rho)]$ qui est

$$\begin{aligned}\frac{1}{2}\ln\left(\frac{1+r}{1-r}\right) \pm \frac{1{,}96}{\sqrt{n-3}} &= \frac{1}{2}\ln\left(\frac{1-0{,}638}{1+0{,}638}\right) \pm \frac{1{,}96}{\sqrt{20-3}} \\ &= [-1{,}23016, -0{,}27942].\end{aligned}$$

Donc, un intervalle de confiance à un seuil de 95% pour la corrélation de la population ρ est

$$\left[\frac{e^{2(-1{,}23016)}-1}{e^{2(-1{,}23016)}+1}, \frac{e^{2(-0{,}27942)}-1}{e^{2(-0{,}27942)}+1}\right] = [-0{,}843; -0{,}272].$$

Dans cet exemple, nous remarquons l'importance de l'estimation par intervalle. L'estimation ponctuelle pour la corrélation est $r = -0{,}638$, qui indique une corrélation moyennement forte. Cependant, en tenant compte de l'erreur d'échantillonage, nous ne pouvons pas conclure que la corrélation est forte puisqu'elle peut être aussi petite que $-0{,}27$. Pour obtenir une estimation plus précise, nous devons utiliser un plus grand échantillon. L'exemple suivant illustre le besoin pour des estimations par intervalle.

Exemple 15.2 (Partie 5). La corrélation entre la taille des mères et celles des filles est $r = 0{,}426$. Il semble y avoir une moyenne association entre les deux variables. Cependant dans l'exemple 15.2 (Partie 3), nous avons testé la signification de la régression des tailles des filles par rapport à celles des mères. La valeur-p était plus grande que 0,10. Puisque ce test est équivalent au test pour une corrélation non nulle, nous ne pouvons pas rejeter l'hypothèse nulle d'une corrélation nulle.

L'erreur d'échantillonage doit être grande. Pour évaluer, nous construisons un intervalle de confiance à un seuil de 95% pour la corrélation de la population ρ. Un intervalle de confiance à un seuil de 95% pour $(1/2)\ln[(1+\rho)/(1-\rho)]$ est :

$$\frac{1}{2}\ln\left(\frac{1+r}{1-r}\right) \pm \frac{1{,}96}{\sqrt{n-3}} = \frac{1}{2}\ln\left(\frac{1+0{,}426}{1-0{,}426}\right) \pm \frac{1{,}96}{\sqrt{12-3}}$$
$$= [-0{,}198334; 1{,}108333].$$

Donc un intervalle de confiance approximatif à un seuil de 95% pour la corrélation de la population ρ est :

$$\left[\frac{e^{2(-0{,}198334)}-1}{e^{2(-0{,}198334)}+1}, \frac{e^{2(1{,}108333)}-1}{e^{2(1{,}108333)}+1}\right] = [-0{,}196; 0{,}803].$$

Nous concluons que l'estimation de la corrélation entre les grandeurs des mères et des filles n'est pas précise. Pour obtenir une meilleure estimation, nous avons besoin d'un plus grand échantillon.

Dans l'élaboration du test pour une corrélation non nulle, nous avons utilisé la distribution conditionnelle de Y lorsque $X = x$, et nous avons supposé que le modèle de régression linéaire simple était approprié. Donc, l'analyse des résidus discutée dans la section 15.2 peut être utilisée pour vérifier les hypothèses sous-jacentes de l'analyse de corrélation. Dans l'exemple 15.1 (Partie 6) ci-dessous, nous discutons de la vérification des hypothèses sous-jacentes pour l'analyse de corrélation de l'exemple 15.1 (Partie 5).

Notons que la corrélation est la même indépendamment du rôle des variables. En outre, si les hypothèses du modèle de régression linéaire simple de Y régressé sur X ne sont pas satisfaites, nous pouvons essayer de régresser X sur Y. Si les conditions sous-jacentes de ce dernier modèle sont satisfaites, alors nous avons vérifié les conditions pour le test d'une corrélation non nulle.

Exemple 15.1 (Partie 7). Nous abordons ici la vérification des conditions sous-jacentes pour l'analyse de corrélation de l'exemple 15.1 (Partie 5). Référons-nous à l'exemple 15.1 (Partie 5) pour retrouver le diagramme de probabilité à échelle fonctionnelle normale des résidus et le diagramme résiduel des résidus par rapport au prédicteur x. Le diagramme de probabilité à échelle fonctionnelle normale semble avoir une tendance linéaire, donc il est raisonnable de supposer que l'erreur aléatoire est normale. En observant le diagramme des résidus, il semble que les erreurs sont dispersées au hasard. Donc, il est raisonnable de supposer que la variance est constante.

Nous terminons cette section avec une courte discussion concernant la *causalité*. Les chercheurs veulent généralement établir un lien de causalité, par exemple le lien dans lequel la réponse (ou l'effet) est une conséquence d'une cause (ou un facteur de causalité). La méthode scientifique peut être utilisée pour établir des liens cause à effet. La méthode implique d'effectuer des expériences dans lesquelles nous pouvons contrôler la cause et les facteurs de causalité possibles, et observer un effet considérable. Cependant, en biologie et en médecine, il est souvent immoral d'assigner un facteur à une unité. Par exemple, il est immoral de demander à quelqu'un de fumer deux cigarettes par jour. Néanmoins, il existe des méthodes acceptables qui peuvent être utilisées pour distinguer les associations causales de celles non causales. Référons-nous au chapitre 2 dans [49] pour une discussion sur l'établissement de causalité dans le contexte de l'épidémiologie.

Un aspect qui est important pour une association causale est la puissance de l'association. S'il y a un lien causal, alors il y a une association entre la cause et l'effet. Donc, une corrélation forte entre les deux variables peut indiquer l'existence d'un lien causal. Cependant, une grande corrélation n'est pas suffisante pour prouver la causalité.

Considérons un exemple. Disons que nous sélectionnons quelques communautés au hasard et que nous mesurons la corrélation entre le nombre de bananes consommées en une semaine par habitant et la prévalence d'une maladie. Disons que l'intervalle de confiance pour la corrélation est $[-0{,}9; -0{,}85]$. Nous avons observé une forte corrélation entre les deux variables. Est-ce que cela signifie que la consommation d'un plus grand nombre de bananes cause la diminution du risque de développer la maladie ? C'est douteux. Dans ce cas, il est probable qu'il y a des variables cachées (telles que des habitudes de vie saines) qui sont la cause d'une plus grande consommation de bananes ainsi que de la diminution du risque de développer la maladie.

Une corrélation considérable entre les deux variables n'est pas suffisante pour prouver un lien cause à effet, cependant elle indique la possibilité de l'existence d'un tel lien. Une corrélation considérable entre les deux variables est constituée de preuves suffisantes pour une association entre les deux variables.

15.4 Exercices

Exercice 15.1. La taille d'un enfant lorsqu'il deviendra un adulte peut être prédite en utilisant la taille de l'enfant à l'âge de 2 ans. Le tableau suivant présente les tailles de 20 femmes (en cm), en tant qu'adultes et à l'âge de 2 ans :

Taille adulte (y)	Taille à l'âge de 2 ans (x)	Taille adulte (y)	Taille à l'âge de 2 ans (x)
164,6	86,4	158,3	83,1
166,1	87,6	159,8	84,5
167,4	88,9	160,6	85,2
163,8	85,7	162,5	84,3
162,9	84,1	173,5	93,9
168,1	89,0	171,9	92,7
169,3	90,1	165,3	85,2
167,4	87,2	164,1	84,2
168,5	88,3	167,5	86,3
165,9	86,3	175,3	95,2

Pour ces données, nous avons :

$$\sum_{i=1}^{20} y_i = 3\ 322{,}8, \quad \sum_{i=1}^{20} x_i = 1\ 748{,}2 \quad \sum y_i^2 = 552\ 414{,}5$$

$$\sum_{i=1}^{20} x_i^2 = 153{,}028, \quad \sum_{i=1}^{20} x_i y_i = 290\ 710{,}1$$

(a) Calculez la droite des moindres carrés.

(b) Trouvez la corrélation entre la taille en tant qu'adulte et la taille à l'âge de 2 ans. Quelle est la proportion de la variabilité totale des tailles adultes qui est expliquée par la régression sur les tailles à l'âge de 2 ans ?

(c) Estimez la taille moyenne d'une fille à l'âge adulte, dont la taille à l'âge de 2 ans était de 87,2 cm.

(d) Produisez un intervalle de confiance à un seuil de 95% pour la taille moyenne d'une fille à l'âge adulte, dont la taille à l'âge de 2 ans était de 84 cm.

Exercice 15.2. La tension artérielle systolique (TAS) et la tension artérielle diastolique (TAD) démontrent fréquemment un lien linéaire caractérisé par la pente systolique/diastolique et la corrélation de l'échantillon (voir [25]). Le tableau suivant présente la TAS et la TAD pour 15 hommes âgés entre 40 et 65 ans :

TAS (y)	TAD (x)	TAS (y)	TAD (x)
112	63	156	100
120	69	124	82
135	70	99	56
142	82	105	65
132	76	124	73
115	67	144	89
119	71	134	76
128	73		

(a) Calculez la TAS moyenne et la TAD moyenne pour cet échantillon.
(b) Calculez la covariance de l'échantillon s_{xy}, les variances de l'échantillon s_x^2, s_y^2, et la corrélation de l'échantillon r_{xy}.
(c) Produisez la droite de meilleur ajustement qui présente la TAS comme une fonction de la TAD.
(d) Créez un intervalle de confiance à un seuil de 95% pour la pente β et l'ordonnée à l'origine α de la droite de meilleur ajustement de la partie (c).
(e) Donnez l'estimation ponctuelle et un intervalle de confiance à un seuil de 90% pour la TAS d'un homme âgé entre 40 et 65 ans, dont la TAD est égale à 75.

Exercice 15.3. Depuis la Confédération, la population canadienne a continué de croître. Le tableau suivant présente la population du Canada (en millions) depuis 1951. Les données sont tirées du site web de Statistique Canada. Nous notons par y la population canadienne et par x l'année. Nous observons :

$$\sum_{i=1}^{30} x_i = 59\,400, \quad \sum_{i=1}^{30} y_i = 730\,381, \quad \sum_{i=1}^{30} x_i y_i = 1\,449{,}110$$

$$\sum_{i=1}^{n} x_i^2 = 117\,620{,}990, \quad \sum_{i=1}^{30} y_i^2 = 18\,756{,}71$$

Année	Population	Année	Population	Année	Population
1951	14,009	1961	18,239	1971	21,963
1953	14,845	1963	18,931	1973	22,494
1955	15,698	1965	19,644	1975	23,143
1957	16,610	1967	20,500	1977	23,727
1959	17,483	1969	21,001	1979	24,203
1981	24,821	1991	27,945	2001	31,012
1983	25,367	1993	28,682	2003	31,676
1985	25,843	1995	29,303	2005	32,359
1987	26,449	1997	29,965	2007	33,115
1989	27,056	1999	30,404	2009	33,894

(a) Produisez un nuage de points des données. Calculez la droite de régression estimée de la population en fonction de l'année.
(b) Calculez la corrélation de l'échantillon r_{xy}. Interprétez les résultats.
(c) Quelle proportion de la variabilité totale des réponses peut être expliquée par la régression ?
(d) Calculez les sommes des carrés SCT, SCR et SCE.
(e) Calculez une estimation ponctuelle pour l'écart-type σ de l'erreur aléatoire.

Exercice 15.4. Une vaste étude a été effectuée pour tester l'hypothèse que la masse musculaire squelettique des femmes diminue avec l'âge. Toutes les femmes impliquées dans l'étude avaient un indice de masse corporelle d'au plus 35. Pour chacune des 125 femmes participant à l'étude, les chercheurs ont enregistré leur masse musculaire squelettique totale (en kg) et leur âge (en années). Les données se trouvent dans le fichier SkeletalMass.txt. La première colonne présente la masse musculaire squelettique et la deuxième colonne présente l'âge.
(a) Produisez un nuage de points des données. Calculez la droite de régression estimée pour la masse musculaire squelettique en fonction de l'âge.
(b) Calculez la corrélation de l'échantillon r_{xy}. Interprétez les résultats.
(c) Quelle proportion de la variabilité totale des réponses peut être expliquée par la régression ?
(d) Calculez une estimation ponctuelle pour l'écart-type σ de l'erreur aléatoire.
(e) Effectuez une analyse résiduelle. Est-ce que les conditions sous-jacentes du modèle de régression linéaire simple semblent être vérifiées ?

(f) Testez $H_0 : \rho = 0$ contre $H_1 : \rho \neq 0$, où ρ est la corrélation entre la masse musculaire squelettique et l'âge. Utilisez un niveau de signification de $\alpha = 0,05$.
(g) Calculez un intervalle de confiance à un seuil de 95% pour ρ.

Exercice 15.5. Les ours jouent un rôle important dans le transfert d'isotopes marins à l'écosystème terrestre, en particulier ceux tirés de saumons (voir [30]). Les valeurs de la signature de l'isotope d'azote $\delta^{15}N$ (en par mil) mesurée d'un feuillage particulier sont modélisées par rapport à leur distance de la rivière (en mètres). Ci-dessous se trouvent les données recueillies d'une rivière avec peu d'ours et presqu'aucun saumon.

Distance	50	100	150	200
$\delta^{15}N$	−3,48	−4,02	−3,00	−3,24

Distance	250	300	350	400
$\delta^{15}N$	−3,96	−3,80	−3,14	−3,80

(a) Produisez un nuage de points et calculez la droite des moindres carrés décrivant la valeur de la signature de l'isotope d'azote en fonction de la distance de la rivière.
(b) Calculez les sommes des carrés SCT, SCR et SCE.
(c) Trouvez une estimation ponctuelle pour l'écart-type σ de l'erreur aléatoire.
(d) Quelle proportion de la variabilité totale des réponses peut être expliquée par la régression ?
(d) Calculez la corrélation de l'échantillon r_{xy} et calculez un intervalle de confiance à un seuil de 95% pour la corrélation de la population ρ entre la valeur de la signature de l'isotope d'azote et la distance de la rivière. Pouvons-nous conclure que la valeur de la signature de l'isotope d'azote et la distance de la rivière sont correlées ?

Exercice 15.6. Continuez avec la situation de l'exercice 15.5. Considérez maintenant les données suivantes recueillies d'une rivière avec peu d'ours et une population abondante de saumons.

Distance	50	75	100	125	150	200	225
$\delta^{15}N$	0,18	−0,97	−1,74	−1,96	−2,13	−2,31	−2,65

Distance	250	300	325	350	375	400
$\delta^{15}N$	−2,53	−2,52	−2,55	−2,59	−2,71	−2,87

(a) Produisez un nuage de points et calculez la droite des moindres carrés décrivant la valeur de la signature de l'isotope d'azote par rapport à leur distance de la rivière.
(b) Utilisez les résidus de la partie (a) pour produire un diagramme de probabilité à échelle fonctionnelle normale et un diagramme des résidus. Utilisez ces diagrammes pour effectuer des tests diagnostiques sur les conditions sous-jacentes du modèle linéaire simple. Que constatez-vous ?
(c) Puisqu'il y a une population abondante de saumon, mais peu d'ours pour le transfert d'azote, il est présumé que la valeur de la signature de l'isotope d'azote est correlée avec la distance inverse de la rivière. Nous transformons les données en définissant le prédicteur $x = 1/\text{distance}$. Produisez un nuage de points et calculez la droite des moindres carrés des valeurs de la signature de l'isotope d'azote comme une fonction de x. Que constatez-vous ?
(d) Quelle proportion de la variabilité totale des valeurs de la signature de l'isotope d'azote peut être expliquée par la régression sur $x = 1/\text{distance}$?
(e) Utilisez les résidus de la partie (c) pour produire un diagramme de probabilité à échelle fonctionnelle normale et un diagramme des résidus. Utilisez ces diagrammes pour effectuer des tests diagnostiques sur les conditions sous-jacentes du modèle linéaire simple. Que constatez-vous ?
(f) Pouvons-nous conclure que la valeur de la signature de l'isotope d'azote est correlée avec la distance inverse de la rivière ? Utilisez un niveau de signifiance $\alpha = 0,05$.
(g) Calculez un intervalle de confiance à un seuil de 95% pour la corrélation de la population ρ entre la valeur de la signature de l'isotope d'azote et la distance inverse de la rivière.

Exercice 15.7. Avec une augmentation de l'activité humaine dans les habitats naturels des ours, il y a de plus en plus d'interactions humain-ours (voir [1]). Les données suivantes ont été recueillies durant quelques années dans l'arrière-pays d'un certain parc. Elles représentent le nombre d'interactions humain-ours et le nombre de personnes utilisant un autobus pendant une période de deux semaines.

Nombre d'utilisateurs d'autobus	Interactions humain-ours	Nombre d'utilisateurs d'autobus	Interactions humain-ours
1 750	1	14 000	16
2 000	1	14 025	10
5 880	2	14 035	8
6 000	2	14 250	12
7 775	2	15 004	10
10 002	4	15 250	12
10 025	5	15 300	9
10 035	3	15 750	11
11 050	5	15 750	20
12 004	9	16 000	12

(a) Produisez un nuage de points et calculez la droite des moindres carrés décrivant le nombre d'interactions humain-ours comme une fonction du nombre d'utilisateurs d'autobus. Est-ce que l'association semble linéaire ?
(b) Utilisez les résidus de la partie (a) pour produire un diagramme de probabilité à échelle fonctionnelle normale et un diagramme des résidus. Utilisez ces diagrammes pour vérifier les conditions sous-jacentes du modèle de régression linéaire simple. Que constatez-vous ?
(c) Appliquez une transformation logarithmique à la réponse en définissant une nouvelle réponse $y = ln$(nombre d'interactions). Produisez un nuage de points et calculez la droite des moindres carrés décrivant y comme une fonction du nombre d'utilisateurs d'autobus. Est-ce que l'association semble linéaire ?
(d) Utilisez les résidus de la partie (c) pour produire un diagramme de probabilité à échelle fonctionnelle normale et un diagramme des résidus. Utilisez ces diagrammes pour vérifier les conditions sous-jacentes du modèle de régression linéaire simple. Que constatez-vous ?
(e) En utilisant la droite des moindres carrés de la partie (c), prédisez le nombre d'interactions humain-ours pour la période de deux semaines dans laquelle il y a 8 000 utilisateurs d'autobus. Construisez un intervalle de prédiction à un seuil de 95% et interprétez les résultats.
(f) En utilisant la droite des moindres carrés de la partie (c), estimez le nombre moyen d'interactions humain-ours pour la période de deux semaines dans laquelle il y a 8 000 utilisateurs d'autobus. Construisez un intervalle de confiance à un seuil de 95% et interprétez les résultats.

Saviez-vous que ? *Plus des deux tiers des espèces de plantes au monde se trouvent dans les forêts tropicales humides, qui sont reconnues pour leur grande biodiversité. Avant, les forêts humides recouvraient 14% de la surface terrestre, cependant cette surface n'est que de 6% aujourd'hui. Près de la moitié des espèces de plantes, d'animaux et de microorganismes du monde seront détruites ou sévèrement menacées d'ici les 25 prochaines années en raison de la déforestation. Les experts estiment même que les dernières forêts humides pourraient être détruites dans les 40 prochaines années. La Base de Données des Plantes Tropicales est un projet international dédié à fournir de l'information précise et factuelle sur les plantes de la forêt humide de l'Amazonie, créé par les efforts conjoints de botanistes, d'ethnobotanistes, de professionels de la santé et de phytochimistes. Plus d'informations à propos de ce projet peuvent être trouvées à l'adresse <http://www.rain-tree.com/plants.htm>.*

Chapitre 16

Exercices supplémentaires (Statistique)

Exercice 16.1. Les données suivantes présentent les quotients intellectuels de 8 adultes

$$105 \quad 87 \quad 102 \quad 75 \quad 125 \quad 116 \quad 114 \quad 94.$$

Trouvez les quantiles de la loi normale centrée et réduite qui correspondent à ces données. Est-il raisonnable de supposer que ces données suivent une loi normale ?

Exercice 16.2. Toutes les plateformes de glace flottantes canadiennes sont attachées à l'île d'Ellesmere, dans le territoire du Nunavut. Les premières observations concernant l'étendue de la plateforme de glace d'Ellesmere ont été recueillies en 1906, durant une expédition menée par Robert Peary. Il est estimé que les plateformes ont diminué de 90% pendant le 20e siècle. Dans les 50 dernières années, l'endroit est devenu l'objet de recherches intensives sur les changements climatiques (voir [59]). Les données ci-dessous représentent la quantité totale annuelle de précipitations en mm (équivalent d'eau) enregistré par la Station Alerte pendant la période de 1967 à 1997 :

Année	Précipitations	Année	Précipitations	Année	Précipitations
1967	170	1978	140	1989	177
1968	295	1979	103	1990	168
1969	200	1980	176	1991	175
1970	165	1981	125	1992	186
1971	140	1982	126	1993	140
1972	190	1983	204	1994	147
1973	195	1984	196	1995	174
1974	142	1985	98	1996	155
1975	138	1986	123	1997	195
1976	148	1987	124		
1977	110	1988	152		

(a) Calculez la moyenne et l'écart-type pour ce jeu de données.
(b) Trouvez la médiane et les quartiles pour ce jeu de données. Produisez un diagramme en boîte à moustaches et identifiez les observations aberrantes, si elles existent.
(c) Pouvons-nous supposer que la quantité annuelle de précipitations suit une loi normale ? Justifiez votre réponse.

Exercice 16.3. Le mont Saint Helens est un volcan actif, situé dans la région du nord-ouest du Pacifique aux États-Unis, qui a subi une explosion puissante le 18 mai 1980. La région autour du volcan est devenue un parc national en 1982. Depuis l'éruption, la taille des poissons dans le lac Spirit au fond du volcan semble avoir augmenté. En 2010, un échantillon de 30 truites arc-en-ciel avait un poids moyen de 2,3 lb et un écart-type de 4 lb. Y a-t-il des preuves significatives que, 30 ans après l'éruption, le poids moyen des truites est plus grand que le poids moyen avant l'éruption, qui était de 1,9 lb ? (Supposez que le poids d'un poisson suit une loi normale.)

Exercice 16.4. Un compte WBC est un test sanguin qui mesure le nombre de globules blancs. Les valeurs normales pour les adultes se situent entre 4 et 9 milliers par millimètre cubique (K/mm^3). Certains médicaments corticostéroïdes peuvent augmenter la valeur du compte WBC. Les données suivantes présentent le compte WBC pour 10 personnes qui ont utilisé un médicament corticostéroïde pour 7 jours :

6,5 7,8 9,5 10,1 11,3 6,7 5,5 8,7 6,4 12,1

En utilisant ces données, y a-t-il des preuves suffisantes que le médicament augmente le nombre de globules blancs au-dessus du niveau de 9 ? Justifiez votre réponse en utilisant un test d'hypothèse à un niveau de signification de $\alpha = 0{,}05$.

Exercice 16.5. Le but de l'étude [17] était de déterminer si l'exposition à la lumière pendant la nuit augmente le risque de cancer du sein, en empêchant la production nocturne normale de mélatonine par la glande pinéale, ce qui pourrait causer une augmentation de la sécrétion d'estrogène par les ovaires. Les patients de cas étaient 813 femmes (âgées entre 20 et 74 ans) ayant été diagnostiquées récemment porteuses d'un cancer du sein. Les sujets du groupe témoin étaient 792 femmes (âgées entre 20 et 74 ans) sans historique de cancer du sein. Les sujets ont été considérés comme ayant subi du ≪sommeil non crête≫ s'ils rapportaient les déclarations suivantes (au moins une fois par semaine) : 1) fermer les lumières pour aller dormir après 2h, 2) se réveiller pour la journée avant 1h, ou 3) ne pas se coucher du tout. 104 des patients de cas et 91 des sujets du groupe témoin ont rapporté avoir subi du ≪sommeil non crête≫ dans les 10 années avant l'étude. Pouvons-nous supposer que la proportion de femmes ayant subi du ≪sommeil non crête≫ est plus grande dans la population souffrant du cancer du sein ? Pour justifier votre réponse, utilisez un test d'hypothèse approprié avec un niveau de signification de $\alpha = 0{,}10$.

Exercice 16.6. L'étude [10] examine l'influence de la vaporisation d'un insecticide nommé carbaryl sur la nidification, la ponte et l'éclosion d'oiseaux dans des nichoirs, pour quatre espèces. La documentation recueillie pendant 5 années précédant la vaporisation (1960-1964) a été comparée avec les observations effectuées après la vaporisation ayant eu lieu pendant la saison de nidification de 1965. Pour l'hirondelle bicolore, parmi 124 œufs pondus pendant les 5 années avant la vaporisation, 108 étaient fertiles et 104 ont donné de jeunes oiseaux survivants. Pendant l'été de 1965, parmi 22 œufs pondus par les hirondelles bicolores, 19 étaient fertiles et 16 ont donné de jeunes oiseaux survivants.

(a) Pouvons-nous affirmer que le taux de fertilité des hirondelles bicolores a diminué après la vaporisation ? Justifiez votre réponse en utilisant un intervalle de confiance à un seuil de 95% et un test d'hypothèse avec un niveau de signification de $\alpha = 0{,}05$.

(b) Y a-t-il des preuves significatives que le taux de survie des jeunes hirondelles bicolores a diminué après la vaporisation ? Justifiez votre réponse en utilisant un intervalle de confiance à un seuil de 95% et un test d'hypothèse avec un niveau de signification de $\alpha = 0{,}05$. (Le taux de survie représente la proportion d'œufs qui donne des oiseaux survivants, parmi les œufs fertiles.)

Exercice 16.7. La plupart des shampooings commerciaux contiennent un solvant de dégraissage puissant appelé du sulfate sodique de lauryle (SSL) qui peut agir comme un irritant pour le cuir chevelu, lorsqu'il pénètre dans les follicules des cheveux laissés ouverts par le cycle normal de perte de cheveux. Dans l'étude [62], la réaction de la peau au SSL a été mesurée sur un échantillon de 9 hommes volontaires. Chaque individu a reçu un total de 4 timbres Finn de 8 mm, deux sur la section mi-palmaire de chaque avant-bras. Un des timbres a été rempli avec l'irritant (15 μl SSL), tandis que l'autre contenait la même quantité d'un contrôle à base d'eau. Les timbres ont été laissés en contact avec la peau pendant 48 heures. L'intensité des réactions à l'irritant a été évaluée visuellement en fonction de l'érythème sur une échelle de 0 à 4 (0 représentant aucune réaction visible et 4 représentant l'érythème intense). Le SSL a induit de l'inflammation chez la plupart des individus, avec une cote moyenne de 3,0. Le contrôle à base d'eau a produit des réactions légères chez quelques individus avec une cote moyenne de 0,5. En supposant que l'écart-type des différences entre la cote de SSL et la cote du contrôle était $s_d = 1{,}5$, pouvons-nous conclure que le SSL agit comme un irritant pour la peau ? Justifiez votre réponse en utilisant un intervalle de confiance à un seuil de 95% et un test d'hypothèse avec un niveau de signification de $\alpha = 0{,}05$.

Exercice 16.8. En viticulture, le rendement est la quantité de vin qui est produit par unité de surface du vignoble. Le rendement peut être amélioré en utilisant des engrais. Les données suivantes présentent le rendement de 10 acres choisis au hasard dans un vignoble pendant deux années successives, en utilisant un engrais traditionnel pendant la première année et un engrais biologique pendant la deuxième année. Le rendement est exprimé en tonnes de vin par acre.

	Engrais traditionnel	Engrais biologique
Acre 1	3,42	3,31
Acre 2	3,50	3,35
Acre 3	3,47	3,43
Acre 4	3,24	3,31

	Engrais traditionnel	Engrais biologique
Acre 5	3,56	3,40
Acre 6	3,57	3,49
Acre 7	3,25	3,28
Acre 8	3,33	3,28
Acre 9	3,52	3,46
Acre 10	3,46	3,42

Comparez le rendement moyen par acre pour les deux engrais, en utilisant un test d'hypothèse avec un niveau de signification de $\alpha = 0{,}01$. Y a-t-il des preuves suffisantes que l'engrais traditionnel offre un meilleur rendement ?

Exercice 16.9. L'éclairage nocturne artificiel affecte le comportement naturel de plusieurs espèces d'animaux. Le but de l'étude [47] était de déterminer si l'éclairage nocturne artificiel pouvait perturber la capacité d'orientation des oiseaux migrateurs. L'arrêt de l'éclairage n'est pas une solution raisonnable pour la plupart des installations en haute mer en raison de normes de sécurité. L'endroit utilisé pour cette étude était le cap oriental inhabité de l'île-barrière Ameland (dans la mer Dutch Wadden). Le tableau suivant présente le nombre de groupes d'oiseaux qui ont été attirés par la source de lumière, en fonction de la couleur de la lumière (avec la longueur d'onde pic en nm) et des conditions du ciel.

	Conditions nocturnes		
Source de lumière	Ciel clair	Ciel couvert	Total
Blanche (diffusée)	38	156	194
Rouge (670 nm)	13	24	37
Verte (535 nm)	8	77	85
Bleue (455 nm)	37	38	75
Total	96	295	391

Le tableau suggère que les oiseaux sont considérablement perturbés par la lumière blanche avec un ciel couvert, et non perturbés par la lumière verte avec un ciel clair. Pouvons-nous affirmer que les proportions d'oiseaux affectés par un type de lumière sont les mêmes avec un ciel clair et un ciel couvert ? (Indice : Utilisez un test d'homogénéité avec un niveau de signification de $\alpha = 0{,}05$, même si les totaux des colonnes ne sont pas fixés par les chercheurs.)

Exercice 16.10. Les optométristes recommandent que les enfants d'âge scolaire ne regardent pas la télévision pendant une période de plus d'une heure par jour. Le tableau suivant donne les cotes de vision de base pour deux groupes d'enfants : le premier groupe est composé d'enfants regardant la télévision plus d'une heure par jour et le deuxième groupe est composé d'enfants regardant la télévision moins d'une heure par jour.

	Cote au test de vision		
Heures de télévision/jour	Faible	Normal	Total
Plus d'une heure	23	102	125 (fixé)
Moins d'une heure	17	108	125 (fixé)
Total	40	210	250

(a) Calculez des estimations pour les proportions d'enfants avec une faible cote de vision pour les deux groupes. Produisez un intervalle de confiance à un seuil de 95% pour la différence entre ces deux proportions. Interprétez vos résultats.
(b) Y a-t-il des preuves significatives que la proportion d'enfants avec une cote de vision normale est plus haute dans le deuxième groupe ? Utilisez un test d'hypothèse avec un niveau de signification de $\alpha = 0{,}05$.
(c) En utilisant un test d'homogénéité, vérifiez si les proportions d'enfants avec des cotes de vision faibles sont les mêmes pour les deux groupes. Utilisez un niveau de signification de $\alpha = 0{,}05$.

Exercice 16.11. L'indice de nutrition saine (INS) est une cote sur une échelle de 1 à 100 qui mesure l'apport de dix composantes nutritionnelles. Une diète obtenant une cote plus grande que 80 est considérée «bonne», tandis qu'une diète obtenant une cote de moins de 50 est considérée «faible». Il a été démontré que la performance scolaire d'un enfant est directement liée à la quantité de nutriments dans sa diète, et même qu'une lacune modérée de nutriments peut avoir des effets durables sur sa performance scolaire. Le tableau suivant présente la cote INS avec la note du test de performance scolaire pour un échantillon de 15 enfants en 6e année du primaire.

Test scolaire (y)	INS (x)	Test scolaire (y)	INS (x)
64	55	58	46
87	90	77	62
32	40	35	30
69	85	99	92
13	21	85	93
19	15	24	45
90	95	83	80
46	53		

(a) Calculez une droite de régression estimée $y = \hat{\alpha} + \hat{\beta}x$.
(b) Trouvez les estimations des erreurs-types pour $\hat{\beta}$ et $\hat{\alpha}$.
(c) Trouvez un intervalle de confiance à un seuil de 95% pour la pente et le point d'intersection de la droite de régression.
(d) Effectuez un test pour la signification de la régression avec un niveau de signification de $\alpha = 0{,}01$.

Exercice 16.12. Le panda géant est une espèce en voie de disparition, en raison de la perte de son habitat naturel (forêts de bambou) et un taux de naissance très faible. En 2007, il y avait 266 pandas géants vivant en captivité et un nombre estimé à 1 600 pandas vivant dans la nature. La méthode principale de procréation en captivité est l'insémination artificielle. Un ourson est extrêmement petit et, en raison de ceci, il est difficile pour la mère de le protéger. Les données suivantes représentent la période de gestation x (en jours) et le poids de l'ourson y (en g) à la naissance pour un échantillon de 18 pandas nés en captivité :

Poids (y)	Période de gestation (x)	Poids (y)	Période de gestation (x)
125	160	130	155
95	93	103	132
116	145	118	158
105	126	97	103
129	160	124	153
109	145	115	110
119	116	95	98
102	98	124	130
123	151	120	149

Pour ces données, nous observons :
$\bar{x} = 132{,}33; \bar{y} = 113{,}83; s_x^2 = 567{,}882; s_y^2 = 138{,}029; s_{xy} = 227{,}353$.
(a) Trouvez la droite de meilleur ajustement dans le sens des moindres carrés.
(b) Calculez la corrélation de l'échantillon r_{xy} et le coefficient de détermination R^2. Interprétez la valeur de R^2.
(c) Calculez une estimation de la variance σ^2 de l'erreur aléatoire.
(d) Calculez une estimation ponctuelle et un intervalle de confiance à un seuil de 99% pour le poids moyen d'un ourson à la naissance, dont la période de gestation était de 113 jours.

Exercice 16.13. Le paracétamol (acétaminophène) est l'analgésique le plus utilisé chez les jeunes enfants. Certaines preuves suggèrent que l'ingestion de paracétamol pendant les premières années de vie pourrait causer l'asthme chez certains enfants. Dans l'étude [44], 495 enfants ayant une historique familiale d'allergies ont été exposés au paracétamol pendant les deux premières années de leur vie. Il a été découvert que 148 de ces enfants ont développé l'asthme entre l'âge de 6 et 7 ans.
(a) Créez un intervalle de confiance à un seuil de 95% pour la proportion p d'enfants faisant de l'asthme, dans la population générale d'enfants qui ont été exposés au paracétamol pendant les premières années de leur vie et qui ont une historique familiale d'allergies.
(b) Il est estimé que parmi les enfants avec une historique familiale d'allergies, 25% souffrent d'asthme. Y a-t-il des preuves suffisantes que la proportion p est plus grande que 25% ? Utilisez un test d'hypothèse avec un niveau de signification de $\alpha = 0{,}01$.

Exercice 16.14. Pour estimer la densité de caribous dans une région donnée, la région est divisée en 260 cellules de tailles égales. En utilisant la surveillance aérienne, on estime le nombre de caribous par cellule. Les données se trouvent dans le fichier caribou.txt.
(a) Contruisez un histogramme pour le nombre de caribous par cellule. Décrivez la forme de la distribution.
(b) Recommanderiez-vous d'utiliser la médiane ou la moyenne pour décrire le centre de cette distribution ?
(c) Décrivez le centre de la distribution.
(d) Construisez le diagramme en boîte à moustaches pour le nombre de caribous par cellule. Y a-t-il des observations aberrantes ?
(e) Appliquez une transformation logarithmique sur le nombre de caribous par cellule. Construisez un histogramme pour les données transformées.

Décrivez la forme de la distribution. Est-ce que la moyenne et l'écart-type des valeurs transformées sont des mesures signifiantes du centre et de la dispersion de la distribution du nombre logarithmique de caribous par cellule ?
(f) En utilisant la moyenne et l'écart-type du nombre logarithmique de caribous par cellule, calculez la moyenne géométrique et l'écart-type géométrique du nombre de caribous par cellule.
(g) Résumez la moyenne géométrique et l'écart-type géométrique du nombre de caribous par cellule avec un intervalle.

Exercice 16.15. Considérons deux populations indépendantes avec des moyennes μ_1 et μ_2, respectivement. Les variances des populations sont notées par σ_1^2 et σ_2^2, respectivement. Soit $\overline{X}_i$ la moyenne de l'échantillon pour un échantillon de taille n_i de la $i^{\text{ème}}$ population, pour $i = 1, 2$. Utilisez les résultats de la section 9.2, pour répondre aux questions suivantes.
(a) Démontrez que $\overline{X}_1 - \overline{X}_2$ est un estimateur non biaisé de $\mu_1 - \mu_2$.
(b) Démontrez que $\text{Var}(\overline{X}_1 - \overline{X}_2) = \sigma_1^2/n_1 + \sigma_2^2/n_2$.
(c) Si les deux populations sont normales avec $\mu_1 = 10$, $\mu_2 = 8$ et $\sigma_1^2 = \sigma_2^2 = 5$, et que les tailles d'échantillons sont $n_1 = n_2 = 10$, donnez la distribution de $\overline{X}_1 - \overline{X}_2$ et calculez $P(\overline{X}_1 - \overline{X}_2 > 1{,}5)$.

Exercice 16.16. Une vaste étude impliquait 524 résidences. Pour chaque résidence, la concentration d'arsenic dans l'eau (en $\mu g/l$) a été mesurée. Les données se trouvent dans le fichier ArsenicConcentrations.txt.

Variable	Compte total	Moyenne	Écart-type
Concentration	524	0,8441	2,1014
Concentration-log	524	-1,3193	1,5200

La figure 16.1 présente l'histogramme des concentrations d'arsenic (à la gauche) et l'histogramme des concentrations-log d'arsenic (à la droite).
(a) Trouvez des estimations ponctuelles pour la moyenne et la moyenne géométrique de la concentration d'arsenic. (Indice : La moyenne géométrique d'une mesure X est définie comme l'exponentielle de la moyenne de $\ln X$, c'est-à-dire $G = e^{E(\ln X)}$.)
(b) Construisez un intervalle de confiance à un seuil de 95% pour la concentration moyenne d'arsenic.
(c) Calculez un intervalle de confiance à un seuil de 95% pour la moyenne de la concentration-log d'arsenic. En calculant l'exponentielle des limites de cet intervalle, obtenez un intervalle de confiance à un seuil de 95% pour la moyenne géométrique de la concentration d'arsenic.
(d) Comparez les intervalles de confiance des parties (b) et (c). Selon vous,

lequel décrit le plus précisément le centre de la distribution des concentrations d'arsenic ? Pourquoi ?

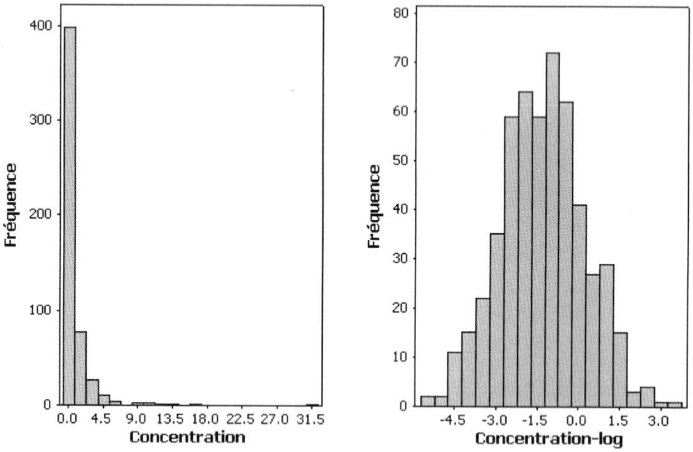

FIGURE 16.1 Histogrammes : concentration et concentration-log d'arsenic

Exercice 16.17. Les auteurs de [60] ont découvert que le transport inefficace de fer des racines à la portion hors-sol d'un mutant d'un plant de tomates est contrôlé par un seul facteur génétique récessif. En croisant les mutants inefficaces (ff) avec les plants normaux (FF), les chercheurs ont obtenu une première génération F_1 de tomates dans laquelle tous les plants étaient normaux (comme prévu). Les plants de la génération F_1 ont été croisés ensemble, pour produire une deuxième génération, F_2. La génération F_2 étaient composée de 245 plants de tomates, parmi lesquels, 58 étaient inefficaces. En utilisant ces données, y a-t-il assez de preuves pour rejeter l'hypothèse d'un seul facteur ? Utilisez un niveau de signifiance de $\alpha = 0{,}05$. (Indice : Configurez les hypothèses en terme de la probabilité p qu'un plant de la génération F_2 soit inefficace, en supposant que le phénotype est contrôlé par un seul facteur génétique récessif.)

Exercice 16.18. Un fonctionnaire croit qu'une résidence moyenne utilise 1 315 litres d'eau par jour. Une étude sur l'utilisation d'eau impliquait un échantillon aléatoire de 25 résidences. Les données se trouvent ci-dessous. Supposez que l'utilisation d'eau suit une loi normale.

1 316	1 341	1 303	1 322	1 335
1 306	1 320	1 307	1 352	1 344
1 329	1 342	1 301	1 317	1 311
1 328	1 290	1 322	1 310	1 348
1 324	1 322	1 339	1 334	1 369

(a) En utilisant ces données, y a-t-il des preuves significatives pour conclure que l'utilisation d'eau moyenne n'est pas 1 315 litres par jour ? Utilisez un niveau de signification de $\alpha = 0{,}05$.
(b) Construisez un intervalle de confiance à un seuil de 90% pour l'utilisation d'eau moyenne par jour.

Exercice 16.19. Des méthodes pour déterminer le contenu en lipides de la nourriture sont discutées dans [20]. Pour comparer les résultats de deux laboratoires, chaque laboratoire reçoit 25 échantillons d'huile de canola. Les mesures de contenu en lipides (en %) se trouvent ci-dessous.

Laboratoire 1

39,8	39,8	39,8	39,2	39,8	39,6	40,1	40,1	39,5
39,8	39,8	39,3	40,0	39,8	39,5	40,5	39,6	39,9
39,7	40,3	40,1	40,1	39,7	40,0	40,2		

Laboratoire 2

40,0	39,9	39,7	39,5	39,6	39,6	39,7	39,8	40,1
39,4	39,0	39,5	40,3	39,2	40,0	39,2	39,7	39,7
39,7	39,5	39,8	40,0	39,4	39,5	39,5		

(a) En utilisant un logiciel de calcul statistique, vérifiez la condition selon laquelle les deux populations suivent une loi normale, avec des variances égales.
(b) Testez l'hypothèse $H_0 : \mu_1 = \mu_2$ contre $H_1 : \mu_1 \neq \mu_2$, où μ_1 est le contenu moyen en lipides du laboratoire 1, et μ_2 est le contenu moyen en lipides du laboratoire 2. Quelles sont vos conclusions ? Utilisez un niveau de signification de $\alpha = 0{,}05$.
(c) Une différence entre les moyennes (en valeur absolue) est considérée importante seulement si elle est plus grande que 0,5. Construisez un intervalle de confiance à un seuil de 95% pour $\mu_1 - \mu_2$. Est-ce que la différence entre les moyennes est importante ?
(Indice : Pour (b) et (c), vous pouvez approximez la loi $T(48)$ avec la loi normale centrée et réduite, ou utiliser un logiciel de calcul statistique pour trouver les probabilités exactes associées à la loi $T(48)$.)

Exercice 16.20. Réferez-vous à l'exemple 14.3 (p. 213). Soit p_1 et p_2 les proportions de cas de cancer cervical dans la population vaccinée et la population générale, respectivement. Utilisez un test d'hypothèse pour $H_0 : p_1 = p_2$ contre $H_1 : p_1 < p_2$ pour déterminer s'il y a des preuves significatives que le vaccin est une méthode efficace pour réduire l'incidence de cancer cervical.

Exercice 16.21. Une étude examine la perte de poids des ours lors de l'hibernation. L'étude a examiné 18 ours de poids variés. Pour chaque ours, le poids (en kg) a été mesuré pendant le mois de novembre et pendant le mois de mars suivant. Les données se trouvent dans le tableau suivant.

Ours	Poids automne	Poids printemps	Ours	Poids automne	Poids printemps
1	432,5	417,1	10	307,9	294,5
2	240,8	218,5	11	436,5	414,7
3	111,2	101,1	12	334,8	325,9
4	330,8	299,1	13	538,4	522,1
5	221,7	201,2	14	181,3	158,1
6	491,3	471,8	15	523,5	514,2
7	276,9	262,4	16	496,5	461,2
8	328,9	293,5	17	577,9	574,8
9	313,7	280,2	18	341,4	308,0

Y a-t-il des preuves suffisantes pour affirmer qu'un ours perdra du poids pendant l'hibernation ? Justifiez votre réponse en utilisant un intervalle de confiance à un seuil de 95% et un test d'hypothèse. (Vérifiez premièrement que les pertes de poids satisfont la condition de normalité.)

Exercice 16.22. L'objectif de l'étude [33] était de mesurer l'association entre une évaluation du risque de maladies du cœur et la plaque d'athérosclérose coronaire totale. Le tableau ci-dessous donne la classification de 1 653 sujets selon leur catégorie de risque ainsi que la mesure de la sévérité de leur athérosclérose coronaire (en terme de la cote de plaque de segment).

Cote de plaque de segment	Catégorie de risque Faible	Intermédiaire	Moyennement élevé	Élevé
Zéro	427	106	37	32
Léger	292	128	102	82
Modéré	108	50	85	58
Haut	33	9	39	65

Y a-t-il une association entre la cote de plaque de segment et la catégorie de risque ? Utilisez un niveau de signification de $\alpha = 0{,}05$.

Exercice 16.23. ≪Des données suggèrent que l'utilisation d'eau a drastiquement augmenté après que Crosby ait marqué un but≫ est le titre d'un article écrit par Glen McGregor et étant paru dans l'*Ottawa Citizen* le 17 mars 2010. Des fonctionnaires municipaux dans plusieurs villes canadiennes (y compris Ottawa, Edmonton et Vancouver) ont observé une augmentation de l'utilisation d'eau immédiatement après le but gagnant de Sidney Crosby qui a permis à l'équipe de hockey du Canada de remporter la médaille d'or contre l'équipe des États-Unis aux Jeux Olympiques d'hiver en 2010. Le Canada est un pays chanceux, puisqu'il contient seulement 0,5% de la population mondiale, mais que sa masse terrestre contient approximativement 7% de l'approvisionnement d'eau renouvelable du monde (source : <http://www.ec.gc.ca/eau-water>). Ci-dessous se trouvent les données de consommation d'eau (en milliers de litres) pour un ville donnée pendant 50 jours choisis au hasard.

281	282	287	288	289	289	291	291
291	291	292	293	293	293	293	294
294	294	294	295	297	297	297	297
297	298	299	301	301	301	302	303
303	304	304	305	306	307	307	307
308	309	310	310	311	312	312	314
315	322						

Nous résumons les données avec les deux sommes suivantes :

$$\sum_{i=1}^{50} x_i = 14\ 971 \quad \text{et} \quad \sum_{i=1}^{50} x_i^2 = 4\ 486\ 567.$$

(a) En utilisant les statistiques descriptives ci-dessus, calculez la moyenne de l'échantillon et l'écart-type de l'échantillon.

(b) Trouvez la médiane et les deux quartiles.

(c) Calculez la DIQ. Y a-t-il des observations aberrantes ?
(d) Produisez un histogramme des données et décrivez la forme de la distribution.
(e) Construisez un diagramme quantile-quantile (ou un diagramme de probabilité à échelle fonctionnelle normale). Semble-t-il raisonnable de modéliser la consommation quotidienne d'eau avec une loi normale ?

Saviez-vous que ? *L'île de la Géorgie du Sud dans l'océan Atlantique est un sanctuaire pour la faune et constitue un oasis dans les océans violents entourant l'Antarctique. L'île sert d'habitat à plusieurs espèces d'oiseaux, de phoques, de manchots et de rennes. Pendant la saison de reproduction, on y trouve la plus dense population d'animaux marins sur la planète. L'île est un territoire britannique qui a été exploré pour la première fois en 1775 par le capitaine James Cook, qui a rapporté à Londres la nouvelle d'une île remplie de phoques. Dans les décennies qui ont suivi la découverte, la plupart des espèces de phoques furent chassées au point de devenir des espèces en voie d'extinction. Au 20e siècle, l'île est devenue une base pour la chasse aux baleines qui a contribué à la diminution de la population des baleines dans les eaux avoisinantes. Dans les dernières années, lorsque la chasse est devenue plus réglementée, les populations de phoques et de baleines ont augmenté en force. Le paysage de l'île est caractérisé par des sommets de montagnes recouverts de neige et des baies vertes. La moitié de l'île est recouverte en permanence de neige et de glace, et le restant est recouvert par la végétation de la toundra. Vous pouvez en apprendre plus à propos de cette île dans [12].*

Chapitre 17

Tableaux

Tableau 17.1 Coefficients binomiaux $\binom{n}{k}$

	k					
n	0	1	2	3	4	5
1	1	1				
2	1	2	1			
3	1	3	3	1		
4	1	4	6	4	1	
5	1	5	10	10	5	1
6	1	6	15	20	15	6
7	1	7	21	35	35	21
8	1	8	28	56	70	56
9	1	9	36	84	126	126
10	1	10	45	120	210	252
11	1	11	55	165	330	462
12	1	12	66	220	495	792
13	1	13	78	286	715	1 287
14	1	14	91	364	1 001	2 002
15	1	15	105	455	1 365	3 003
16	1	16	120	560	1 820	4 368
17	1	17	136	680	2 380	6 188
18	1	18	153	816	3 060	8 568
19	1	19	171	969	3 876	11 628
20	1	20	190	1 140	4 845	15 504

	k				
n	6	7	8	9	10
6	1				
7	7	1			
8	28	8	1		
9	84	36	9	1	
10	210	120	45	10	1
11	462	330	165	55	11
12	924	792	495	220	66
13	1 716	1 716	1 287	715	286
14	3 003	3 432	3 003	2 002	1 001
15	5 005	6 435	6 435	5 005	3 003
16	8 008	11 440	12 870	11 440	8 008
17	12 376	19 448	24 310	24 310	19 448
18	18 564	31 824	43 758	48 620	43 758
19	27 132	50 388	75 582	92 378	92 378
20	38 760	77 520	125 970	167 960	184 756

Tableau 17.2 Répartition de la loi $N(0,1)$: $\Phi(z) = P(Z \leq z)$

0,09	0,08	0,07	0,06	0,05	0,04	0,03	0,02	0,01	0,00	z
0,0001	0,0001	0,0001	0,0001	0,0001	0,0001	0,0001	0,0001	0,0001	0,0001	−3,8
0,0001	0,0001	0,0001	0,0001	0,0001	0,0001	0,0001	0,0001	0,0001	0,0001	−3,7
0,0001	0,0001	0,0001	0,0001	0,0001	0,0001	0,0001	0,0001	0,0002	0,0002	−3,6
0,0002	0,0002	0,0002	0,0002	0,0002	0,0002	0,0002	0,0002	0,0002	0,0002	−3,5
0,0002	0,0003	0,0003	0,0003	0,0003	0,0003	0,0003	0,0003	0,0003	0,0003	−3,4
0,0003	0,0004	0,0004	0,0004	0,0004	0,0004	0,0004	0,0005	0,0005	0,0005	−3,3
0,0005	0,0005	0,0005	0,0006	0,0006	0,0006	0,0006	0,0006	0,0007	0,0007	−3,2
0,0007	0,0007	0,0008	0,0008	0,0008	0,0008	0,0009	0,0009	0,0009	0,0010	−3,1
0,0010	0,0010	0,0011	0,0011	0,0011	0,0012	0,0012	0,0013	0,0013	0,0013	−3,0
0,0014	0,0014	0,0015	0,0015	0,0016	0,0016	0,0017	0,0018	0,0018	0,0019	−2,9
0,0019	0,0020	0,0021	0,0021	0,0022	0,0023	0,0023	0,0024	0,0025	0,0026	−2,8
0,0026	0,0027	0,0028	0,0029	0,0030	0,0031	0,0032	0,0033	0,0034	0,0035	−2,7
0,0036	0,0037	0,0038	0,0039	0,0040	0,0041	0,0043	0,0044	0,0045	0,0047	−2,6
0,0048	0,0049	0,0051	0,0052	0,0054	0,0055	0,0057	0,0059	0,0060	0,0062	−2,5
0,0064	0,0066	0,0068	0,0069	0,0071	0,0073	0,0075	0,0078	0,0080	0,0082	−2,4
0,0084	0,0087	0,0089	0,0091	0,0094	0,0096	0,0099	0,0102	0,0104	0,0107	−2,3
0,0110	0,0113	0,0116	0,0119	0,0122	0,0125	0,0129	0,0132	0,0136	0,0139	−2,2
0,0143	0,0146	0,0150	0,0154	0,0158	0,0162	0,0166	0,0170	0,0174	0,0179	−2,1
0,0183	0,0188	0,0192	0,0197	0,0202	0,0207	0,0212	0,0217	0,0222	0,0228	−2,0
0,0233	0,0239	0,0244	0,0250	0,0256	0,0262	0,0268	0,0274	0,0281	0,0287	−1,9
0,0294	0,0301	0,0307	0,0314	0,0322	0,0329	0,0336	0,0344	0,0351	0,0359	−1,8
0,0367	0,0375	0,0384	0,0392	0,0401	0,0409	0,0418	0,0427	0,0436	0,0446	−1,7
0,0455	0,0465	0,0475	0,0485	0,0495	0,0505	0,0516	0,0526	0,0537	0,0548	−1,6
0,0559	0,0571	0,0582	0,0594	0,0606	0,0618	0,0630	0,0643	0,0655	0,0668	−1,5
0,0681	0,0694	0,0708	0,0721	0,0735	0,0749	0,0764	0,0778	0,0793	0,0808	−1,4
0,0823	0,0838	0,0853	0,0869	0,0885	0,0901	0,0918	0,0934	0,0951	0,0968	−1,3
0,0985	0,1003	0,1020	0,1038	0,1056	0,1075	0,1093	0,1112	0,1131	0,1151	−1,2
0,1170	0,1190	0,1210	0,1230	0,1251	0,1271	0,1292	0,1314	0,1335	0,1357	−1,1
0,1379	0,1401	0,1423	0,1446	0,1469	0,1492	0,1515	0,1539	0,1562	0,1587	−1,0
0,1611	0,1635	0,1660	0,1685	0,1711	0,1736	0,1762	0,1788	0,1814	0,1841	−0,9
0,1867	0,1894	0,1922	0,1949	0,1977	0,2005	0,2033	0,2061	0,2090	0,2119	−0,8
0,2148	0,2177	0,2206	0,2236	0,2266	0,2296	0,2327	0,2358	0,2389	0,2420	−0,7
0,2451	0,2483	0,2514	0,2546	0,2578	0,2611	0,2643	0,2676	0,2709	0,2743	−0,6
0,2776	0,2810	0,2843	0,2877	0,2912	0,2946	0,2981	0,3015	0,3050	0,3085	−0,5
0,3121	0,3156	0,3192	0,3228	0,3264	0,3300	0,3336	0,3372	0,3409	0,3446	−0,4
0,3483	0,3520	0,3557	0,3594	0,3632	0,3669	0,3707	0,3745	0,3783	0,3821	−0,3
0,3859	0,3897	0,3936	0,3974	0,4013	0,4052	0,4090	0,4129	0,4168	0,4207	−0,2
0,4247	0,4286	0,4325	0,4364	0,4404	0,4443	0,4483	0,4522	0,4562	0,4602	−0,1
0,4641	0,4681	0,4721	0,4761	0,4801	0,4840	0,4880	0,4920	0,4960	0,5000	−0,0

Tableau 17.3 Répartition de la loi $N(0,1)$: $\Phi(z) = P(Z \leq z)$

z	0,00	0,01	0,02	0,03	0,04	0,05	0,06	0,07	0,08	0,09
0,0	0,5000	0,5040	0,5080	0,5120	0,5160	0,5199	0,5239	0,5279	0,5319	0,5359
0,1	0,5398	0,5438	0,5478	0,5517	0,5557	0,5596	0,5636	0,5675	0,5714	0,5753
0,2	0,5793	0,5832	0,5871	0,5910	0,5948	0,5987	0,6026	0,6064	0,6103	0,6141
0,3	0,6179	0,6217	0,6255	0,6293	0,6331	0,6368	0,6406	0,6443	0,6480	0,6517
0,4	0,6554	0,6591	0,6628	0,6664	0,6700	0,6736	0,6772	0,6808	0,6844	0,6879
0,5	0,6915	0,6950	0,6985	0,7019	0,7054	0,7088	0,7123	0,7157	0,7190	0,7224
0,6	0,7257	0,7291	0,7324	0,7357	0,7389	0,7422	0,7454	0,7486	0,7517	0,7549
0,7	0,7580	0,7611	0,7642	0,7673	0,7704	0,7734	0,7764	0,7794	0,7823	0,7852
0,8	0,7881	0,7910	0,7939	0,7967	0,7995	0,8023	0,8051	0,8078	0,8106	0,8133
0,9	0,8159	0,8186	0,8212	0,8238	0,8264	0,8289	0,8315	0,8340	0,8365	0,8389
1,0	0,8413	0,8438	0,8461	0,8485	0,8508	0,8531	0,8554	0,8577	0,8599	0,8621
1,1	0,8643	0,8665	0,8686	0,8708	0,8729	0,8749	0,8770	0,8790	0,8810	0,8830
1,2	0,8849	0,8869	0,8888	0,8907	0,8925	0,8944	0,8962	0,8980	0,8997	0,9015
1,3	0,9032	0,9049	0,9066	0,9082	0,9099	0,9115	0,9131	0,9147	0,9162	0,9177
1,4	0,9192	0,9207	0,9222	0,9236	0,9251	0,9265	0,9279	0,9292	0,9306	0,9319
1,5	0,9332	0,9345	0,9357	0,9370	0,9382	0,9394	0,9406	0,9418	0,9429	0,9441
1,6	0,9452	0,9463	0,9474	0,9484	0,9495	0,9505	0,9515	0,9525	0,9535	0,9545
1,7	0,9554	0,9564	0,9573	0,9582	0,9591	0,9599	0,9608	0,9616	0,9625	0,9633
1,8	0,9641	0,9649	0,9656	0,9664	0,9671	0,9678	0,9686	0,9693	0,9699	0,9706
1,9	0,9713	0,9719	0,9726	0,9732	0,9738	0,9744	0,9750	0,9756	0,9761	0,9767
2,0	0,9772	0,9778	0,9783	0,9788	0,9793	0,9798	0,9803	0,9808	0,9812	0,9817
2,1	0,9821	0,9826	0,9830	0,9834	0,9838	0,9842	0,9846	0,9850	0,9854	0,9857
2,2	0,9861	0,9864	0,9868	0,9871	0,9875	0,9878	0,9881	0,9884	0,9887	0,9890
2,3	0,9893	0,9896	0,9898	0,9901	0,9904	0,9906	0,9909	0,9911	0,9913	0,9916
2,4	0,9918	0,9920	0,9922	0,9925	0,9927	0,9929	0,9931	0,9932	0,9934	0,9936
2,5	0,9938	0,9940	0,9941	0,9943	0,9945	0,9946	0,9948	0,9949	0,9951	0,9952
2,6	0,9953	0,9955	0,9956	0,9957	0,9959	0,9960	0,9961	0,9962	0,9963	0,9964
2,7	0,9965	0,9966	0,9967	0,9968	0,9969	0,9970	0,9971	0,9972	0,9973	0,9974
2,8	0,9974	0,9975	0,9976	0,9977	0,9977	0,9978	0,9979	0,9979	0,9980	0,9981
2,9	0,9981	0,9982	0,9982	0,9983	0,9984	0,9984	0,9985	0,9985	0,9986	0,9986
3,0	0,9987	0,9987	0,9987	0,9988	0,9988	0,9989	0,9989	0,9989	0,9990	0,9990
3,1	0,9990	0,9991	0,9991	0,9991	0,9992	0,9992	0,9992	0,9992	0,9993	0,9993
3,2	0,9993	0,9993	0,9994	0,9994	0,9994	0,9994	0,9994	0,9995	0,9995	0,9995
3,3	0,9995	0,9995	0,9995	0,9996	0,9996	0,9996	0,9996	0,9996	0,9996	0,9997
3,4	0,9997	0,9997	0,9997	0,9997	0,9997	0,9997	0,9997	0,9997	0,9997	0,9998
3,5	0,9998	0,9998	0,9998	0,9998	0,9998	0,9998	0,9998	0,9998	0,9998	0,9998
3,6	0,9998	0,9998	0,9999	0,9999	0,9999	0,9999	0,9999	0,9999	0,9999	0,9999
3,7	0,9999	0,9999	0,9999	0,9999	0,9999	0,9999	0,9999	0,9999	0,9999	0,9999
3,8	0,9999	0,9999	0,9999	0,9999	0,9999	0,9999	0,9999	0,9999	0,9999	0,9999

Tableau 17.4 Loi T avec ν degrés de liberté

	$F_T(t) = P(T \leq t)$						
	0,6	0,75	0,9	0,95	0,975	0,99	0,995
ν	$t_{0,40;\nu}$	$t_{0,25;\nu}$	$t_{0,10;\nu}$	$t_{0,05;\nu}$	$t_{0,025;\nu}$	$t_{0,01;\nu}$	$t_{0,005;\nu}$
1	0,325	1,000	3,078	6,314	12,706	31,821	63,657
2	0,289	0,816	1,886	2,920	4,303	6,965	9,925
3	0,277	0,765	1,638	2,353	3,182	4,541	5,841
4	0,271	0,741	1,533	2,132	2,776	3,747	4,604
5	0,267	0,727	1,476	2,015	2,571	3,365	4,032
6	0,265	0,718	1,440	1,943	2,447	3,143	3,707
7	0,263	0,711	1,415	1,895	2,365	2,998	3,499
8	0,262	0,706	1,397	1,860	2,306	2,896	3,355
9	0,261	0,703	1,383	1,833	2,262	2,821	3,250
10	0,260	0,700	1,372	1,812	2,228	2,764	3,169
11	0,260	0,697	1,363	1,796	2,201	2,718	3,106
12	0,259	0,695	1,356	1,782	2,179	2,681	3,055
13	0,259	0,694	1,350	1,771	2,160	2,650	3,012
14	0,258	0,692	1,345	1,761	2,145	2,624	2,997
15	0,258	0,691	1,341	1,753	2,131	2,602	2,947
16	0,258	0,690	1,337	1,746	2,120	2,583	2,921
17	0,257	0,689	1,333	1,740	2,110	2,567	2,898
18	0,257	0,688	1,330	1,734	2,101	2,552	2,878
19	0,257	0,688	1,328	1,729	2,093	2,539	2,861
20	0,257	0,687	1,325	1,725	2,086	2,528	2,845
21	0,257	0,686	1,323	1,721	2,080	2,518	2,831
22	0,256	0,686	1,321	1,717	2,074	2,508	2,819
23	0,256	0,685	1,319	1,714	2,069	2,500	2,807
24	0,256	0,685	1,318	1,711	2,064	2,492	2,797
25	0,256	0,684	1,316	1,708	2,060	2,485	2,787
26	0,256	0,684	1,315	1,706	2,056	2,479	2,779
27	0,256	0,684	1,314	1,703	2,052	2,473	2,771
28	0,256	0,683	1,313	1,701	2,048	2,467	2,763
29	0,256	0,683	1,311	1,699	2,045	2,464	2,756
30	0,256	0,683	1,310	1,697	2,042	2,457	2,750
∞	0,253	0,674	1,282	1,645	1,96	2,326	2,576

NB : $z_\alpha = t_{\alpha,\infty}$

Tableau 17.5 Loi χ^2 avec ν degrés de liberté

	$F_{\chi^2}(x) = P(\chi^2 \leq x)$						
	0,5	0,75	0,9	0,95	0,975	0,99	0,995
ν	$\chi^2_{0,50;\nu}$	$\chi^2_{0,25;\nu}$	$\chi^2_{0,10;\nu}$	$\chi^2_{0,05;\nu}$	$\chi^2_{0,025;\nu}$	$\chi^2_{0,01;\nu}$	$\chi^2_{0,005;\nu}$
1	0,455	1,323	2,706	3,841	5,024	6,635	7,879
2	1,386	2,773	4,605	5,991	7,378	9,21	10,60
3	2,366	4,108	6,251	7,815	9,348	11,345	12,84
4	3,357	5,385	7,779	9,488	11,14	13,277	14,86
5	4,351	6,626	9,236	11,07	12,83	15,086	16,75
6	5,348	7,841	10,65	12,59	14,45	16,81	18,55
7	6,346	9,037	12,02	14,07	16,01	18,48	20,28
8	7,344	10,22	13,36	15,51	17,54	20,09	21,96
9	8,343	11,39	14,68	16,92	19,02	21,67	23,59
10	9,342	12,55	15,99	18,31	20,48	23,21	25,19
11	10,34	13,70	17,28	19,68	21,92	24,73	26,76
12	11,34	14,85	18,55	21,03	23,34	26,22	28,30
13	12,34	15,98	19,81	22,36	24,74	27,69	29,82
14	13,34	17,12	21,06	23,69	26,12	29,14	31,32
15	14,34	18,25	22,31	25,00	27,49	30,58	32,80
16	15,34	19,37	23,54	26,30	28,85	32,00	34,27
17	16,34	20,49	24,77	27,59	30,19	33,41	35,72
18	17,34	21,61	25,99	28,87	31,53	34,81	37,16
19	18,34	22,72	27,20	30,14	32,85	36,19	38,58
20	19,34	23,83	28,41	31,41	34,17	37,57	40,00
21	20,34	24,94	29,62	32,67	35,48	38,93	41,40
22	21,34	26,04	30,81	33,92	36,78	40,29	42,80
23	22,34	27,14	32,01	35,17	38,08	41,64	44,18
24	23,34	28,24	33,20	36,42	39,36	42,98	45,56
25	24,34	29,34	34,38	37,65	40,65	44,31	46,93
26	25,34	30,44	35,56	38,89	41,92	45,64	48,29
27	26,34	31,53	36,74	40,11	43,20	46,96	49,65
28	27,34	32,62	37,92	41,34	44,46	48,28	50,99
29	28,34	33,71	39,09	42,56	45,72	49,59	52,34
30	29,34	34,80	40,26	43,77	46,98	50,89	53,67
31	30,34	35,89	41,42	44,99	48,23	52,19	55,00
32	31,34	36,97	42,59	46,19	49,48	53,49	56,33
33	32,34	38,06	43,75	47,40	50,73	54,78	57,65
34	33,34	39,14	44,90	48,60	51,97	56,06	58,96
35	34,34	40,22	46,06	49,80	53,20	57,34	60,28

Bibliographie

[1] Albert, D. M. et Bowyer, R. T. (1991). Factors related to grizzly bear : Human Interactions, dans Denali National Park, *Wildlife Society Bulletin* **19**, p. 339-349.

[2] Allen, G. E. (1978). *Thomas Hunt Morgan : the man and his science*, Princeton, Princeton University Press.

[3] Ancker, J. S. (2006). The Language of conditional probability, *Journal of Statistics Education*. [en ligne] **14**, <http://www.amstat.org/publications/jse/v14n2/ancker.html>.

[4] Andersson, M. L., Roos, E. M., Petersson, I. F., Heinegard, D. et Saxne, T. (2006). Serum levels of Cartilage Oligomeric Matrix Protein (COMP) increase temporarily after physical exercise in patients with knee osteoarthritis, *BMC Musculoskelet Disord* **7**, p. 1471-1474.

[5] Ary, D. V., Lichtenstein, E., Severson, H., Weissman, W. et Seeley, J. R. (1989). An in-depth analysis of male adolescent smokeless tobacco users : interviews with users and their fathers, *Journal of Behavioral Medicine* **12**, p. 449-467.

[6] Asimov, I. (1964). *Adding a Dimension. Seventeen Essays on the History of Science*, New York, Doubleday & Company.

[7] Ayanlade, A., Babatimehin, O., Olawole, M. O. et Orimogunje, O. O. I. (2010). Geospatial quality data acquisition problems in sub-Saharan Africa, *Journal of Sustainable Development in Africa* **12**, p. 146-152.

[8] Batten, M. (1968). *Discovery by Chance. Science and the Unexpected*, New York, Funk and Wagnalls.

[9] Bawa, K. S., Kang, H. et Grayum, M. H. (2003). Relationships among time, frequency, and duration of flowering in tropical rain forest trees, *American Journal of Botany* **90**, p. 877-887.

[10] Bednarek, R. et Davidson, C. S. (1967). Influence of spraying with carbaryl on nesting success in a sample of bird-boxes on cape cod in 1965, *Bird Banding* **38**, p. 66-72.

[11] Bozeman, W. P. (2009). Additional information on taser safety, *Annals of Emergency Medicine* **54**, p. 758-759.

[12] Brower, K. (2009). Resurrection island, *National Geographic* **12**, p. 56-77.

[13] Carrasco, J. L., Daz-Marsà M., Hollander, E., César, J. et Saiz-Ruiz, J. (2000). Decreased platelet monoamine oxidase activity in female bulimia nervosa, *European Neuropsychopharmacology* **10**, p. 113-117.

[14] Chobanian A. V., Bakris G. L., Black H. R. *et al.* (2003). Seventh report of the joint national committee on prevention, detection, evaluation, and treatment of high blood pressure, *Hypertension* **42**, p. 1206-1252.

[15] Claggett, M., Shrock, J. et Noll, K. E. (1981). Carbon monoxide near an urban intersection, *Atmospheric Environment* **15**, p. 1633-1642.

[16] Corbett, E. L., Watt, C. J. et Walker, N. (2003). The growing burden of tuberculosis : global trends and interactions with the HIV epidemics, *Archives of Internal Medicine* **163**, p. 1009-1021.

[17] Davis, S., Mirick, D. K. et Stevens, R. G. (2001). Night shift work, light at night, and risk of breast cancer, *Journal of National Cancer Institute* **93**, p. 1557-1562.

[18] Dooner, H. K., Robbins, T. P. et Jorgensen, R. A. (1991). Genetic and developmental control of anthocyanin biosynthesis, *Annual Review of Genetics* **25**, p. 173-199.

[19] Dudewicz, E. J., Yan, M., Mai, E. et Su, H. (2007). Exact solutions to the Behrens-Fisher problem : asymptocially optimal and finite sample efficient choice among, *Journal of Statistical Planning and Inference* **137**, p. 1584-1605.

[20] Eller, F. J. et King, J. W. (1996). Determination of fat content in foods by analytical SFE, *Seminars in Food Analysis* **1**, p. 145-162.

[21] Fearon, K. C. H., Plumb, J. A., Burns, H. J. G. et Calman, K. C. (1987). Reduction of the growth rate of the Walker 256 tumor in rats by Rhodamine 6G together with hypoglycemia, *Cancer Research* **47**, p. 3684-3687.

[22] Gardiner, B. G. (1984). Sturgeons as living fossils, dans *Living Fossils*, N. Eldridge et S. M. Stanley (dir.), New York, Springer Verlag, p. 148-152.

[23] Garfinkel, A. *et al.* (1999). Prognostic value of dobutamine stress echocardiography in predicting cardiac events in patients with known or suspected coronary artery disease, *Journal of the American College of Cardiology* **33**, p. 708-716.

[24] Garland, S. M., Hernandez-Avila, M., Wheeler, C. M. *et al.* (2007). Quadrivalent vaccine agians human Papillomavirus to prevent anogenital diseases, *New England Journal of Medicine* **356**, p. 1928-1943.

[25] Gavish, B., Ben-Dov I. Z. et Bursztyn M. (2008). Linear relationship between systolic and diastolic blood pressure monitored over 24 h : assessment and correlates, *Journal of Hypertension* **26**, p. 199-209.

[26] Goodall, J. (1988). *My Life with the Chimpanzees*, New York, Pocket Book.

[27] Guttman, B., Griffiths, A., Suzuki, D. et Cullis, T. (2002). *Genetics : A Beginner's Guide*, Oxford, Oneworld Publications.

[28] Ha, A., Bae, S., Urrutia-Rojas, X. et Singh, K. P. (2005). Eating and physical activity practices in risk of overweight and overweight children, *Nutrition Research* **25**, p. 905-915.

[29] Hagberg, J. M., Ehsani, A. A. et Holloszy, J. O. (1983). Effect of 12 months of intense exercise training on stroke volume in patients with coronary artery disease, *Circulation* **67**, p. 1194-1199.

[30] Hilderbrand, G. V., Hanley, T. A., Robbins, C. T. et Schwartz, C. C. (1999). Role of brown bears (Ursus arctos) in the flow of marine nitrogen into a terrestrial ecosystem, *Oecologia* **121**, p. 546-550.

[31] Holland, J. (2010). Counting cranes, *National Geographic* **6**, p. 68-79.

[32] Ingram, V. M. (1957). Gene mutations in human haemoglobin : the chemical difference between normal and sickle cell haemoglobin, *Nature* **180**, p. 326-328.

[33] Johnson, K. M., Dowe, D. A. et Brink, J. A. (2009). Traditional clinical risk assessment tools do not accurately predict coronary atherosclerotic plaque burden : A CT angiography study, *American Journal of Roentgenology* **192**, p. 235-243.

[34] Jurado, E. et Westoby, M. (1992). Germination biology of selected central Australian plants, *Australian Journal of Ecology* **17**, p. 341-348.

[35] Kettlewell, H. B. D. (1959). Darwin's Missing Evidence, *Scientific American* **200**, p. 48-53.

[36] Knoke, T. (2003). Predicting red heartwood formation in beech trees (Fagus sylvatica L.), *Ecological Modelling* **169**, p. 295-312.

[37] Lally, S. P. (1999). Henry Cavendish and the density of the earth, *The Physics Teacher* **37**, p. 34-37.

[38] Landauer, W. et Dunn, L. G. (1930). The ≪frizzle≫ character of fowls, *Journal of Heredity* **21**, p. 291-305.

[39] Logson, S., Clay, D., Moore, D. et Tsegaye, T. (2008). *Soil Science : Step-by-Step Field Analysis*, Madison, Soil Science Society of America.

[40] Miko, I. (2008). Epistasis : gene interaction and phenotype effects, *Nature Education* **1(1)**.

[41] Nelson, J. L., Roeder, B. L., Carmen, J. C., Roloff, F. et Pitt, W. G. (2002). Ultrasonically activated chemotherapeutic drug delivery in a rat model, *Cancer Research* **62**, p. 7280-7283.

[42] Niculescu, T., Dumitru, R., Botha, V., Alexandrescu, R. et Manolescu, N. (1983). Relationship between the lead concentration in hair and occupational exposure, *British Journal of Industrial Medicine* **40**, p. 67-70.

[43] Lange, P., Groth, S., Nyboe, G.J. *et al.* (1989). Effects of smoking and changes in smoking habits on the decline of FEV_1, *European Respiratory Journal* **2**, p. 811-816.

[44] Lowe, A. J., Carlin, J. B., Bennett, C. M. *et al.* (2010). Paracetamol use in early life and asthma : prospective birth cohort study, *British Medical Journal.* To appear.

[45] Paul, P. (2003). Medical opinion, *American Demographics* **6**.

[46] Pearl, R. (1914). The service and importance of statistics to biology, *Publications of the American Statistical Association* **14**, p. 40-48.

[47] Poot, H., Ens, B. J., de Vries, H., Donners, M. A. H., Wernand, M. R. et Marquenie, J. M. (2008). Green light for nocturnally migrating birds, *Ecology and Society* **13**, p. 47.

[48] Quammen, D. (2009). Darwin's first clues, *The National Geographic* **2**, p. 34-55.

[49] Rothman, K. J., Greendland, S. et Lash, T. L. (2008). *Modern Epidemiology*, 3ᵉ édition, Philadelphie, Lippincott Williams and Wilkins.

[50] Sakamoto, M., Hishioka, K. et Shimada, K. (1979). Effect of malnutrition and nutritional rehabilitation on tuberculin reactivity and complement level in rats, *Immunology* **38**, p. 413-420.

[51] Schartz, C. C., Miller, S. D. et Haroldson, M. A. (2003). Grizzly bear, dans *Wild Mammals of North America : Biology, Management, and Conservation*, G.A. Feldhamer, B.C. Thompson et J.A. Chapman (dir.), 2ᵉ édition, Baltimore, Johns Hopkins University Press, p. 556-586.

[52] Stigler, S. M. (1977). Do robust estimators work with real data ? *Annals of Statistics* **5**, p. 1055-1098.

[53] Stirling, I. et Derocher, A. E. (2007). Melting under pressure : the real scoop on climate warming and polar bears, *The Wildlife Professional Spring* **43**, p. 23-27.

[54] Sturtevant, A. H. (1913). The linear arrangement of six sex-linked factors in Drosophila, as shown by their mode of association, *Journal of Experimental Zoology* **14**, p. 4359.

[55] Tarburton, M. K. (1993). A comparison of the breeding biology of the Welcome Swallow in Australia and recently colonised New Zealand, *Emu* **93**, p. 34-43.

[56] Teran, E., Hernandez, I., Nieto, B., Tavara, R., Ocampo, J. E. et Calle, A. (2009). Coenzyme Q10 supplementation during pregnancy reduces the risk of pre-eclampsia, *International Journal of Gynecology and Obstretics* **105**, p. 43-45.

[57] Thomas, J. F. J. (1953). Industrial water resources of Canada, Water Survey Report No. 1. Scope, procedure, and interpretation of survey studies, Ottawa, Queen's Printer.

[58] Villeneuve, P. J. et Mao, Y. (1994). Lifetime probability of developing lung cancer, by smoking status, in Canada, *Canadian Journal of Public Health* **85**, p. 385-388.

[59] Vincent, W. F., Gibson, J. A. E. et Jeffries, M. O. (2001). Ice-shelf collapse, climate change, and habitat loss in the Canadian high Arctic, *Polar Record* **37**, p. 133-142.

[60] Wann, E. V. et Hills, W. A. (1973). The genetics of boron and iron transport in the tomato, *Journal of Heredity* **64**, p. 370-371.

[61] Welch, B. L. (1938). The significance of the difference between two means when the population variances are unequal, *Biometrika* **29**, p. 350-361.

[62] Willis, C. M., Reiche, L. et Wilkinson, J. D. (1998). Immunocytochemical demonstration of reduced Cu,Zn-superoxide dismutase levels following topical application of dithranol and sodium lauryl sulphate : an indication of the role of oxidative stress in acute irritant contact dermatitis, *European Journal of Dermatology* **8**, p. 8-12.

[63] Wojcinski, Z. W., Barker, I. K., Hunter, D. B. et Lumsden, H. (1987). An outbreak of schistosomiasis in Atlantic brant geese (Branta Bernicla Hrota), *Wildlife Disease Association* **23**, p. 248-255.

MIXTE
Papier issu de
sources responsables
FSC® C103567
FSC
www.fsc.org

MARQUIS
Québec, Canada

Imprimé sur du papier Rolland opaque 30
30% postconsommation, accrédité ÉcoLogo et fait à partir de biogaz.

CHOIX ENVIRONNEMENTAL · ENVIRONMENTAL CHOICE
30%
PERMANENT
BIO GAZ ÉNERGIE